Richard E. Cytowic
Farben hören, Töne schmecken

Die bizarre Welt der Sinne

Mit 10 Schwarzweißabbildungen

W0247467

Aus dem Amerikanischen von
Hartmut Schickert

Deutscher
Taschenbuch
Verlag

Ungekürzte Ausgabe
Dezember 1996
Deutscher Taschenbuch Verlag GmbH & Co. KG, München
Dieses Buch erschien zuerst als gebundene Ausgabe 1995
im Byblos Verlag, Berlin, ISBN 3-929029-38-3
© 1993 Richard E. Cytowic
Titel der amerikanischen Originalausgabe:
The Man Who Tasted Shapes. A Bizarre Medical Mystery Offers
Revolutionary Insights into Emotions, Reasoning, and Consciousness
Tarcher/Putnam, New York 1993
ISBN 0-87477-738-0
© der deutschsprachigen Ausgabe:
1995 Deutscher Taschenbuch Verlag GmbH & Co. KG, München
Umschlaggestaltung: Klaus Meyer, Antonia Berger
Umschlagfoto Vorderseite: v. o. n. u.: Abb. 1 + 2: © Bavaria Bildagentur,
Abb. 3 + 4: © The Image Bank
Satz: Jürgen Rothfuss, Neckarwestheim
Druck und Bindung: C. H. Beck'sche Buchdruckerei, Nördlingen
Printed in Germany · ISBN 3-423-30578-9

Sind unsere Sinne im Laufe der Zeit verkümmert, oder besitzen wir die verborgene Fähigkeit, mehr wahrzunehmen, als wir es für gewöhnlich tun? Unter einer Million Menschen gibt es zehn, deren Sinneswahrnehmungen von allen gewohnten Mustern abweichen: Sie sind in der Lage, Eindrücke auf unterschiedlichste Weise zu empfinden – Farben zu hören oder Töne zu schmecken. Ihnen sind manche Symphonien zu salzig und bestimmte Farben zu schallend. Dieses Phänomen der Synästhesie wurde von den Wissenschaftlern lange nicht beachtet. Richard E. Cytowic zeigt in diesem aufsehenerregenden Buch, daß die außergewöhnlichen Wahrnehmungsmöglichkeiten keine krankhafte Abweichung darstellen, sondern vielmehr von Fähigkeiten zeugen, über die jeder Mensch grundsätzlich von Natur aus verfügt. Dies entpuppt sich bei näherer Betrachtung als wissenschaftliche Sensation, die unsere Zukunft verändern könnte, da sie die Möglichkeit eröffnet, verkümmerte Wahrnehmung wiederzubeleben, neue Fähigkeiten zu erwerben und das Wesen der Genialität zu erforschen. »Eine wissenschaftliche Detektivgeschichte, die beides ist: seriös und doch federleicht. Mit Schwung und Witz erzählt von einem Neurologen mit Mut zu provokanten Thesen über die Arbeitsweise des Gehirns. Cytowics unterhaltsamer und persönlicher Stil ermöglicht aufregende Einsichten in die aktuellen Theorien über das Gehirn, und er zeigt, wo die Grenzen dessen liegen, was wir bisher wissen.« (Science)

Richard E. Cytowic, Professor für Neurologie an der Universität Washington D.C., gehört zu den weltweit führenden Experten auf dem Gebiet der Synästhesie. Für seine zahlreichen Veröffentlichungen erhielt er den Pulitzer-Preis.

Für Dearling
und im Gedenken an
Reverend Clark A. Thompson
und
Michael O. Watson

Danksagung

Ich danke meinem Kollegen Ayub Ommaya, M.D., dessen Seminar über »Computer und Bewußtsein« an der Smithonian Institution eine unerschöpfliche Quelle der Inspiration für mich darstellte. Und ich danke Roshi Jiyu-Kennett von der Shasta Abbey, der mir bewies, daß es keine Metapher ist, durch verschiedene Fenster in denselben Raum zu blicken.

INHALT

Erster Teil
Ein medizinisches Rätsel

1. 10. Februar 1980:
Zuwenig Spitzen auf den Hähnchen

»Leisten Sie mir doch Gesellschaft, während ich die Sauce fertigmache«, schlug Michael vor und zog mich von den anderen Gästen weg. Ich folgte ihm und sah mir dabei die merkwürdige Ausstattung seines Hauses genau an. Sowohl diese wie auch mein neuer Nachbar fielen hier in North Carolina ziemlich aus dem Rahmen.

Sein Haus hatte keinerlei Zwischenwände. Die »Räume« gingen einer in den anderen über, statt, wie sonst in Wohnhäusern üblich, wohlabgegrenzte Zimmer zu sein. Als ich mich zwischen den Haushaltsgeräten hinsetzte – was er »die Küche« nannte –, wurde mir schlagartig klar, wie kraß die offen zur Schau gestellte Ausgeflipptheit eines Boheme-Lofts in diesem gottesfürchtigen Landstrich wirkte. Und doch machte das alles Sinn, dachte ich, denn Michael lehrte an der Kunstakademie. Künstler müssen nun einmal Exzentriker sein.

Rasch fühlte ich mich von der abgehobenen Atmosphäre in Michaels Haus angezogen, was einen alten Konflikt in mir wieder hochkommen ließ. Eigentlich sollte ich die konservative Haltung zur Schau tragen, die man von einem Arzt erwartet, doch das Haus sprach auch den Exzentriker und Künstler in mir an, einen Teil, den ich nur mit Vorsicht zum Ausdruck bringen durfte. Ich war froh, daß Michael mich zum Abendessen eingeladen hatte. Die Gesellschaft kreativer Menschen zog ich schon seit langem der steifer Medizinertypen vor, und deswegen lebte ich auch so gern in der Nähe der Akademie.

Ich sah zu, wie er die Sauce aufschlug, die er zu den Brathähnchen reichen wollte. »Oh je«, sagte er und nippte an einem Löffel, »da sind zuwenig Spitzen auf den Hähnchen.«

»Zuwenig was?« fragte ich.

Er erstarrte und lief rot an. Offenbar war er bestürzt, daß er seinen ersten Auftritt so gründlich verpatzt hatte wie ein Debütant, der die Treppe herunterfällt. »Jetzt denken Sie bestimmt, daß ich verrückt bin«, stammelte er und warf den Löffel hin. »Hoffentlich hat es sonst niemand gehört«, sagte er und warf rasch einen Blick auf die Gäste in der Ecke gegenüber.

»Warum nicht?« fragte ich.

»Manchmal rutschen mir solche Sachen einfach raus«, flüsterte er, zu mir hin gebeugt. »Sie sind Neurologe, vielleicht können Sie sich einen Reim darauf machen. Ich weiß, daß es verrückt klingt, aber das ist bei mir so, wissen Sie, daß ich Formen schmecke.« Er sah beiseite. »Wie soll ich das erklären?« fragte er sich selbst.

»Aromen haben Formen«, begann er und starrte in die Tiefen der Bratreine. »Ich wollte, daß der Geschmack dieser Hähnchen eine spitze Form hat, aber er ist ganz rund herausgekommen.« Er schaute zu mir auf, immer noch rot. »Ja, ich finde, er ist fast kugelförmig«, sagte er mit Nachdruck, wobei er versuchte, leise zu sprechen. »Wenn sie keine Spitzen haben, kann ich sie nicht auf den Tisch bringen.«

Eine altmodische, etwas sonderbare Diagnose kam mir in den Sinn, aber ich wollte noch mehr aus Michaels eigenem Mund hören, um sicherzugehen. »Das klingt, als könne niemand verstehen, worüber Sie sprechen«, sagte ich schließlich.

»Das ist das Problem«, seufzte Michael. »Niemand hat jemals so etwas gehört. Die Leute glauben, daß ich unter Drogen stehe oder mir das ausdenke. Deshalb erzähle ich niemals absichtlich anderen von meinen Formen. Nur wenn es mir herausrutscht. Für mich ist das so absolut logisch, daß ich dachte, jeder fühle Formen, wenn er ißt. Ohne Form gibt es auch kein Aroma.«

Ich versuchte, mir meine Überraschung nicht anmerken zu lassen. »Wo fühlen Sie diese Formen?« fragte ich.

»Überall«, sagte er und richtete sich auf, »meistens aber fühle ich die Sachen wie ins Gesicht gerieben oder in den Händen gehalten.«

Ich behielt mein Pokergesicht auf und sagte nichts.

»Wenn ich etwas mit einem intensiven Aroma schmecke«, fuhr Michael fort, »streicht die Empfindung meine Arme hinunter bis in meine Fingerspitzen. Ich fühle es – sein Gewicht, seine Beschaffenheit, ob es warm oder kalt ist, alles. Ich fühle es, als würde ich tatsächlich etwas greifen.« Er drehte seine Handflächen nach oben. »In Wirklichkeit ist da natürlich nichts«, sagte er und starrte auf seine Hände. »Aber es ist keine Illusion, denn ich fühle es doch.«

Noch eine Frage, nur um sicherzugehen: »Wie lange schmecken Sie schon Formen?«

»Mein Leben lang«, sagte er. »Aber niemand versteht das.« Mit einem Achselzucken tranchierte er die Hähnchen. »Bin ich ein hoffnungsloser Fall, Doktor?«

»Überhaupt nicht«, antwortete ich. Genau wie es keine Wände zwischen den Räumen seines Hauses gab, hatte Michael, wie ich nun wußte, keine Wände zwischen seinen Sinneseindrücken. Ganz wie seine Zimmer ineinander übergingen, vermengten sich Geschmack, Tastempfinden, Bewegung und Farbe nahtlos in seinem Gehirn. Für Michael waren alle Sinneswahrnehmungen simultan, wie ein Labskaus anstelle hübsch einzeln gereichter Gänge. Deutlich muß man mir meine Selbstzufriedenheit angemerkt haben, eine der seltensten medizinischen Kuriositäten erkannt zu haben.

Michaels finsterer Blick riß mich aus meinen Gedanken. »Worüber grinsen Sie?« beschwerte er sich. »Ich dachte, Sie hätten ein bißchen Mitgefühl!«

»Ich mache mich nicht über Sie lustig«, lachte ich. »Ich freue mich nur, jemanden mit Synästhesie kennengelernt zu haben. Ich hatte noch nie jemanden getroffen, der das hatte.«

»Syntes...«, stotterte er.

»Syn-äs-the-sie«, wiederholte ich. »Das ist griechisch. *Syn* bedeutet ›zusammen‹, und *aisthésis* bedeutet ›Empfindung‹. Synästhesie bedeutet ›Zusammenempfinden‹, ganz wie Syn-chronie ›zur selben Zeit‹ bedeutet oder Syn-these die Verknüpfung verschiedener Ideen zu einer einzigen und Syn-opsis die Zusammenschau verschiedener Dinge. Sie haben den Ausdruck noch nie gehört?« fragte ich.

Ein Anflug des Verstehens leuchtete in Michaels Gesicht auf. »Sie wollen sagen, daß es dafür einen *Namen* gibt? Haben Sie deshalb gegrinst?«

»Genau, und ich weiß auch ein bißchen darüber. Bei Menschen mit Synästhesie haben sich ihre Sinne ineinander verhakt«, fing ich an zu erklären. »Sie können Farben hören oder Klänge fühlen. Bei Ihnen – nun, es sieht danach aus, daß Sie Formen schmecken.«

»Menschenskind!« unterbrach mich Michael. »Sie wollen sagen, ich bin normal?«

»Normal ist ein reichlich relativer Begriff. Sagen wir einfach, daß Sie ein exotischer Vogel sind«, schlug ich vor, »ein bißchen anders als die anderen, aber nicht völlig unbekannt.«

Und so wurde dieses Brathähnchenessen zum Beginn einer Freundschaft und eines Forschungsprojekts, die beide schon über ein Jahrzehnt anhalten.

2.   Die Welt kehrt sich nach außen

Nur zehn Menschen unter einer Million geht es so wie Michael Watson; sie leben in einer Welt, in der eine Sinneswahrnehmung *unwillkürlich* eine andere heraufbeschwört. Manchmal prasseln alle fünf Sinne zusammen, und hinzu kommt noch das Gefühl für die Bewegung. Das ergibt zusammen sechs einzelne Empfindungen, die sich vermengen. In was für einer Welt leben solche Menschen, die *Synästhetiker*? Wie kann eine solche Welt entstehen?

Stellen Sie sich vor, Sie wären ein Synästhetiker wie Michael Watson. Spät am Abend stehen Sie vor dem Kühlschrank und wollen sich ein Häppchen aussuchen. Sie schauen auf den Bratenrest, aber sagen zu sich selbst: »Nein, ich habe keine Lust auf Bögen.« Oder Sie erwägen eine Scheibe von der Zitronenrolle und merken, daß Sie keinen Appetit auf Spitzen haben. Den Gedanken an ein Erdnuß-butter-Sandwich verwerfen Sie, weil Sie wissen, daß Sie nicht schlafen können, wenn Sie sich mit Kugeln und Kreisen vollgestopft haben.

So stehen Sie im Lichtschein der Kühlschrankbeleuchtung und lassen Ihre Augen von Fach zu Fach wandern. Auf dem kalten Küchenboden treten Sie von einem Fuß auf den anderen, und schließlich nehmen Sie sich ein Stück Pfefferminz-Schokoladentorte. Beim ersten Bissen fühlen Sie ein Dutzend Säulen vor sich, unsichtbar fürs Auge, aber für den Tastsinn real. Sie legen die Gabel beiseite und lassen Ihre Hand über ihre kühlen, glatten Oberflächen gleiten. Während Sie im Mund die Pfefferminzcreme zergehen lassen, streicht Ihre ausgestreckte Hand über die rückwärtige Rundung einer der Säulen. Was für ein herrliches Gefühl! Die Oberfläche fühlt sich kühl, erfrischend, ja, in gewisser Weise sexy an.

Ich hätte mir diese Szene nicht ausgedacht, wenn Michael Watson nicht viele Male, unentschieden, genau so vor seinem Kühlschrank gestanden hätte. Andere Synästhetiker haben jeweils ganz verschiedene Erfahrungen, ihre Empfindungen sind alle individuell höchst unterschiedlich; die Synästhesie selbst aber ist der Medizin seit zweihundert Jahren bekannt. Daß Synästhesie ein Produkt des Gehirns ist (wie alle Wahrnehmung) und keines der Phantasie, wurde um die Jahrhundertwende geklärt. Dennoch blieb sie geheimnisvoll, ein medizinisches Rätsel, weil noch niemand in der Lage war, zu *erklären*, wie die Sinne auf so eigenartige Weise verdreht werden können.

Bis jetzt.

Sie werden erfahren, was im Gehirn der Menschen mit dieser Gabe vor sich geht. Dieses Buch handelt jedoch von weit mehr als nur der kleinen Anzahl Leute, die in der seltsamen Welt der Synästhesie zu Hause sind. *Die Lösung des medizinischen Rätsels der Synästhesie ist für uns alle von erheblicher Bedeutung.* Betrachten Sie, wenn Sie so wollen, Synästhesie als ein Sprungbrett, von dem aus man in die Geheimnisse des Geistes eintaucht und Möglichkeiten entdeckt, unser menschliches Potential weiterzuentwickeln.

Michael Watson und ich gingen an das Rätsel der Synästhesie zunächst analytisch heran und suchten nach objektiven Ergebnissen, vielleicht einem verhedderten Knäuel von Neuronen, einem Kurzschluß, auf den wir mit den Finger zeigen und sagen könnten: »Aha, da ist der Missetäter.« Unmöglich konnten wir damals merken, wie tief wir schon in einem Abenteuer steckten, das immer mehr neurologische Beweise offenlegte
- für die Überlegenheit des Gefühls über den Verstand,
- für die Unmöglichkeit eines rein »objektiven« Standpunkts,
- für die Macht intuitiven Wissens
und das erklären half, warum das Bejahen persönlicher Erfahrungen ein befriedigenderes Verständnis ermöglicht als die Analyse, was etwas »bedeutet«.

Weil unser Abenteuer so umfassend gewesen ist, wäre ich unzufrieden, könnte ich jetzt nur auf einen Klumpen Hirngewebe zeigen, verkünden »das ist die Stelle« und dann weiterziehen. Statt dessen will ich zwei Fragen ergründen: Was ist das Wesen der Synästhesie? Und: Worin liegt ihre Bedeutung? Keineswegs will ich erklären, was sie für die zehn Synästhetiker unter einer Million Menschen bedeutet; vielmehr geht es darum, was die Synästhesie für uns restliche 999 990 bedeutet, die nicht direkt davon betroffen sind.

Die Lösung des Synästhesie-Rätsels brachte mich zu guter Letzt auf eine neuartige Vorstellung von der Organisation des Geistes, die die Überlegenheit des Gefühls über den Verstand betont. Diese neue Vorstellung vom Geist ist für viele Bereiche menschlichen Strebens von erheblicher Auswirkung – was daraus folgt, werde ich im zweiten Teil des Buches untersuchen. Einzig und allein, weil vor vielen Jahren zuwenig Spitzen auf einem Hähnchen waren, konnten Michael und ich einen Blick auf eine verborgene Wirklichkeit werfen, die in uns allen existiert, aber nur selten an die Oberfläche des Bewußtseins dringt. Sie können jetzt an dieser inneren Reise teilnehmen.

Am Beginn unserer Fahrt steht eine medizinische Detektivgeschichte, die zugleich einen Blick hinter die Kulissen der Wissenschaft erlaubt. Sie werden sehen, wie Wissenschaft in Wirklichkeit funktioniert: Keineswegs von Computern und anderen Technologien dominiert, ist sie ein durch und durch menschliches Unterfangen mit allen praktischen, intellektuellen, emotionalen, ästhetischen und moralischen Dimensionen.

Während wir das Rätsel der Synästhesie medizinisch durchstreifen, wird uns das Vergrößerungsglas des Detektivs unsere heutigen Vorstellungen von Verstand und Gefühl des Menschen seltsam verzerrt erscheinen lassen, als wäre etwas, das einst völlig klar war, plötzlich unscharf und vernebelt. Doch Ihre Augen werden sich schnell anpassen, und Sie werden eine neue Klarheit entdecken. Statt beispielsweise der üblichen Darstellung zu folgen, nach der die Wahrnehmung der Welt von außen in das Gehirn *hinein*dringt, dreht unsere neue Sicht die Richtung um, so daß *die Wahrnehmung von innen nach außen fließt*. Ihr Gehirn erforscht die Welt aktiv, es ist kein passiver Empfänger.

Was der menschliche Geist ist und was es bedeutet, ein Mensch zu sein, werden Sie am Ende unserer Reise in völlig neuem Licht sehen – auf eine Weise, die die Grundlagen unseres traditionellen Denkens und Tuns erschüttert, eine radikale Weise, die alles von innen nach außen und von oben nach unten wendet, was wir konventionell über Verstand und Gefühl dachten, kurz: Wer wir sind.

3. 1957, unten im Keller:
Der Werdegang eines Neurologen

Es ist schon komisch, wie gut ich mich an Gerüche erinnere. Eigentlich nicht an die Gerüche selbst, sondern an Dinge, die mit ihnen zusammenhängen. Der Postbote brachte so merkwürdige Dinge ins Haus eines Arztes, daß sogar die Postsendungen einen Geruchsstempel trugen. Gewöhnlich hatte in den fünfziger Jahren ein Arzt seine Praxis in seinem Haus. Neben den profanen Zeitschriften und Briefen brachte der Postbote Stapel von Schachteln, Rollen und wunderlich geformten Päckchen, die mit Lederstreifen zusammengehalten wurden. Ein alltäglicher Vorgang war das: kiloweise angelieferte pharmazeutische Werbesendungen.

Zwischen den winzigen Fläschchen mit roten und blauen Kapseln und den Proben zellophanversiegelter gelber Tabletten fanden sich billige Werbegeschenke mit Produktnamen in fetten Lettern. Ob sich diese Bestechungsgaben dem Geist meines Vaters tief genug einprägten, um ihn jene Arzneimittel öfter verschreiben zu lassen, habe ich niemals herausgefunden; aber jener Geruch von Medizin, der all diesen Schnickschnack und all die Pillen durchdrang, ist eine unauslöschliche Spur meiner Kindheit.

Hinter der kleinen Bibliothek, die unsere Wohnung mit Vaters Allerheiligstem verband, lag eine andere Welt, mit der ein weiterer, unmißverständlicher Duft verknüpft war: der einer Arztpraxis. Bis heute rätsele ich, aus welchen Ingredienzen er sich zusammensetzte. Zu meiner großen Enttäuschung habe ich es niemals geschafft, daß mein eigenes Sprechzimmer genauso roch. Und wenn ich darüber nachdenke, fällt mir auf, daß auch keines der Sprechzimmer meiner Kollegen je so gerochen hat, wie das in der Generation meines Vaters üblich war. Jene Mixtur von Alkohol und Desinfektionsmitteln – und was immer sonst noch – beschwört in meinem Geist widersprüchliche Bilder herauf. Sie läßt mich an Autorität denken und an die Schrecken der Krankheit, doch zugleich auch an einen sicheren Hafen. Am häufigsten assoziiere ich mit ihr die Heilkunst einer Zeit, als sich noch keine Maschinen zwischen Arzt und Patient breitmachten. Mein eigenes Sprechzimmer habe ich bewußt beruhigend und einladend eingerichtet, um imposanten Geräten wie unserem Computertomographen oder den EEG-Elektroden ein wenig die Bedrohlichkeit zu nehmen. Und wie ein Alchimist habe ich darum gerungen, jenen längst vergangenen Geruch wiederzuerschaffen, aber ich bin gescheitert.

Aus dem ersten Stock unseres Hauses drang ein anderer Duft, der von Leinöl und Terpentin. Hier war Mutters Atelier. Es war wunderbar mit anzusehen, wie sie eine weiße Leinwand in ein Porträt verwandelte. Ich war ihr geduldiger Assistent, der auf ihr Zeichen wartete, um dann aus einer Tube eine bunte Raupe von Grumbacher-Farbe auf die weiße Palette zu drücken. Immer hoffte ich, sie würde eine der exotischen Sorten wünschen – Kadmiumrot, Umbra natur, Chromgrün oder Zinnober. Ihre Ölflasche war so oft nachgefüllt worden, daß die zahllosen Tropfen im Lauf der Jahre das grüne Etikett durchscheinend werden ließen. Aus ihrem kleinen Fläschchen goß sie einige Tröpfchen Leinöl auf die Farbe, ließ einen Pinsel durch Terpentin schwirren, stippte einen Tupfer anderer Farbe auf und verwirbelte das Ganze zu einem Mischmasch. Leuchtend bunte Farbraupen schlängelten sich über die weiße Palette und tauchten in Tümpel herrlichster Farben.

Beim Mischen der Farben nahmen Mutter und ich eine Menge Weiß. Beide Hände brauchte man, um die dicke, zweipfündige Tube Bleiweiß auszudrücken. Niemals haben wir mit reinen Farben gemalt. Geduldig erklärte Mutter, wie man mit Spitzlichtern und Schatten das Auge täuschen könne, wie jede Farbe dadurch erzeugt werden könne, daß man den Inhalt von zwei oder mehr Tuben mischte. Ganz deutlich erinnere ich mich an ein bestimmtes Porträt mit einem weißen Hemd. Wir nahmen Weiß gemischt mit Schwarz, Weiß gemischt mit Gelb und Weiß gemischt mit Blau, um jenes weiße Hemd zu malen. Was für eine faszinierende Illusion der Kunst, wenn man alles andere, nur nicht Weiß nimmt, um etwas Weißes zu malen. Mutter beim Mischen der Farben auf jener Palette zu helfen war für mich die Erziehung der Sinne. Schön waren sie anzusehen, aber ihr Duft erfreute mich noch mehr.

Die Leinwände trug ich in den Keller zum Trocknen. Öl und Terpentin wehten herauf und vermischten sich mit Arzneien und Desinfektionsmitteln. Erst Jahre später, als ich mir diese Vereinigung der Düfte in Erinnerung rief, ging mir auf, wie groß der Einfluß dieser beiden Welten auf mich und wie ungewöhnlich solch eine Kindheit gewesen war. Ich nehme es als selbstverständlich hin, mit dem einen Fuß auf dem Boden der Wissenschaft und mit dem anderen auf dem der Kunst zu stehen. Doch die meisten Menschen sehen, wie C.P. Snow betont hat, eine unüberbrückbare Kluft zwischen ihnen. Erst viel später erfuhr ich, daß diese Kluft eine Illusion ist. Aber ich greife meiner Geschichte voraus.

Ein weiterer denkwürdiger Duft rührte von meiner eigenen Werkbank im Keller her: beißender Qualm aus Elektromotoren und schmelzendem Lötzinn. Liebend gern zerlegte ich Sachen, um zu sehen, wie sie funktionierten. Andere Kinder hatten einen geschulten Blick für Baseball-Handschuhe oder Modellflugzeuge, ich aber betrachtete jeden Schraubenkopf auf einer Maschine als eine Einladung, den Deckel abzunehmen und hineinzublicken. Ich mußte einfach wissen, was die Zahnräder und Vakuumröhren bewirkten, und so zerlegte ich Uhren, alte Nähmaschinen, Plattenspieler – was immer mir in die Finger kam.

Gelegentlich fiel es mir leichter, Sachen auseinanderzunehmen, als sie wieder zusammenzusetzen. Aber dadurch ließ ich mich nicht entmutigen. In Wirklichkeit lernte ich dabei etwas, das mir später einmal nützlich sein würde, nämlich, daß Dinge manchmal mehr sind als die Summe ihrer Teile. Später wandte ich mich der Elektronik zu. Dort waren nicht Zahnräder und Riemen die beweglichen Teile, sondern aufgeladene elektrische Teilchen, die Elektronen. Kondensatoren und Transistoren machten nichts anderes, als diese Elektronen von einer Stelle zur anderen hin- und herzuschaufeln, und dennoch konnten solche elektrischen Schaltungen Bilder auf eine Kathodenstrahlröhre zaubern oder eine Stimme über den Ozean tragen. Das war die Wunderwelt des Radios und des Fernsehens.

Fasziniert wie ich von der Frage war, was die Dinge funktionieren läßt, nimmt es kaum Wunder, daß ich mich später der Neurologie zuwandte, dem Studium der Frage, was Menschen funktionieren läßt. Daß ich als Junge wissen wollte, wie Maschinen und elektrische Schaltkreise arbeiten, reifte zu der Frage, wie der menschliche Geist arbeitet. Wie denken wir? Was steuert unsere Wünsche und Bedürfnisse? Warum haben manche Dinge unsere Wertschätzung, andere nicht? Wie kommt es, daß wir in einer objektiven Welt so subjektive Ansichten haben?

Stellen Sie sich vor, was mir durch den Kopf schoß, als Michael Watson sagte: »Da sind zu wenig Spitzen auf den Hähnchen.« Als ich zu seinem Schrecken mit anhörte, daß der *Geschmack* eines

Brathähnchens ihn eine runde *Form* in seinen Händen fühlen ließ, als streichele er eine Kegelkugel statt der erwarteten stacheligen Gestalt, fühlte ich, wie sich meine instinkthafte Neugier wieder rührte. Ich mußte wissen, was seine Sinne so offensichtlich falsch verdrahtet hatte. Meine jugendlichen Basteleien hatten mich gelehrt, daß man etwas, was komplex erscheint, oft dadurch versteht, daß man seine Teile anschaut. Ich glaubte, daß ich eine Erklärung für Michaels seltsame Wahrnehmungen finden könnte und daß die Antwort in seinem Gehirn liegen müßte.

Die meisten Menschen hätten Ende der siebziger Jahre seinen seltsamen Kommentar als locker-flockiges Künstlergerede abgetan. Besonders Ärzte hätten zu dieser Zeit nicht gezögert, eine menschliche Erfahrung zu bagatellisieren, die nicht mit den unveränderlichen Vorstellungen, wie die Dinge zu sein hätten, in Einklang zu bringen war. Synästhesie ist eines der am wenigsten bekannten Krankheitsbilder, nur jeder Hunderttausendste ist davon betroffen. Später fand ich heraus, daß auch nur zwei von den zweitausend Menschen an unserem Klinikzentrum den Begriff jemals gehört hatten. Doch es sollte sich herausstellen, daß die Bereitschaft, über unmittelbare Erfahrungen anderer einfach hinwegzugehen, kaum etwas mit der Tatsache zu tun hatte, daß Synästhesie so selten ist. Daß ich Michaels ausgeflippten Kommentar als Symptom eines geheimnisumwitterten Krankheitsbildes erkannte, hatte weniger mit meinen persönlichen Interessen zu tun als mit der Art und Weise medizinischer Ausbildung Mitte der siebziger Jahre. Sich von jenem Ausbildungsklima ein Bild zu machen ist wichtig, denn die damaligen Studenten sind heute die praktizierenden Ärzte.

Mit Patienten zusammenzutreffen, ist überraschenderweise zunächst nicht Teil der medizinischen Ausbildung. Die ersten Jahre des Medizinstudiums drehten sich damals in Wirklichkeit darum, ob der Geist mehr aufnehmen konnte als das Sitzfleisch aushalten und wie gut man papageienhaft die Vorlesung des Professors nachplappern konnte. Entweder saßen wir den ganzen Tag lang da und schrieben fieberhaft jede Äußerung mit, oder wir waren ins Labor beordert, wo wir Tote sezierten, durch Mikroskope spähten oder Chirurgie an Kaninchen übten (unseres starb an der Anästhesie). Theoretisch sollten diese Aktivitäten uns die Grundlage geben, das Funktionieren des Körpers verstehen zu lernen; aber von Monat zu Monat schien es immer weniger wichtig für das zu sein, was unserer

Vorstellung nach ein wirklicher Arzt tat. Ein solides Grundlagenwissen ist von entscheidender Bedeutung, genauso wichtig aber ist es, wirkliche Menschen zu verstehen, ihre Bedürfnisse, ihre Gefühle und die Bedeutung, die ihre Krankheiten für sie haben.

Erst als im zweiten Jahr die Neurologie als Hauptfach anstand, regte sich mein Optimismus wieder. Wenigstens hier, dachte ich, bekäme man das Gehirn erklärt, den Geist. In Makroanatomie bestand unsere letzte Aufgabe vor den Sommerferien darin, unseren Leichen die Gehirne herauszunehmen und sie in Tupperware-Behältern zu lagern, die mit Konservierungsmitteln gefüllt waren. Als wir im Herbst zurückkehrten, brannte ich darauf, sie zu zerlegen. Welch eine Enttäuschung war es, daß diese Gehirne weitere sechs Monate lang in Formaldehyd badeten, während wir in den beängstigenden Details von Mikroskopaufnahmen und weiteren Vorlesungen ertranken. Ich zeichnete Ansichten von Nervenschaltungen, um mir merken zu können, wo sie hinführten und was sie ausrichteten. Aber jede Woche kamen neue hinzu, die sich mit den alten überlappten oder schlicht und einfach dem widersprachen, was wir vorher auswendig gelernt hatten. Eine Lawine widersprüchlicher Fakten, in der es mehr Ausnahmen als Regeln gab.

Kurz vor den Semesterprüfungen erschien eine neue Dozentin, um die letzten drei Tage uns etwas beizubringen, das sie »limbisches System« nannte. Wir fanden, es müsse sich hier um ein kleineres Anhängsel handeln, wenn es so kurz vor der Prüfung drankäme. Wie hatten wir uns verrechnet! Ihr achtundzwanzigseitiges Vorlesungspapier illustrierte »ein paar« der »wichtigsten Punkte« dieses limbischen Systems, das, wie sich herausstellte, vorwärts und rückwärts mit allem anderen verknüpft war, was wir bis jetzt gelernt hatten. Eine weitere unverständliche Sturzflut von Fakten, Mutmaßungen und Ausnahmen. Dieser letzte Tropfen brachte das Faß zum Überlaufen. Nachdem wir das Büro des Dekans gestürmt hatten, beruhigte dieser den Mob der Aufständischen wieder, aber nichts mehr konnte die Ressentiments dämpfen, die wir gegenüber dieser in letzter Sekunde aufgebürdeten Last empfanden. Ich verabscheute Neurologie. In all den Vorlesungen war nicht ein einziges Mal vom Geist die Rede gewesen.

Im nachhinein vermute ich, daß mein Übereifer dem eines Kunststudenten glich, der darauf brennt, Porträts zu malen, obwohl er noch nicht einmal die Perspektive beherrscht. Wie enttäuscht war ich doch, daß all die Details, die wir in jenen Monaten auswendig lernten, nur mit Reflexen zu tun hatten, mit dem Kneifen von Zehen, mit dem Fühlen von Nadelstichen. Wenn es das war, »wie das Gehirn funktioniert«, war ich mächtig enttäuscht.

Ich haßte Neurologie. Welcher Sinn lag darin, so viele widersprüchliche Fakten auswendig lernen zu müssen? Mein Groll verdoppelte und verdreifachte sich, während ich für die letzte Prüfung büffelte. Frustriert von den Widersprüchen gab ich mich einem ungebremsten Zorn- und Wutausbruch hin, erklärte das ganze Thema für schlicht und einfach nicht begreifbar und warf meine Notizen in hohem Bogen vom Balkon.

Natürlich holte ich sie mir wieder.

Mehrere Ereignisse gingen einem dramatischen Wandel in meinem dritten Studienjahr voraus. Das wichtigste war wohl, daß wir endlich Patienten zu sehen bekamen. Der klinische Turnus bestand aus sechswöchigen Gastspielen in den verschiedenen Abteilungen wie Allgemeinmedizin, Geburtshilfe, Psychiatrie oder Chirurgie. Wie es das Schicksal wollte, führte mich eines meiner ersten in die Neurologie.

Immer noch erwartete ich, daß irgend etwas Schreckliches wie eine riesige Spinne über mich kommen würde. Es erwies sich aber als eine gar nicht so schlechte Erfahrung. Wirkliche Patienten boten den menschlichen Kontext für die entkörperlichten Fakten, die ich heranziehen mußte. Neurologiepatienten litten komplizierte Qualen. Die Seltsamkeit jener Leiden faszinierte mich; den Umstand, daß nichts klar umrissen war, empfand ich als Herausforderung. Was dem Patienten fehlte, mußte man nach und nach herausfinden, wie ein Detektiv einen Fall löst; man mußte Indizien gewichten und vielversprechende, aber falsche Spuren aufgeben. Wenn andere Spezialisten nicht herausfinden konnten, was ihre Patienten peinigte, wanden sie sich als letzten Ausweg oft an die Neurologieabteilung. Während viele Studenten hierin nur ein gewisses Prestige sahen, erkannte ich, daß die Neurologie vor allem eigentlich eine Methode war. Andere medizinische Fachrichtungen vertrauten auf Konkordanzen von Symptomen und Krankheiten, die Methode der Neurologie aber war mir so vertraut, wie im Keller eine Maschine auseinanderzunehmen und zu erkennen, wie jedes Teil sich zum anderen fügte, um das Ganze funktionieren zu lassen. Ich war nicht länger der Schwamm, der im Vorlesungssaal Fakten in sich aufsaugen mußte, sondern eine Person, die aktiv mit den herzzerreißenden Problemen anderer Menschen zu tun hatte.

Darüber hinaus jedoch war der eigentliche Katalysator für meinen Wandel ein Lehrer. Bei allen Begegnungen zwischen Ärzten und Patienten, die ich bis dahin beobachtet hatte, war William McKinney der erste Mediziner, der sich auf das Bett setzte, die Hand des Patienten nahm und mit ihm sprach. McKinney sprach nicht als allwissende Autorität, sondern von Mensch zu Mensch. Das Krankenhauspersonal beklagte sich, daß McKinneys Patienten nicht sehr aufregend waren und niemals Schwierigkeiten machten.[1] Man wollte kranke Patienten, denen man Gutes antun konnte, und keine gelegentlichen Lektionen in der hohen Kunst der Medizin von einem Meister, der sein Fach fehlerfrei beherrschte. Ausgeübt von einem so befähigten Kliniker, war die Neurologie nicht länger eine Sammlung widersprüchlicher Fakten, sondern eine Methode, ja, sogar eine Haltung. Diese Haltung war eine des Respekts – gegenüber den Menschen, natürlich, aber auch gegenüber der Größe der Aufgabe. Für mich war das eine Offenbarung. Und die Reaktion meiner Kommilitonen war ebenfalls eine.

Immer noch gab es eine gewaltige Menge Lektüre zu bewältigen. Langen Tagen mit endlosen Patientenvisiten folgten Stunden des Studiums bis spät in die Nacht. Einer dieser Abende sollte mich endgültig verwandeln.

Der Verkehrslärm unter meinem Fenster war schon lange verstummt. Nur noch gelegentlich durchbrach das Geräusch von Reifen auf der kurvigen Straße die Stille der Nacht. Sogar die Grillen waren verstummt, und mein Kopf war so dick und so schwer wie das Buch, das ich in den Händen hielt. Aber büffeln mußte ich, auch wenn es zwei Uhr morgens war.

Dieses schwierige Thema durchzuackern war mindestens einer der äußeren Höllenkreise aus Dantes Inferno. Eine Parade menschlichen Elends zog beim Lesen an mir vorbei – Lähmung, Blindheit, unerklärlicher Schmerz, Schlag- und andere Anfälle –, aber all diese Beschreibungen waren trocken und leblos. Notizen machen, weiterlesen, umblättern. Ein Schwall kühler Luft, der durch das offene Fenster drang, munterte mich wieder auf und trieb mich weiter.

Plötzlich mußte ich lachen. Nein, nicht einfach lachen. Ein unwillkürliches, herzhaftes, schallendes Gelächter war das. »Das ist phantastisch! Unglaublich faszinierend!« japste ich laut heraus. Der schwergewichtige Wälzer war plötzlich zum Leben erwacht. Was meine Aufmerksamkeit gefesselt und mich hellwach gemacht hatte, war Aphasie, eine Hirnstörung. Eine Schädigung in einem bestimmten Teil des Gehirns konnte einen plötzlich der Sprache berauben. Doch, doch, man konnte noch immer die Lippen bewegen und Töne hervorbringen, aber das sinnvolle gesprochene Wort war plötzlich weg. Und schlimmer noch, man war nicht mehr in der Lage zu lesen oder auch nur etwas Gesagtes zu verstehen. Ein winziges Gebiet im Hirngewebe wird zerstört – und plötzlich ist jede Bedeutung verschwunden. Ich hätte gedacht, eine so teuflische Vorstellung müßte ins Reich der Science-fiction gehören. Aber nein. Hier stand sie in meinem medizinischen Lehrbuch.

Nicht nur die Worte, auch Gestik, Semantik und syntaktische Bedeutung, sogar die Sprachmelodie – alles verschwand in einem einzigen Augenblick aus dem Geist. Das war Aphasie. Was für ein fürchterlicher Zustand. Wenn Aphasie jemanden aller Symbolik beraubte, was geschah dann mit dem Menschsein dieser Person? Blieb es erhalten, oder war es auch verschwunden? Ich war auf etwas gestoßen, aus dem manch philosophische Frage folgte.

Ein verhaltenes Grinsen machte sich auf meinem Gesicht breit. War ich noch dieselbe Person, die das Fachgebiet als einfach nicht zu begreifen bezeichnet hatte, als so verwirrt wie die Knäuel von Hirnschaltkreisen, die auswendig zu lernen wir gezwungen waren? Doch, zweifellos war ich noch diese Person. Ein Teil von mir – ein Teil, den ich erst viel später verstehen sollte – hatte schallend gelacht, während ich in früher Morgenstunde das büffelte, was ich zu unverständlichem Kauderwelsch erklärt hatte. Wenn Neurologie in Wirklichkeit so gewaltig war, wenn sie eine solche Reaktion hervorrufen konnte, während ich gegen den Schlaf ankämpfte, dann sollte ich vielleicht meine Vorurteile noch einmal überprüfen. Vielleicht war mein erster Eindruck falsch gewesen.

Angesichts meines früheren Ekels vor der Lawine der neurologischen Fakten wirkte mein erstauntes Gelächter über die schiere Gerissenheit der Aphasie ausgesprochen überraschend. Doch jetzt kam ich ins Staunen, wie groß der Unterschied zwischen der Bewegung der Lippen zwecks Erzeugung von Tönen einerseits und der

Fähigkeit zur Kommunikation und zum Verständnis andererseits war. Aphasie war nicht einfach ein Fakt wie jene hunderte, die ich vorher hatte auswendig lernen müssen, sondern ein ganzer Komplex. Der Brennpunkt meines Verständnisses verlagerte sich nun auf eine höhere Ebene, deren Zentrum von einer grauen Furche im Inneren meines Kopfes gebildet wurde.

Ein Gefühl ergriff mich mit Macht, als hätte mir ein Geist auf die Schulter geklopft. Auf einmal bot die Welt einen weiten Raum voller neuer Möglichkeiten, als wäre ich aus einer zu beengten Kammer durch eine Tür hinausgetreten. Damals wußte ich es noch nicht, aber dies war der Beginn meiner Karriere entlang der »höheren Hirnfunktionen«. Noch ein paar Monate zuvor hatte ich die Neurologie verschmäht und voll Abscheu meine Notizen vom Balkon geworfen. Aber in jener Nacht hatte die Neurologie mich für eine Karriere auserkoren.

Höhere Hirnfunktionen wie Sprache – und Aphasie – waren genau das, was ich gesucht hatte. Wie der Begriff nahelegt, haben die höheren Funktionen mit den psychologischen und intellektuellen Leistungen des Gehirns zu tun, mit dem Mysterium des Geistes. Zu ihnen zählen Gedächtnis, Denken, Wahrnehmung räumlicher Relationen, Stimmungslagen und alles, was die Persönlichkeit eines Menschen ausmacht; auch die auf das Gebiet der Philosophie übergreifenden Befähigungen der Wertvorstellung, der Urteilsbildung und des freien Willens gehören dazu. Die Grenzlinie, an der die Neurologie endet und die Philosophie beginnt, ist in der Tat nur ein hauchdünner Strich.

Ein wacher Geist findet, was er sucht, und ein Ergebnis meiner wiedergefundenen Umtriebigkeit war eine Abhandlung, die ich über die Aphasie des französischen Komponisten Maurice Ravel schrieb.[2] Harold Schonberg, der Musikkritiker der ›New York Times‹, hatte beiläufig erwähnt, daß die Aphasie, die Ravel ereilt hatte, irgendwie auch seine Fähigkeit zu komponieren beeinträchtigt hatte. Dies war alles, was Schonberg gesagt hatte. Ich wollte herausfinden, wie die Aphasie sich auf Ravels Geist ausgewirkt hatte, las Biographien und fand schließlich die Spur seines Arztes, des berühmten Neurologen Théophile Alajouanine. Er lebte noch und wohnte etwas außerhalb von Paris. Da ich mir von seinem Rang noch keinen Begriff machen konnte, war ich mutig genug, ihm nicht nur zu schreiben, sondern dies auch noch in ziemlich mangelhaftem Französisch zu tun. Der große alte Meister war so generös, mit mir kleinem Studenten zu korrespondieren.

Die Aphasie hatte Ravel im Alter von achtundfünfzig Jahren ereilt und bei ihm auch jede Art künstlerischen Ausdrucks erstickt. Am Schrecklichsten war die Kluft, die sich zwischen seiner Fähigkeit, etwas in Gedanken zu fassen, und seiner Unfähigkeit, etwas zu erschaffen, aufgetan hatte. Das bedeutete, er konnte weiterhin musikalisch *denken*, war aber nicht in der Lage, diese Musik *auszudrücken*, indem er sie schrieb, spielte oder sang. Eine so ungewöhnliche Ausbildung der Fähigkeiten der rechten Gehirnhälfte wie bei Ravel findet sich bei Aphasikern selten. Bei den meisten Rechtshändern hängen die musikalischen Fähigkeiten eher von der rechten Gehirnhälfte ab, während die Sprache ausschließlich eine Funktion der linken ist. Aphasie ist gewöhnlich eine Störung der linken Gehirnhälfte. Aber bei Berufsmusikern wie Ravel liegen die Dinge komplizierter. Für sie stellt die Musik mehr dar als nur Klang und Rhythmus – sie ist ein Kommunikationsmittel, und *beide* Gehirnhälften tragen zum musikalischen Ausdruck bei. Wie ein Schriftsteller, der Gedanken nicht länger in Worte umsetzen kann, konnte Ravel nicht mehr die Muster in seiner rechten Gehirnhälfte, die seine Musik darstellten, in die Symbole der linken Gehirnhälfte übersetzen. Folglich blieben seine neuen musikalischen Vorstellungen in Stille gefangen, und die Welt bekam sich nicht zu hören.

Die Beschäftigung mit der Frage, wie Ravel seine Fähigkeit verlor, neuerdachte Musik niederzuschreiben oder auszuführen, brachte mich dazu, daß ich mich in ein neues Gebiet vertiefte: die Erforschung der unterschiedlichen Funktionen der beiden Gehirnhälften anhand von Patienten mit durchtrenntem Hirnbalken. Dieses Wissensgebiet war in den siebziger Jahren gerade im Entstehen begriffen. Neue Erkenntnisse gewann man hier anhand einer Operation, die häufig bei Epileptikern durchgeführt wurde, deren Anfälle anders nicht unter Kontrolle zu bringen waren. Sie bestand darin, sämtliche Verbindungen zwischen den beiden Hälften des Gehirns zu durchtrennen.

Auf den ersten Blick ist dies eine reichlich drastische Maßnahme, denn die Zahl der Nervenfasern, die zwischen den beiden Hemisphären hin- und herverlaufen, ist größer als die derjenigen, die von den Sinnesorganen hineinführen. Diese Millionen von Nervenbahnen zu durchtrennen, so daß die eine Seite nicht mehr weiß, was in der anderen vor sich geht, müßte doch bestimmt für die geistigen wie die körperlichen Fähigkeiten von verheerender Wirkung sein. Doch im alltäglichen Gespräch wie sogar bei neurologischen Standarduntersuchungen wirkten und verhielten sich diese Menschen normal! Ein solcher Befund war unbefriedigend, weil er einen nicht weiterbrachte, und daher konnte man die Sache nicht einfach auf sich beruhen lassen. Mit besonderen Untersuchungsmethoden, die die Informationszufuhr auf nur eine Gehirnhälfte beschränkten, konnte man nachweisen, daß die Durchtrennung des Hirnbalkens doch sehr drastische Auswirkungen hat. Sie offenbart eine wunderbare Paradoxie.

Die »Person«, die spricht, ist nicht die Person, die etwas wahrnimmt oder Probleme löst. In uns allen gibt es mindestens zwei getrennte Persönlichkeiten, erst die Vereinigung der Hemisphären durch die zerebralen Nervenverbindungen erzeugt die nahtlose Illusion eines einzigen, integrierten Selbsts – nämlich der Person, die da spricht. Wenn man bei Patienten, deren zerebrale Querverbindungen unterbrochen sind, in Untersuchungsexperimenten die Informationszufuhr trickreich immer nur auf eine Hemisphäre beschränkt, verschwindet die Illusion einer Einheit. Wortwörtlich weiß die rechte Hand dann nicht, was die linke tut. Wenn die eine Gehirnhälfte gerade ein Problem löst, für das sie gut gerüstet ist, kann die andere überrascht reagieren, weil sie nicht versteht, was da vor sich geht. Diese Unterschiedlichkeit der beiden Hemisphären ist nicht ein Ergebnis der Operation, sondern normalerweise bei jedem von uns gegeben.

Patienten mit durchtrenntem Hirnbalken lassen in solchen Untersuchungssituationen erkennen, daß die Sprache nur eine unserer intellektuellen Funktionen ist. Weil nur Menschen sprechen können, haben wir in überheblicher Weise jahrelang angenommen, Sprache sei die höchste unserer Befähigungen. Doch es hat sich herausgestellt, daß sie nur *eine* Fähigkeit ist. Nicht alles, was wir wissen und tun können, ist der Sprache zugänglich oder in ihr auszudrücken. *Das bedeutet, daß ein Teil unseres persönlichen Wissens sogar unseren eigenen inneren Gedanken verschlossen bleibt!* Vielleicht sind Menschen deshalb so oft nicht mit sich selbst im reinen, weil in unserem Geist mehr vor sich geht, als uns jemals bewußt wird.

Also hatte ich schließlich doch noch begonnen, den Schleier zu lüften, der die grandios komplexen Verhältnisse umgab, die mich zur Neurologie hingezogen hatten, jene, deren Wirklichkeit seltsamer ist als jede Phantasie. Die wahre Wirklichkeit, die die Wissenschaft ans Tageslicht bringt, ist oft kontraproduktiv. So könnte man Paradoxie definieren: etwas, das offensichtlich mit sich selbst oder mit der Vernunft nicht in Einklang zu bringen, aber dennoch wahr ist. Solche faktischen Seltsamkeiten liebte ich, besonders jene, die liebgewordenen Dogmen widersprachen, welche sich auf keine andere Autorität berufen konnten als den gesunden Menschenverstand oder darauf, daß das doch »jeder weiß«. Als mein Motto wählte ich dasjenige der Royal Society, *Nullius in verba*[3], was man am besten übersetzt mit: »Glaube nicht, was ein anderer sagt; sieh selbst nach.«

Genau das tat ich.

4.   Wie das Gehirn arbeitet: Die Standardversion

Wer populärwissenschaftliche Bücher über das Gehirn gelesen oder entsprechende Fernsehsendungen gesehen hat, wird jetzt kaum etwas Neues erfahren, auch wenn alles falsch ist.

Die typischen Darstellungen in populären Büchern im Stil von »Neurologie für Anfänger« erklären die Funktionsweise des Gehirns anhand eines Bildes, wie wir es uns vor mindestens zwanzig bis dreißig Jahren machten. Diese »Standardversion« beruht auf drei zentralen Vorstellungen: Der Informationsfluß ist *linear*, körperliche und geistige Funktionen können in verschiedenen Teilen des Kortex *lokalisiert* werden, und es gibt eine *Hierarchie*, in der der Kortex die höchste Position einnimmt und alles andere unter ihm beherrscht.

Die Standardversion hat in dieser Form keine Gültigkeit mehr, obwohl sie sich zu der Zeit, da ich zum ersten Mal auf Synästhesie stieß, noch großer Beliebtheit erfreute. Einzelne Teile dieser Version sind recht nützlich; warum das so ist, werde ich am Ende dieses Kapitels erklären. Und obwohl diese Sichtweise inzwischen veraltet ist, sind ihre drei grundlegenden Vorstellungen wert, noch einmal vorgetragen zu werden, weil sie für unsere medizinische Detektivgeschichte von zentraler Bedeutung sind.

Den Strom von Nervenimpulsen (die Information, wenn man so will) kann man sich in der Weise linear vorstellen, wie ein Fließband durch eine Fabrikhalle führt. Stück wird an Stück gefügt, bis am anderen Ende ein fertiges Produkt vom Band rollt. Dieses Bild machte man sich von den hereinkommenden Sinneseindrücken wie von den hinausgehenden motorischen Aktivitäten. Ich will hier nur von den Wahrnehmungen sprechen, weil sie es sind, die uns im Hinblick auf Synästhesie interessieren. Die Sinnesorgane müssen als erstes entweder elektromagnetische Energie (beim Sehen), mechanische Energie (beim Hören und Fühlen) oder chemische Energie (beim Riechen und Schmecken) in Nervenimpulse umwandeln. Diese Impulse wandern dann zu verschiedenen Relais im Hirnstamm und im Thalamus und von dort zu zunehmend komplexeren Stationen des Kortex, in denen verschiedene Aspekte der externen Stimuli nach und nach aus dem Strom der Nervenimpulse herausgefiltert werden. Irgendwie werden diese Aspekte dann am Ende des Wegs zu einer bewußten Erfahrung zusammengesetzt, so daß wir verstehen, was dort draußen in der Welt unsere Sinne erregt hat.

Daß sich die Hirnfunktionen lokalisieren lassen, ist der zweite Hauptlehrsatz der Standardversion. So ist zum Beispiel der Hinterhauptslappen am Sehen beteiligt, der Scheitellappen am Fühlen und der Schläfenlappen am Hören. Die Einteilung des Gehirns in »Lappen« erfolgte vor sehr langer Zeit und hat heute keine Bedeutung mehr. Die verschiedenen Methoden, das Gehirn in vierzig oder mehr physisch unterschiedliche Einheiten zu gliedern, basieren alle auf den unter dem Mikroskop zu erkennenden Arrangements der Zellen (der Fachausdruck dafür lautet: Zytoarchitektonik). Als man um die Jahrhundertwende die zellulare Architektur des Gehirns verkartete, war man überrascht, daß die verschiedenen Bereiche, die man mit Hilfe des Mikroskops unterschieden hatte, keineswegs den natürlichen Begrenzungen der Ausbuchtungen und Furchen des Gehirns folgten. Dennoch sind die Bezeichnungen der vier verschiedenen Lappen immer noch als allgemeine physische Bezugspunkte im Gebrauch, wie *Abbildung 1* zeigt.

»Kortex« bedeutet wörtlich »Baumrinde« (von lateinisch *cortex*) und verweist auf die ausgebuchtete Oberfläche des Gehirns. Wegen ihrer Farbe bezeichnet man die Hirnrinde auch als »graue Masse«. Der Kortex ist die größte Komponente des Gehirns und zeigt auch den kompliziertesten Aufbau. Evolutionsgeschichtlich betrachtet ist er auch der jüngste Teil. Da der menschliche Kortex zudem wesentlich weiter entwickelt ist als der anderer Tiere, betrachtete man ihn aus diesen Gründen als die wesentliche Substanz, die uns von allen anderen Kreaturen unterscheidet. Bei der Hirnforschung hat man ihm einst so große Bedeutung beigemessen, daß alles andere darunter nahezu ausgeschlossen war, was auch den praktischen Grund hatte, daß der Kortex nun einmal die Oberfläche war, an die man experimentell leicht herankommen konnte.

Die Vorstellung eines alles dominierenden Kortex prägt auch das Modell des »dreieinigen Gehirns« in *Abbildung 3*, obwohl sein Schöpfer das nicht beabsichtigt hatte. Die Vorstellung von drei Gehirnen in einem wurde zum ersten Mal 1949 von Paul MacLean vorgetragen, der damit zeigen wollte, daß das menschliche Gehirn drei Systeme von unterschiedlichem evolutionärem Alter umfaßt, die je verschiedene Verhaltenskategorien steuern. Das älteste

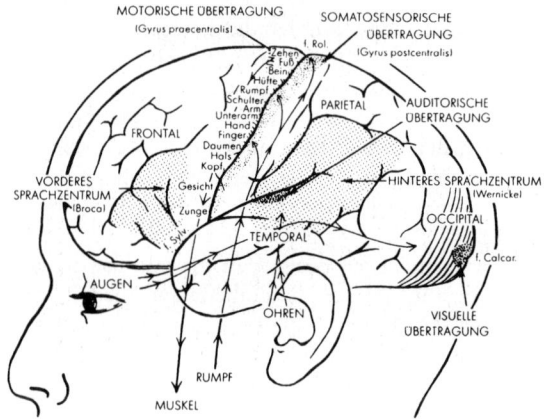

MOTORISCHE ÜBERTRAGUNG
(Gyrus praecentralis)

SOMATOSENSORISCHE ÜBERTRAGUNG
(Gyrus postcentralis)

f. Rol.
Zehen
Fuß
Bein
Hüfte
Rumpf
Schulter
Arm
Unterarm
Hand
Finger
Daumen
Hals
Kopf
Gesicht
Zunge

PARIETAL

AUDITORISCHE ÜBERTRAGUNG

FRONTAL

VORDERES SPRACHZENTRUM
(Broca)

HINTERES SPRACHZENTRUM
(Wernicke)

OCCIPITAL

f. Sylv.

TEMPORAL

f. Calcar.

AUGEN

OHREN

VISUELLE ÜBERTRAGUNG

RUMPF

MUSKEL

Abbildung 1: Die auf Vorstellungen des neunzehnten Jahrhunderts zurückgehende Standardversion des Gehirnaufbaus zeigt meistens nur die Oberfläche, den Kortex. Die Hauptlappen sind angedeutet, genauso die Lokalisierungen des Sehens, Hörens, Sprechens, der Bewegung sowie die Bereiche der motorischen und sensorischen Sprache. Die Bereiche für Riechen und Schmecken werden fast niemals gezeigt, obwohl man in der Standardversion davon ausgeht, daß all diese Funktionen im Kortex repräsentiert sind. Aus Karl Popper und John C. Eccles: Das Ich und sein Gehirn. München: Piper 1982, Seite 285.

System ist das Reptil-Hirn, es besteht aus dem Hirnstamm sowie den Basalganglien, und seine Aufgabe ist die Selbsterhaltung. Später kam das Alt-Säugetier-Hirn hinzu; wir haben es von unseren ältesten säugetierähnlichen Vorfahren geerbt, und seine Aufgabe ist die Arterhaltung (Sexualtrieb, Fortpflanzung, Geselligkeitstrieb), und es steuert auch die nur den Säugetieren eigenen Verhaltensweisen wie Säugen, elterliche Fürsorge, audiovokale Kommunikation und Spielen. Zusammengenommen bezeichnet man die Komponenten des Alt-Säugetier-Hirns auch als Paläocortex oder limbisches System; es stellt das »emotionale Gehirn« des Menschen dar. Das jüngste unserer drei Gehirne, das Neu-Säugetier-Hirn oder der Neocortex, besteht aus der großen Masse der Hirnrinde und wird als der oberste Vollstrecker betrachtet, der alle anderen Komponenten dominiert. Daß das »dreieinige Gehirn« gut zu der alten Vorstellung einer Hierarchie paßt, ist aus *Abbildung 3* ersichtlich.

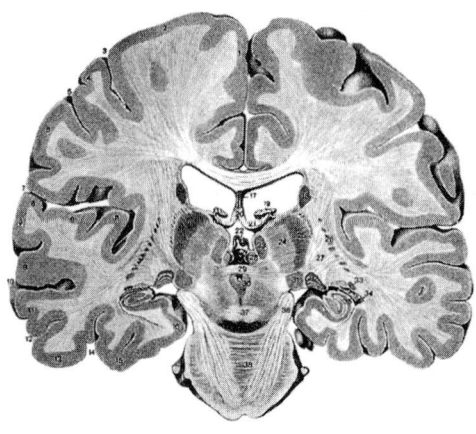

Abbildung 2: Ein Querschnitt durch das Vorderhirn. Trotz des Aufhebens, das man davon macht, ist die kortikale Oberfläche (hier in dunklerem Grau dargestellt) durchschnittlich nur einen Millimeter dick und stellt nur einen Bruchteil der Gesamtmasse des Gehirns dar. Der Hippocampus ist der am leichtesten zu erkennende Teil des limbischen Systems, das tief unter dem kortikalen Mantel verborgen ist. Aus Nieuwenhuys, Voogd und van Huijzen: Das Zentralnervensystem des Menschen. Berlin, Heidelberg, New York: Springer 1980, Seite 42.

Eine zentrale Furche unterteilt das Gehirn in einen vorderen Bereich, den der britische Neurologe Lord Sherrington 1902 »präzentrales motorisches Gebiet« taufte, und einen hinteren, den der amerikanische Chirurg Harvey Cushing 1909 »postzentrales sensorisches Gebiet« nannte. Diese zentrale Furche zwischen einem vorderen, motorischen Teil und einem hinteren, sensorischen findet sich bei allen höheren Säugetieren. 1952 erkannte man mittels elektrischer Messungen, daß die Organisation des sensorischen Bereichs hinter der Zentralfurche ein Spiegelbild des motorischen Bereichs davor ist. Die Existenz zweier räumlich getrennter Bereiche mit jeweils eigener Funktion wurde zu einer fundamentalen Vorstellung der Neurowissenschaft. Als man während Gehirnoperationen detaillierte elektrische Messungen vornehmen konnte, keimte weiter die Hoffnung, man könnte Punkt für Punkt direkte Entsprechungen zwischen Gehirngewebe und sowohl körperlichen

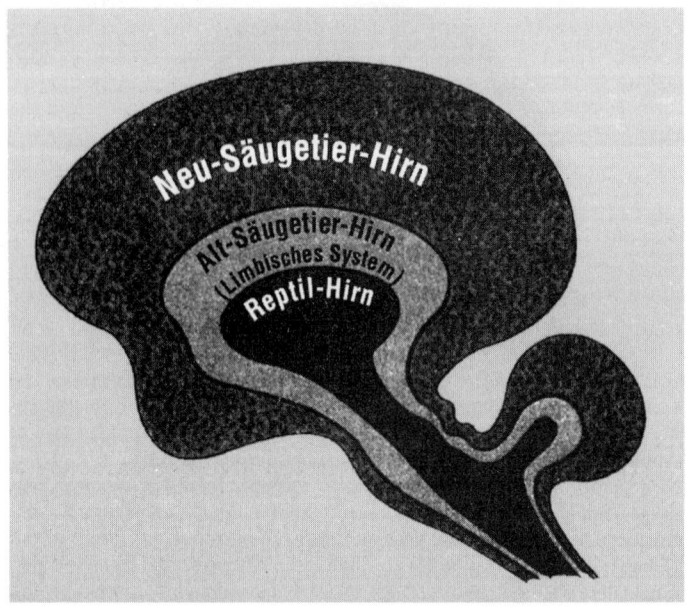

Abbildung 3: Das »dreieinige Gehirn« nach Paul MacLean geht von der Vorstellung dreier Gehirne in einem aus, wobei jedes Segment ein bestimmtes Erbe früherer Lebensformen darstellt und zu bestimmten Verhaltenskategorien in Beziehung steht (nach Paul MacLean, mit freundlicher Genehmigung).

wie geistigen Funktionen ausmachen! (Dieser materialistische Reduktionismus ist inzwischen aufgegeben worden.)

Innerhalb der sensorischen Hälfte des Gehirns wurden für Sehen, Hören und Fühlen »primäre sensorische Bereiche« ausgemacht. Ob es vergleichbare für Riechen und Schmecken gibt, wurde lange Zeit kontrovers diskutiert, aber man hielt an der Überzeugung fest, daß alle Sinneswahrnehmungen eine kortikale Repräsentation haben. Die »primären« Bereiche galten als die ersten kortikalen Relaisstationen, denn eine Schädigung derselben führte zum Totalverlust der jeweiligen Funktion – Blindheit, Taubheit, Aphasie. Bald fand man für jeden der Sinne »sekundäre assoziative Bereiche«. Darunter stellte man sich weitere Relaisstationen im Verlauf des Fließbands der Wahrnehmung vor, die höherverdichtete Information erhielten. Schädigungen dieser sekundären Bereiche führten zu Verzerrungen der jeweiligen Sinneswahrnehmung, nicht zum Totalverlust. Ein Beispiel dafür ist die Agnosie (wörtlich »Nichterkenntnis«) oder Wahrnehmungsunfähigkeit. Bei visueller Agnosie etwa kann man ein Objekt sehen und beschreiben, es aber nicht als das erkennen, was es ist, oder herausfinden, wozu es dient. Agnosie kann bei jeder Art von Wahrnehmung vorkommen. Am Ende des Fließbands lag der »tertiäre assoziative Komplex« im Scheitellappen. Dies war der Ort, wo Sehen, Hören und Fühlen zusammenkamen und Assoziationen zwischen diesen Sinneswahrnehmungen hergestellt wurden. Während jeder Sinn noch seinen eigenen sekundären Bereich hatte, gab es nur diesen einen tertiären Bereich, in dem, wie man annahm, auch die abstraktesten Ebenen des Denkens stattfanden.

Es ist nicht zu übersehen, daß Riechen und Schmecken nicht in dieses Konzept passen, denn ihre kortikalen Repräsentationen sind vom tertiären assoziativen Bereich weit entfernt. Statt sich diesem Problem zuzuwenden, erklärten die Vertreter der Standardversion Riechen und Schmecken für weniger wichtig als Sehen, Hören und Fühlen. Eine weitere Funktion, der nur flüchtige Aufmerksamkeit zuteil wurde, war das Gefühlsleben, jene menschliche Eigenschaft, von der man wußte, daß großenteils Strukturen unterhalb des Kortex ihr dienlich waren. Wenn sich Wissenschaftler überhaupt den Emotionen zuwandten, dachten sie sich sie eher als Nebenstrecken, die vom linearen Hauptstrom der Information abzweigten. Das emotionale Geschehen betrachtete man gegenüber dem des eigentlichen Kortex als sekundär.

Aus diesen drei grundlegenden Annahmen ergab sich die weitere wichtige Vorstellung, daß *der Kortex Sitz der Vernunft und des Geistes ist, jener Eigenschaften, die uns zu Menschen machen.* Der Unfall des Phineas Gage im Jahr 1848 diente als klassisches Beispiel für diese Idee. Gage, ein Eisenbahnvorarbeiter aus Vermont, ging als der erste bekannte Fall von Frontallobotomie in die Lehrbücher ein; eine schwergewichtige Eisenstange war durch seine linke Augenhöhle geschleudert worden, hatte beide Stirnlappen seines Gehirns durchquert und war oben durch seine Schädeldecke wieder ausgetreten. Nach einem kurzen, von Krämpfen begleiteten Kollaps kam Gage bald wieder auf die Beine – und hatte eine ganz neue

Persönlichkeit. Er war »nicht länger Gage«, wie seine Arbeitskollegen es ausdrückten. Im Gegensatz zu seinem einstigen Charakter war er gewalttätig, halsstarrig, wankelmütig, respektlos, vulgär und verlor jegliche Zurückhaltung. Er zeigte ein Verhalten, das wir heute als typisches Anzeichen einer Stirnlappen-Schädigung ansehen.

Abgesehen von der Tatsache, daß überhaupt jemand solch eine Verletzung in jenen Zeiten überleben konnte (Lord Lister, dessen Name heute von einer Mundwasser-Marke verballhornt wird, hatte die Antisepsis noch nicht erfunden), war an Gages Verletzung erstaunlich, daß sie die »höheren« geistigen Funktionen beeinträchtigte, nämlich seine Persönlichkeit, und nicht das allgemeine Wahrnehmungsvermögen oder die Fähigkeit, zum Beispiel Arme und Beine zu bewegen. Ein schmaler Streifen des Stirnlappens, der sogenannte präzentrale Gyrus, war bereits mit der Steuerung von Bewegungen in Zusammenhang gebracht worden; dem größeren Teil aber konnte man keine offensichtliche Funktion zuordnen. Aus diesem Grund galten die Stirnlappen lange Jahre als »stumme Bereiche«, denn ihre Schädigung führte zu keinerlei motorischen oder sensorischen Symptomen! Das klassische Beispiel eines Zirkelschlusses. Gages Unfall war der konkrete Beweis, daß das Gehirn wirklich etwas mit dem Geist zu tun hat. Uns ist heute klar, daß die simple Aufteilung der Gehirnfunktionen in nichts als Empfindungen und Bewegungssteuerung ein konzeptuelles Armutszeugnis darstellt. Es gehört vieles mehr dazu, ein Mensch zu sein. Doch selbst noch nach dem Zweiten Weltkrieg gab es Neurologen, die nicht so dachten.

In ihren Anfängen als wissenschaftliche Disziplin interessierte sich die Neurologie aus sonderbaren Gründen überhaupt nicht für den Geist. Bis in die fünfziger Jahre glaubten zahlreiche prominente Neurologen fest daran, daß das Gehirn sich wirklich mit nichts anderem beschäftige als mit zuckenden Zehen. Entschieden leugneten sie, daß es irgend etwas mit menschlichem Verhalten zu tun hätte.[4] Diese Haltung führte dazu, daß die Neurologen Synästhesie in der zweiten Hälfte des zwanzigsten Jahrhunderts als etwas viel zu Subjektives verwarfen. Historisch betrachtet, erreichte das allgemeine Interesse an Synästhesie zwischen 1860 und 1920 seinen Höhepunkt; dann ging es rasch zurück, weil es keinem gelungen war, eine physische Erklärung dafür zu finden. Die hier zusammengefaßte Standardversion, die die lineare Ausbreitung und Verarbeitung der Sinneseindrücke und ihre Konvergenz im tertiären assoziativen Bereich beschreibt, kam dann zu spät, um noch jenen nützlich zu sein, die sich während jener Blütezeit der Synästhesie zugewandt hatten.

Als ich vor vielen Jahren zum ersten Mal versuchte, eine Erklärung für Synästhesie zu finden, ließ ich mich von der Standardversion leiten. Sie legte natürlich die Vermutung nahe, daß der tertiäre assoziative Bereich des Scheitellappens den Sitz der Synästhesie darstelle, weil dort wenigstens drei der Sinne zusammenkommen. Ganz offensichtlich bot sich die Hypothese an, daß es hier zu einer Überlappung der Funktionen kam, zu einem Verheddern der Synapsen, so daß neurale Impulse, die zu der einen Sinneswahrnehmung gehörten, irgendwie auf eine andere übertragen wurden. Mit anderen Worten, die unmittelbar einleuchtende Erklärung bestand darin, daß irgend etwas falsch verdrahtet war.

Ein Experiment, mit dem man die Richtigkeit dieser Vorstellung hätte beweisen können, hätte aus zwei grundlegenden Schritten bestehen müssen. Im ersten hätte der objektive Beweis erbracht werden müssen, daß Synästhesie etwas Reales war und nicht nur der Erfindungsgabe oder der Einbildungskraft jener Personen entsprang, die vorgeblich daran litten. In einem zweiten Schritt hätte man zeigen müssen, daß der synästhetische Mechanismus tatsächlich im tertiären assoziativen Bereich des Kortex lokalisiert war. Vielleicht hätte man dann auch zeigen können, wie es zu der falschen Verdrahtung gekommen war.

Wie ich jedoch bald herausfinden sollte, war es völlig falsch, in dieser Richtung weiterzudenken, weil die Standardversion des Gehirnaufbaus selbst falsch ist.

Um es zusammenzufassen: Die Grundannahme der alten Ansichten über die Funktionsweise des Gehirns bestand darin, daß es linear und damit wie eine Maschine arbeitet. Diese metaphorische Gleichsetzung des Gehirns, des Verstands und des Geistes mit einer Maschine ist weit verbreitet, und man hat viel darüber geschrieben. Die Vorstellung einer Hierarchie läßt den Kortex zum wichtigsten Teil des Gehirns werden. Nach der Standardversion ist er die Stelle, wo Bewußtsein, Geist, Vernunft und die Widerspiegelung der Wirklichkeit lokalisiert sind; alles andere ist demzufolge wortwörtlich untergeordnet. Eine wichtige Schlußfolgerung daraus

lautet, daß die Sprache die allerhöchste kortikale Funktion darstellt; also ist die Introspektion, unser bewußter innerer Dialog mit
uns selbst, eine gültige Methode, all das verstehen zu lernen, was in
unserem Geist vor sich geht. Die Introspektion blickt auf eine
lange Tradition in Philosophie und Psychologie zurück; ich werde
aber zeigen, daß man mit ihr nicht weit kommt, weil wir in Wirklichkeit mehrere gleichzeitige und konkurrierende Bewußtseins-
ströme haben. Daß nicht alle von ihnen der Sprache zugänglich
sind, ist von entscheidender Bedeutung für die Frage, was wir im
konventionellen Sinn »wissen« können.

Regale voller Bücher sind über diese Ideen geschrieben worden,
und diese Diskussion will ich hier nicht wieder aufwärmen. Ich will
bloß wiedergeben, welche Vorstellung vom Geist in meinen Studententagen verbreitet war und auch heute noch vom durchschnittlichen Wissenschaftler gepflegt wird, von der allgemeinen Öffentlichkeit ganz zu schweigen. Vielleicht hat dieses Bild zum Teil
deshalb ein solches Beharrungsvermögen, weil es so leicht zu
begreifen und bis zu einem gewissen Punkt so nützlich ist – genau
wie die Mechanik Isaac Newtons heute noch brauchbar ist, selbst
wenn wir seit Jahrzehnten wissen, daß Einsteins Relativitätstheorie
eine akkuratere Beschreibung des Universums liefert. Die Standardversion lebt aber auch deswegen fort, weil bislang noch niemand die Öffentlichkeit hinsichtlich unserer sich wandelnden Vorstellungen von den Funktionsweisen des Gehirns auf den neuesten
Stand gebracht und dafür in großen Strichen ein Gesamtbild ent-
worfen hat. Nur hier und da ein Detail aus dem Fernsehen oder
Zeitschriften aufzulesen, stellt in gewisser Weise sicher, daß diejenigen, die sich dafür interessieren, vor lauter Bäumen niemals den
Wald sehen. Wenn wir unsere Abenteuerreise durch die Synästhesie
zum Abschluß gebracht haben, sollten Sie den neuen Wald
erblicken können.

5.   Winter 1977 und 1978:
»Mit Ihren Augen ist alles in Ordnung.«

William McKinney war nicht verborgen geblieben, daß mich neurologische Probleme faszinierten, und er machte mir Mut. Er meinte
sogar, daß ich Talent zum Neurologen hätte, und bedrängte mich,
diese Laufbahn einzuschlagen. Zum Beweis seiner tatkräftigen
Unterstützung verhalf er mir zu einem Stipendium, damit ich im
englischsprachigen Mekka der Neurologie studieren konnte: am
National Hospital for Nervous Diseases in London, einer Institution, die besser unter dem Namen ihrer Adresse bekannt ist – Queen
Square.

In London legte man auf das Gespräch zwischen Arzt und Patient viel größeren Wert als auf Tests. Wochenlang mußte man zum
Beispiel warten, um eine Computertomographie zu bekommen.
Ich fand dies erstaunlich, denn diese damals noch EMI genannte
Technik war in Großbritannien erfunden worden, und Queen Square war schließlich die führende neurologische Klinik des Landes. Zu
Hause in North Carolina bekamen wir diese brandneue Technologie routinemäßig von einem Tag auf den anderen zur Verfügung
gestellt.

In den USA vergötterten die Ärzte Tests; den höheren mentalen
Funktionen gegenüber legten sie hingegen eine überwältigende
Gleichgültigkeit an den Tag. Die Briten waren das genaue Gegenteil. Wenn in Amerika ein Patient über Vergeßlichkeit klagte, bekam
er automatisch eine CT-Untersuchung, obwohl diese Maschinen
gar nicht in der Lage sind, höhere Funktionen wie etwa das
Gedächtnis zu erfassen. In Großbritannien verwandten die Ärzte
ihre Zeit darauf, die Vorgeschichte des Patienten zu ergründen und
sie mit ihren Untersuchungsergebnissen zu verknüpfen, ehe sie
ihre Meinung dazu äußerten. Diese stellte dann schließlich ihre
Diagnose dar, ein Wort, das wörtlich »durch Wissen« bedeutet.

Während meiner Zeit in London prägte sich mir nachdrücklich
ein, wie wenig Maschinen vermögen und wie viel gründliches Nachdenken. Eines Nachmittags weilte als Gastprofessor beim Lehrge-
spräch ein älterer und sehr berühmter Neurologe unter uns:
MacArdle. Während die Oberin Tee und Kuchen servierte, hörte
MacArdle zu, wie der Chefarzt einen unbekannten Fall präsentier-

te. Die Aufgabe des Professors bestand darin, Fragen zu stellen, zu einer Diagnose zu kommen und dies als Übung zur Unterweisung der Zuhörerschaft zu benutzen. Die Lektion, die er uns erteilte, blieb wahrscheinlich jedem, der an diesem trüben Tag im Raum war, im Gedächtnis lebendig.

»Dieser Herr verspürt seit etwa sechs Wochen eine Schwäche in seinen Armen«, begann der Anstaltsarzt. Es war ein Fall von peripherischer Neuropathie, einer Schädigung der Nerven in den Extremitäten. Der Arzt nahm die Untersuchungen vor und demonstrierte die Schwäche des Mannes.

»Symmetrisch?« unterbrach ihn MacArdle.

»Ja«, antwortete der Arzt.

»Was werden Sie also als nächstes tun?« fragte der Professor. Ich hatte angenommen, daß sich die Diskussion um Differentialdiagnostik drehen würde, weil die Gründe für solche periphere Störungen zahlreich und schwierig auszumachen sind. Statt dessen nagelte der alte Herr den Chefarzt fest.

»Er hat einen Termin für die Nervenleitungsuntersuchung«, antwortete der Arzt, womit er jene elektrischen Tests meinte, mit denen die Geschwindigkeit der Reizübertragung im Nerv gemessen wird.

MacArdle stellt seinen Kuchenteller hin. »Verdammt noch mal! Wozu denn?«

»Verlangsamung nachweisen«, antwortete der andere, womit er meinte, die Untersuchung würde eine Verringerung der Übertragungsgeschwindigkeit ergeben, die gut zu den Symptomen des Patienten passen würde.

MacArdle legte eine Pause ein, um seinen Tee auszutrinken. Dann fragte er einfach: »Was verursacht eine Verlangsamung?«

»Verlust von Myelin-Isolierung um die Nervenfasern«, antwortete der Anstaltsarzt prompt. »Seltener eine Schädigung der Nervenfaser selbst.«

Der Professor blickte uns Zuhörer an, schob das Revers seines Jacketts zurück und hakte seinen Daumen unter dem kastanienbraunen Hosenträger ein. »Nun«, fragte er, »sicherlich ist uns allen bekannt, wie sich eine solche Verlangsamung klinisch manifestiert, oder nicht?« Rasch wandte er sich dem Anstaltsarzt zu, der nervös mit seinem Reflexhämmerchen herumspielte. »Wie denn?«

»Schwäche«, räumte jener gedämpft ein.

»Und schwach *ist* dieser Mann«, schnaufte der alte Professor, wobei sein Gesicht rote Flecken bekam. »Haben Sie also irgendwelche Zweifel daran, daß die Nervenübertragung verlangsamt sein wird?« fragte er. »Warum um Himmelswillen wollen Sie das dann untersuchen?«

»Wir brauchen einen objektiven Befund«, versuchte der Anstaltsarzt seine Entscheidung zu rechtfertigen.

»Sie haben einen objektiven Befund«, explodierte MacArdle. »Er *ist* schwach. Sie haben ihn gerade vor unser aller Augen untersucht. Trauen Sie Ihren eigenen Augen nicht? Brauchen Sie eine Maschine, die für Sie die Entscheidungen trifft?«

So ging der Schlagabtausch weiter, doch der Anstaltsarzt schaffte es nicht, eine Rechtfertigung dafür zu finden, warum er diesen Test noch brauchte. Laut MacArdles Lehrbuch waren Tests nicht dafür da, das Offensichtliche zu »dokumentieren« oder in andere Worte zu kleiden, und sie waren auch kein Freibrief, Angeln gehen zu dürfen. Besonders verachtete er das letztere, nämlich alles mögliche anzuordnen, was einem gerade einfiel, und dann abzuwarten, was an verwertbaren Ergebnissen herauskommt. »Nur die Amerikaner tun das«, schimpfte er. Testergebnisse waren nur einzuholen, wenn absolut notwendig, und auch dann sollten sie nur die Diagnose *bestätigen,* die man sich in seinem Kopf bereits zurechtgelegt hatte.

Im folgenden Frühjahr kehrte ich nach North Carolina zurück, legte meine Doktorprüfung ab und begann meine klinische Ausbildung in einer Spezialdisziplin, die sich Neuroophthalmologie nannte. Einfach ausgedrückt, war das eine Kombination von Nerven- und Augenheilkunde, die sich mit Sehstörungen befaßte, welche ihren Ursprung im Gehirn und nicht im Auge hatten. Für einen angehenden Neurologen war das eine gute Sache, denn der Gesichtssinn wird sehr oft von neurologischen Störungen beeinträchtigt. In Wirklichkeit ist das Auge eigentlich Teil des Gehirns.

Während meiner Ausbildung in Ophthalmologie fiel mir unter anderem auf, wie oft Patienten über sehr merkwürdige Sehstörungen klagten. Sie litten unter Erscheinungen wie farbigen Flecken, Funken, Höfen um Lichtquellen, wandernden Schatten, lästigen Linien und Verzerrungen, die wie Hitzeflimmern wirkten. Solche Dinge erwähnten sie in beinahe entschuldigendem Ton, weil die Abteilung für Augenheilkunde davon nichts wissen wollte.

»Übrigens, Doktor Fleming, was sind das für Linien, die ich da sehe?«

»Was für Linien?« fauchte der Arzt zurück.

»Es sieht wie ein Wurm aus, wie ein krummer Klecks auf der rechten Seite«, begann Mrs. Bates zu erklären und zeichnete mit ihrer weißbehandschuhten Hand etwas S-förmiges in die Luft.

»Ein Wurm?«, wunderte sich der Arzt und blickte nicht von der Karteikarte auf, in die er etwas eintrug.

»Natürlich *ist* das kein Wurm«, sagte sie vorsichtig, »aber es sieht so ähnlich aus wie einer.« Flemings Feder kratzte im Halbdunkel. »Wenn ich etwas lese, kommt und geht es. Ich reibe mir die Augen, aber es bleibt da. Irgendwann später merke ich, daß es verschwunden ist.«

»Ihr Hausarzt hat mich gebeten, Ihr Glaukom zu untersuchen, Mrs. Bates.«

Mrs. Bates war eine stolze Südstaatenfrau, die man durchaus als vornehm bezeichnen konnte. »Ja, Dr. Fleming, und ich bin froh, daß es besser geworden ist«, stimmte sie ihm mit bedächtigen Worten zu. »Aber ich bin über diesen wurmförmigen Fleck besorgt.«

Fleming ließ die Karteimappe zuschnappen. »Es könnte eine fliegende Mücke sein.«

Ihre Stimme hob sich ein wenig. »Eine fliegende Mücke? Ich habe fliegende Mücken?«

»Ich habe keine gesehen.«

Die angedeutete Möglichkeit ließ sie plötzlich lebhaft werden. »Eine Mücke kann ich nun mit Sicherheit nicht gebrauchen!« rief sie aus. »Ich lese doch so gern.« Sie sammelte sich einen Moment lang. »Was genau sind denn fliegende Mücken?«

»Gewebestückchen, die sich im Inneren lösen und dann quer über die Retina treiben«, murmelte der Arzt, während er den Phoropter vor ihr Gesicht schwenkte und an den Einstellrädchen drehte. Das klickende Geräusch erinnerte an das Zahlenschloß eines Geldschranks.

»Wenn es das nicht ist, Dr. Fleming, was läßt mich dann diesen Wurmschatten sehen?«, fragte sie erneut.

»Schauen Sie auf das blaue Licht dahinten an der Wand, bitte«, antwortete der Arzt und jagte einen schmerzhaft grellen Lichtstrahl durch ihre erweiterten Pupillen. Sie beschloß, Fleming nicht zu sagen, daß er ihr den Blick auf das blaue Licht dahinten an der

Wand verstellte. Sie schaute statt dessen auf sein Ohr. Nach ein paar
»Hmmms« sagte Fleming schließlich: »Abgesehen von dem leicht
erhöhten Innendruck ist mit Ihren Augen alles in Ordnung.«

»Und der Schatten?«

»Wir müssen noch über Ihre Glaukom Arznei sprechen.«

Mrs. Bates' Wurm und alle möglichen Wahrnehmungen anderer
Patienten waren subjektive Beschwerden. Das bedeutet, daß sie
etwas »sahen«, während der in ihre Augen hineinschauende Arzt
»nichts sah«. Weil man in dieser Abteilung solche Dinge nicht identifizieren oder mit einer Maschine messen konnte, galten sie, was
immer diese Patienten auch sahen, entweder als unwichtig oder als
irreal.

Wie in jeder großen Klinik nicht anders zu erwarten, wurden
Patienten für gewöhnlich in eine Abteilung überstellt, weil sie ein
Problem hatten, das die Spezialität eines vorhandenen Abteilungs-
arztes war. Hier in der Augenheilkunde konzentrierte man sich auf
Katarakte, retinale Degenerationen und was auch immer ihre Spezi-
algebiete gewesen sein mögen. Man suchte nur nach dem, was man
finden wollte, wischte andere Probleme einfach vom Tisch oder
erklärte sie bestenfalls als »fliegende Mücken« hinweg.

Ich schaute in die Augen dieser Patienten und konnte ebenfalls
nichts sehen. Aber mir fiel auf, wie genau und detailliert sie das
beschrieben, was sie zu sehen behaupteten. Es ist richtig, daß es bei
Menschen mittleren Alters solche »fliegende Mücken« gibt, die sie
gelegentlich wandernde schwarze Kleckse sehen lassen. Ganz
bestimmt aber konnte man damit nicht die Dutzende von Dingen
erklären, die die Patienten sahen. Nachdem ich ein gerüttelt Maß
solch präziser Beschreibungen gehört hatte, schien es mir, daß sie in
immer wiederkehrende Muster paßten, die einander viel zu ähnlich
waren, als daß Hunderte von Patienten sie erfunden haben könnten. Abgesehen davon sind »fliegende Mücken« etwas Objektives.
Man kann sie sehen. Warum also soll man sie für all die Fälle verantwortlich machen, bei denen man »nichts sehen« konnte? Es mußte
eine bessere Erklärung geben.

Es gab sie. In verstaubten Lehrbüchern war sie zu finden. Ich vermute, daß die Ärzte in der klinischen Ausbildung so sehr damit
beschäftigt waren, den Umgang mit dem Laser und den anderen al-
lerneuesten Instrumenten zu erlernen, daß niemand mehr Zeit

hatte, die eigentlichen Texte der verehrten Autoritäten nachzulesen, deren Namen man täglich im Munde führte. Ich las, daß einige dieser visuellen Illusionen tatsächlich von Problemen mit dem Auge selbst herrührten. Eine Schwellung der Hornhaut konnte einen Regenbogen oder Hof um Lichtquellen hervorrufen, während Störungen der Retina Lichtblitze oder Farbkreise auslösen konnten. Die ungewöhnlichsten Erscheinungen aber wurden vom Sehbereich des Gehirns selbst verursacht. Einige Krankheitsbilder waren ganz erstaunlich und wären unglaubhaft gewesen, hätten sie nicht die großen Respektspersonen der Medizin in ihren Texten festgehalten.

Visuelle Agnosie (»Nichterkenntnis«) ist ein Krankheitsbild, bei dem der Patient das, was er sieht, nicht erkennen kann. Dieses Problem wurde durch ›Der Mann, der seine Frau mit einem Hut verwechselte‹ einer größeren Öffentlichkeit bekannt. »Umgekehrtsehen« und »Verkehrtsehen« – diese deutschen Fachausdrücke sind international dafür gebräuchlich – sind ein weiteres erstaunliches Krankheitsbild, bei dem der Patient die Welt so sieht, als stünde er auf dem Kopf! (Noch seltsamer ist, daß die Patienten über diese bizarre Umkehrung nicht weiter besorgt sind.) Autoskopisches Sehen (»Selbstsehen«) ist eine Selbsterfahrung außerhalb des eigenen Körpers: Eine Frau ging eines Tages zur Arbeit, fühlte sich plötzlich unwohl und sah sich dann selbst, wie sie den Gehsteig hinunterging. Mehrere Minuten lang beobachtete sie dies, bis ihr »anderes Selbst« verschwand. Weitere solche Erfahrungen, etwa unter der Decke zu schweben und sich selbst in größerem Rahmen agieren zu sehen, sind vielleicht etwas bekannter, weil über sie auch als Teil der Grenzerfahrungen nahe der Todesschwelle berichtet worden ist.

Weitere Beispiele sind Polyopie (»Mehrfachsehen«) und Palinopie (»Wiedersehen«): Ein Patient mit Polyopie schaute eine einzelne Rose in einer Blumenvase an, wandte sich ab und sah einen ganzen Strauß Rosen auf die Zimmerwand projiziert. Palinopie gleicht der momentanen Wiederholung in einer Liveübertragung im Fernsehen: Ein Mann mit Palinopie sah zu, wie seine Frau sein Krankenzimmer verließ; ein paar Minuten nachdem sie gegangen war, sah er sie wieder gehen. Metamorphopsie bedeutet wörtlich »umgestaltet sehen«. Gegenstände werden in Form und Größe verzerrt wahrgenommen. Wie in ›Alice im Wunderland‹ scheinen unveränderliche Objekte zu wachsen oder kleiner zu werden, oder das Gesamtbild zerbricht plötzlich in Stücke, die sich wie in einem kubistischen Gemälde übereinanderschieben.

Ich las, daß Schädigungen des Gehirns Farbhalluzinationen und visuelle Elementarwahrnehmungen wie Funken, Flammen oder Flackern hervorrufen können. Das Sehfeld kann auch eine monochromatische Tönung bekommen, als hätte man eine Farblasur über alles gemalt. Manchmal entwickeln Farben auch ein Eigenleben und weigern sich einfach, in den Grenzen eines Objekts zu bleiben. In solchen Fällen schmilzt die Farbe von einem Objekt, als hätte Dali es gemalt. Als ein Patient einen Gegenstand berührte, schien es ihm, als versinke sein Finger in der Farbe.

Solche visuellen Fehlleistungen gipfeln in den Halluzinationen ansonsten gesunder Menschen. Alle werden von Erkrankungen des Gehirns verursacht. Diese vergessenen, aber gut dokumentierten Beispiele würden sicherlich eine Menge der »Dinge« erklären, die die Patienten sahen. Als ich sie gegenüber meinen Kollegen und der Abteilung erwähnte, wurde mir gesagt: »Das ist interessant, aber solche Sachen müssen ziemlich selten sein, ich habe sie nämlich noch nie gesehen.«

Doch, hatten sie. Oder sie hätten es wenigstens, wenn sie dem, was Patienten ihnen erzählten, die nötige Aufmerksamkeit geschenkt hätten. Sie schauten, aber sie sahen nicht, und wenn man sich einzig und allein für Katarakte interessiert, sind Katarakte alles, was man sieht.

Ich konnte es ihnen nicht übelnehmen, daß sie sich nicht für diese zerebralen Sehstörungen interessierten, denn sie waren Augenärzte, keine Neurologen. Aber es bereitete mir Sorgen, daß sie nur auf und ins Auge schauten, als wäre es das einzige, was zählt. Das Auge ist die erste Ebene des Sehens, und es ist vorne am Kopf lokalisiert, der visuelle Kortex hingegen an der Rückseite des Schädels. Dazwischen gibt es eine gewaltige Menge wichtiger Dinge, an die sie nie einen Gedanken verschwendet hatten.

Unabhängig vom jeweiligen Spezialgebiet spürte ich auch die allgemeine Attitüde, daß man aus der Medizingeschichte nichts für heute lernen könnte und daß Symptome, die man nicht mit einer Maschine messen konnte, einfach als imaginär galten. Rings um mich herum fand ich Menschen, die bereit waren, ihr eigenes Urteil zugunsten dem einer Maschine aufzugeben. Alles, was aus der Vergangenheit herrührte, wurde zu den Schröpfköpfen und Blutegeln auf den Müll geworfen.

Wenn man etwas Neues lernen will, sollte man alte Bücher lesen. Ein weiser Aphorismus, fand ich, besonders angesichts der Informationsüberflutung in technisch-naturwissenschaftlichen Disziplinen wie der Medizin. Schon 1976 hatte ich Statistiken entnommen, daß der durchschnittliche praktizierende Mediziner elf Fachzeitschriften pro Monat las, um mithalten zu können. Die Medizin veränderte sich so rasch, daß die Hälfte dessen, was ein frisch Graduierter wußte, binnen fünf Jahren veraltet war.

Der Krankenhausdienst war chaotisch; daß ständig von allen Seiten Aufmerksamkeit erheischt wurde, riß einen förmlich in Stücke. Sogar Avalokitesvara, der Buddha mit den Dutzenden von Armen, wäre von dieser Atmosphäre zerschlissen worden, in der von einem gefordert wurde, alles als gleich dringlich zu behandeln. Das Gewirr vieler simultaner Gespräche und der ständige Strom der Lautsprecherdurchsagen ergaben ein Hintergrunddröhnen, durch das man das Piepen der Signalgeber hörte, das Rufen und Ächzen der Patienten, das Klappern der Bettpfannen und Eßtabletts und das Röhren der Bohnermaschinen, die die Putzkolonne unaufhörlich über das weiße Linoleum schob. Es war ein Wunder, wenn kranke Menschen hier Ruhe fanden.

Meine eigenen Ruhepausen verbrachte ich zwischen den Regalen der Bibliothek, einem windstillen Auge des Wirbelsturms, der mich umgab. Selten nur verirrten sich Leute in diese Tiefgeschosse, wo ich meine Lieblingsecken hatte. Manchmal saß ich einfach zehn Minuten lang in dieser himmlischen Ruhe und hoffte, daß so ein ungestörter privater Moment mir irgendwie meine geistige Gesundheit erhalten würde. Zu anderen Zeiten überflog ich die Bücher und notierte mir, was davon auf meine Leseliste sollte. Bücherlesen ist ein Gegenmittel zu Hektik und Chaos, weil man es nicht beschleunigen kann. Jedes Buch hat seinen eigenen Rhythmus und bietet eine physische Intimität, die *E-mail* und ähnliche Informationsnetze niemals werden haben können. In der Medienflut wird Information häufig mit Wissen verwechselt. Gerade wenn man sich am meisten unter Druck fühlt, geben einem Bücher in wundersamer Weise die Zeit zum Nachdenken, zum Reflektieren, zur mentalen Ruhe.

Eines der Bücher, die rasch ihren Weg auf meine Leseliste fanden, hieß ›The Mind of a Mnemonist‹; der russische Psychologe A.R. Luria[5] hatte es geschrieben. Er nannte es »ein schmales Büchlein über ein riesiges Gedächtnis«, und das war es auch. Luria hatte den Fall seines Patienten »S.« dreißig Jahre lang studiert, um das unauslöschliche Gedächtnis von S. zu verstehen. Hinter dem Kürzel verbarg sich in Wirklichkeit S.V. Shereshevski; er hatte seine Begabung so weiterentwickelt, daß er seine Qualifikation auf dem Gebiet der Gedächtnisleistung zum Beruf machte. Noch faszinierender als Lurias Darstellung von S.s fotografischem Gedächtnis war die Schilderung seiner Synästhesie. Beide Phänomene beschrieb Luria im Detail, obwohl er letzten Endes weder für S.s ungeheure Merkfähigkeit noch für seine Synästhesie eine passende Erklärung fand. S. war sich keiner Scheidelinie zwischen Sehen und Hören oder Hören und irgendeinem anderen Sinn bewußt. Die Übertragung von Tönen in Formen, Geschmack, Gefühl, Farben und Bewegung konnte er nicht unterdrücken.

Als man ihm einen hohen Ton von zweitausend Schwingungen pro Sekunde präsentierte, sagte S.: »Das sieht etwa aus wie ein Feuerwerk mit einer leichten rosaroten Tönung. Der Farbstreifen fühlt sich rauh und unangenehm an, und er hat einen ekelhaften Geschmack – fast wie gepökelte Essiggurken... Man könnte sich die Hand daran verletzen.«

Genau diese Synästhesie ermöglichte es ihm, jedes Wort, das er hörte – sei es in seiner eigenen Sprache oder in einer Fremdsprache, die er nicht verstand –, und jeden Ton, den er vernahm, lebhaft zu visualisieren. Alles, was er sich merken wollte, *konvertierte sich von selbst* ohne jede Anstrengung seinerseits automatisch zu einem visuellen Bild von solcher Dauerhaftigkeit, daß er sich noch Jahre nach der ursprünglichen Begegnung präzise daran erinnern konnte. Seine Befähigung war so spezifisch, daß derselbe Reiz immer die genau gleiche synästhetische Reaktion hervorrief.

S. war ein Mensch, der alles »sah«, der eine Telefonnummer auf der Zungenspitze fühlen mußte, bevor er sie sich merken konnte. Verstehen konnte er eine Sache erst dann, wenn ihr Eindruck durch all seine Sinne hindurchgedrungen war. So beschrieb er die seltsame Welt, in der er lebte:

»Ein Wort erkenne ich nicht nur anhand des Bildes, das es hervorruft, sondern mittels eines ganzen Komplexes von Gefühlen, die jenes Bild bewirkt. Es ist schwer auszudrücken... Es ist keine Frage des Sehens oder Hörens, sondern eines alles umfassenden Sinnes, den ich habe. Gewöhnlich nehme ich den Geschmack und das Gewicht eines Wortes wahr, und ich muß mich gar nicht anstrengen, um es mir zu merken – das Wort scheint sich von selbst in Erinnerung zu bringen. Aber es ist schwierig zu beschreiben. Was ich spüre, ist etwas Öliges, das durch meine Hand schlüpft... Oder ich bin mir eines leichten Kitzelns in meiner linken Hand bewußt, das von einer Masse winziger, leichtgewichtiger Punkte verursacht wird. Wenn das passiert, erinnere ich mich einfach, ohne daß ich auch nur den Versuch unternommen hätte.«

Dies war meine erste Begegnung mit dem Begriff »Synästhesie«. Lurias Buch war es zu verdanken, daß ich wußte, wovon Michael Watson sprach, als er Spitzen auf den Hähnchen erwähnte. Der Begriff tauchte auch in den verstaubten Ophthalmologie-Lehrbüchern auf, die subjektive visuelle Erfahrungen wie Polyopie und Verkehrtsehen behandelten und auch all die Würmer, Kreise und die anderen »Sachen«, die Patienten einzugestehen wagten. Nur ein weiterer Leser hatte je Lurias Buch aus unserer medizinischen Bibliothek entliehen, und wenige meiner Kollegen brachten überhaupt das Interesse auf, etwas darüber hören zu wollen.

»Das ist ziemlich verrückt«, sagte Marty, einer von ihnen. Wir bereiteten uns gerade in unserem gemeinsamen Büro auf die Visite vor. »Klingt nach zuviel Stoff.«

»Es steht aber in ›Walshe and Hoyte‹«, entgegnete ich und bezog mich auf die Autoritäten eines Standardlehrwerks.

»Das muß hysterisch sein«, mischte sich eine andere Stimme ein.

»Warum muß es hysterisch sein?« fragte ich. »Niemand, der in den vergangenen mehr als hundert Jahren darüber geschrieben hat, glaubte, es sei hysterisch.«

»In Ordnung, die waren damals alle auf dem Psycho-Trip. Es ist eine Halluzination, wie Stimmenhören«, insistierte Marty. »Ich kann einfach nicht glauben, daß ein normaler Mensch Dinge sieht, die gar nicht da sind.«

»Sie sind nicht psychotisch...«

»Woher wollen Sie das wissen?« unterbrach mich Mark, der Chefarzt. »Man muß schon ziemlich verdreht sein, um Farben zu hören. Vielleicht sind diese Synästhesie-Leute psychisch retardiert, und ihr Gehirn ist völlig durcheinander geraten.«

»Wie wär's mit einem Anfall im Schläfenlappen?« bot Justin an, einer der Neurologen. »Klingt nach einem Anfall. Anfälle können einen sehr verrücktes Zeug wahrnehmen lassen.«

»Tut mir leid, keine Anfälle bei all dem, was ich gelesen habe«, antwortete ich.

»Welche physischen Symptome zeigen sie?« fragte ein anderer Kollege.

»Keine.«

»Ach, komm, sie müssen eine Läsion haben, Mann! Anzeichen und Symptome, das heißt ein Loch im Kopf. Ohne physische Anzeichen kann es so etwas nicht geben.«

»Ich kann es nicht sagen«, erwiderte ich. »Die Fälle sind vierzig, sechzig, vielleicht hundert Jahre alt. Keine Computertomographie, kapiert? Das war zu einer Zeit, als die Ärzte einfach aufgeschrieben haben, was sie wußten.«

Justin lachte und schüttelte den Kopf. »Auf diesen Schrott aus verstaubten Büchern kannst du doch nicht mehr bauen, Rick. Das Zeug ist total veraltet.«

»Warum?« fragte ich.

»Alles ist doch anders geworden. Schau, das hier ist ein Zentrum für Schlaganfälle. Man bringt einen rein, und der ist völlig weg. Dann suchen wir nach handfesten, physischen Anzeichen, und dann arbeiten wir uns daran entlang, um die Läsion zu finden. Das heißt, wir machen ein Angiogramm, eine Computertomographie oder eine Autopsie.«

»Genau so ist es«, pflichtete Mark bei. »Man muß den Nachweis einer Läsion haben, und sie muß zu den Symptomen passen.«

»Die Anatomie hat sich in den letzten fünf Jahrhunderten aber nicht verändert«, sagte ich. »Wenigstens haben wir seit jener Zeit Zeichnungen von ihr. Haben wir uns vielleicht physisch weiterentwickelt, seit Vesal und Leonardo ihre anatomischen Studien anstellten?«

»Anatomie ist etwas anderes«, sagte Marty.

»Warum ist sie etwas anderes?« fragte ich. »Die Funktion ist eine Folge der Struktur. Wenn sich die Anatomie nicht ändert, dann sollte sich auch die Wahrnehmung nicht ändern. Warum kann die Anatomie dieselbe bleiben, die Wahrnehmung aber nicht?«

»Einfach weil das etwas anderes ist«, insistierte Marty. »Das klingt einfach unwissenschaftlich.«

»Er hat recht«, sagte Justin. »Wenn Synästhesie etwas Reales ist, warum haben wir dann auf der Station keine Leute, die daran leiden? Warum wissen wir dann alle nichts davon?«

»Ich vermute, weil sie nicht besonders wichtig ist«, sagte ich, »jedenfalls in dem Sinn, daß sie keine medizinischen Probleme verursacht.«

Marty unterbrach. »Wenn so ein Kerl Farben hört, dann soll das kein Problem sein? Für mich klingt das schon ziemlich problematisch. Vergiß es. Das steht einfach nicht auf deiner Neuro-Hitparade, weil es das nicht gibt.«

»Die sind bloß verwirrt, wie ich sagte«, meinte Mark. »Auf geht's, wir müssen mit der Visite beginnen.«

»Vielleicht hast du so etwas nur noch nicht gesehen, weil dein Geist noch fester verschlossen ist als dein Schließmuskel«, sagte ich zu Justin. »Solche Erfahrungen muß man den Leuten geradezu aus der Nase ziehen«, fuhr ich fort. »Wenn die Leute von ihrem Arzt so eine feindselige Reaktion bekommen, wer spricht denn dann schon gern darüber?«

»Auch ohne mich um Verrückte zu kümmern, habe ich genug zu tun«, sagte Mark. »Weis sie ein, bau sie auf, schick sie heim und roll den nächsten rein. Ich will nichts über verrückte Hähnchen hören von Leuten, deren Hirne durcheinander sind. Wenn mir jemand eine Menge verrücktes Zeug erzählt, dann pump' ich ihn mit Thorazin voll und sperr' ihn ein. Einen guten Rat, Rick: Überlassen Sie diese Sachen den Philosophen. Die haben Zeit für so abwegigen Unsinn. Wir müssen unsere Arbeit tun.«

6. Unmittelbare Erfahrung, Technologie und inneres Wissen

Ich hatte angenommen, daß man über die seltsam anmutende Synästhesie und die merkwürdigen visuellen Wahrnehmungen, die ich entdeckt hatte, doch einiges wissen mußte. Schließlich strotzte die Neurologie doch vor exotischen, unerwarteten und unglaublichen klinischen Fakten. Doch genau das Gegenteil war der Fall. Die ansehnliche zweihundertjährige Geschichte der Synästhesie in den Annalen der Medizin und Psychologie war so gut wie in Vergessenheit geraten. Schlimmer noch, fand ich, waren die Zweifel und Zurückweisungen, die mir entgegenschlugen, wenn ich davon sprach. Aus den vehementen Überreaktionen auf das Thema der subjektiven Erfahrungen schloß ich, daß meine Kollegen sich irgendwie davon bedroht fühlten. Hing denn ihr Weltbild von der Frage ab, ob es Synästhesie wirklich gab oder nicht? Ich beschloß, diesem verdächtigen Verhalten auf den Grund zu gehen.

Die Geschichte der Medizin zeigt, daß auch bestimmte Krankheiten der Mode unterworfen sind. Hysterie und Ohnmachtsanfälle grassierten beispielsweise im neunzehnten Jahrhundert; heute würde man kaum erwarten, daß wohlerzogene Damen in unfeinen Situationen ohnmächtig werden. Doch jenseits solch kultureller Kuriositäten ändert sich die menschliche Physiologie – und damit die Sinneswahrnehmung – kaum. Menschen entwickeln sich nicht zu Marsmenschen weiter, die plötzlich Synästhesie haben. Und weil sich die menschliche Physiologie nicht ändert, so schlußfolgerte ich, mußten wir, die Beobachter, es sein, die sich verändert hatten. Und der Grund dafür war, daß wir nicht länger die menschliche Physiologie direkt beobachteten, sondern nur noch durch die Brille der Technologie. Die traditionelle Medizin war passé.

Am Beispiel von Mark, dem Oberarzt, wurde mir dies klar, als ich noch einmal darüber nachdachte. Obwohl er ziemlich vierschrötig dahergeredet hatte, war er ein intelligenter Mann, der beinahe zwanzig Jahre medizinischer Aus- und Weiterbildung hinter sich hatte. Trotzdem fühlte er sich am wohlsten, wenn er es mit einer eindeutigen, maschinellen Ja-Nein-Entscheidung zu tun hatte. Wenn die Computertomographie ihm kein Loch im Kopf des Patienten zeigte, dann fehlte dem Patienten auch nichts. Mehrdeutigkeit, Zweifel, Nuancen und Zwischentöne waren seinem Denken fremd. Sein Scheuklappenblick war genau das, wovor MacArdle gewarnt hatte.

Marks Haltung resultierte nicht aus Überarbeitung oder anderen spezifischen Umständen. Vielmehr spiegelte sie wider, daß die medizinische Wissenschaft sich schon zu sehr an Maschinen orientierte und sich nicht mehr genug den Menschen zuwandte. Immer mehr verloren wir die Grundlagen der Medizin und die eigentliche Heilkunst aus dem Blick. Ende der siebziger Jahre blickten die National Institutes of Health (NIH) und der biomedizinisch-industrielle Komplex schon auf zwei Jahrzehnte stetigen Wachstums zurück. Die Technologie beherrschte alles.

Wer hielt inne und fragte, welche der heutigen Techniken die Blutegel von morgen sein würden? Wer fragte wenigstens, ob technologischer Fortschritt in einem Bereich nicht Verluste in einem anderen nach sich zog? Wer hakte nach, ob das diesen Preis wert war? Ich leugne nicht, daß die Technologieexplosion für die medizinische Wissenschaft von Vorteil war; aber wie so viele Segnungen hatte auch diese eine Kehrseite. Daß jedes neue Wunder der Technik kritiklos als das Beste vom Besten akzeptiert wurde, verwirrte mich, und bestimmt überschätzte man, insgesamt betrachtet, den daraus zu ziehenden Nutzen.

Zweifellos hat sich der Gesundheitszustand der Bevölkerung im Lauf des vergangenen Jahrhunderts erheblich verbessert; die meisten Fachleute sind sich aber einig, daß dies auf bessere Gesundheitsvorsorge, Hygiene und Impfungen zurückzuführen ist. Im Vergleich zu diesen einfachen Maßnahmen haben sogar die Antibiotika insgesamt nur wenig dazu beigetragen, daß die Lebenserwartung stieg und die Invalidität zurückging. Trotzdem sind wir süchtig nach Technik und kümmern uns mehr um Krisenintervention als um die Präventivmedizin. Weil wir ungeheure Mittel dafür aufwenden, immer neue Apparate zu bauen, intervenieren wir nicht nur mehr, sondern auch zu höheren Kosten. So wird bei uns ein Großteil der »Medicare«-Krankenversicherung älterer Menschen dafür ausgegeben, Patienten die letzten sechs Monate lang am Leben zu erhalten – wir versuchen das Unaufhaltbare aufzuhalten. Daß viele der so Behandelten die Lebensqualität in diesen letzten sechs Monaten als unbefriedigend einstufen, stellt ein Dilemma dar, aus dem wir keinen Ausweg wissen.

Als Kind ging ich manchmal mit meinem Vater auf Hausbesuch. Ich bekam Plätzchen, Limonade und andere Annehmlichkeiten, während Vater sich um die Kranken kümmerte. Wahrscheinlich kannte ich mehr Krankenzimmer aus eigener Anschauung als andere in meinem Alter; doch Leute der Nachkriegsgeneration, die ich befragte, bestätigten, daß ein Krankenzimmer im Haus einst durchaus üblich war. Wie ich erinnerten auch sie sich, daß die Menschen zu Hause im Kreis ihrer Familie starben. Wie fühlt sich der Tod wohl heute an, wenn man einsam auf einer Isolierstation liegt und nichts als Maschinen auf einen aufpassen?

Seit das Stethoskop als erstes Instrument sich zwischen Arzt und Patient drängte, haben wir nicht nur mit Geld, sondern auch mit unserer Humanität bezahlt. Die Heilkunst ist immer mehr objektiven Berechnungen und Tabellen voll harter Fakten gewichen. Auch diese Ökonomie hat ihre Inflation. Der Maschineneinsatz hat exponentiell zugenommen, so daß wir kaum noch echten zwischenmenschlichen Kontakt kennen und nur noch selten die Kranken berühren. Patienten sind zu Objekten reduziert worden, und Ärzte zu leidenschaftslosen Beschickern von Maschinen.

In der Regel bekommt man Ärzte heute so schwer zu fassen wie Politiker. Eine direkte Antwort ist kaum zu erhalten, weil die Maschinen nicht als Werkzeuge benutzt werden, als *Erweiterung* unseres Verstandes und unserer Sinne, sondern als *Ersatz.* »Warten wir die Untersuchungsergebnisse ab«, wird einem gesagt. Der Begriff *Diagnose,* »durch Wissen«, wurde durch die Maschinen korrumpiert; einst bezog man ihn auf die Kenntnisse des Arztes hinsichtlich des Körpers wie der Seele des Menschen. Heute meint »Diagnose« eine Überstellung an die Maschine. Wir scheinen vergessen zu haben, daß Faktenwissen und technische Kompetenz in vielen Situationen keine geeignete Basis sind, um das Wohlbefinden eines Patienten sicherzustellen.

Um nicht den Verdacht aufkommen zu lassen, meine Haltung sei nur jugendlichem Idealismus entsprungen, will ich von einem bizarren Zwischenfall berichten, der sich ereignete, als ich in späteren Jahren in meiner Privatpraxis arbeitete. Ich hatte meine Forschungsarbeit in Neuropsychologie abgeschlossen und war aus North Carolina fortgegangen, um eine Stelle als Oberarzt in der neurologischen Abteilung an der George Washington University in Washington, D.C., anzutreten. Es überraschte mich, daß man 1980 in keinem der *fünf* Lehrkrankenhäuser in der Bundeshauptstadt eine neuropsychologische Untersuchung bekommen konnte. Die Neuropsychologie war als Disziplin schon ein Jahrhundert alt, und das NIH hatte 1973 begonnen, bundesweit akkreditierte Trainingsprogramme durchzuführen, um die Anzahl der Praktiker deutlich zu vergrößern.[6] Doch als ich in Washington ankam, war ich meines Wissens nach der einzige Neurologe außerhalb des NIH selbst, der Erfahrung mit neuropsychologischen Untersuchungen hatte. Genau diese Dienstleistung wollte ich anbieten, als ich ein Jahr später privat zu praktizieren begann.

Es erwies sich als so gut wie unmöglich. Andere Neurologen, Psychiater und sogar die Gerichte benötigten meine Dienste. Dafür aber auch bezahlt zu werden, erwies sich als bürokratischer Alptraum. Versicherungsgesellschaften wie »Blue Shield« erstatten seit langer Zeit die Kosten dafür, daß Chirurgen operieren oder Ärzte »etwas tun«; aber sie legen nur wenig Wert auf klinische Studien, das Herzstück der Diagnostik, Betreuung und Vorsorge. Ich zweifle nicht daran, daß Jahrzehnte dieser Politik unsere gegenwärtige Überbewertung der Technologie beschleunigt haben. Da die Versicherer darauf bestehen, daß es das Wesen der medizinischen Praxis sei, »etwas zu tun« (und nicht, etwas zu denken), fordern die Mediziner eben die Testergebnisse an, für die sie bezahlt werden.[7] In meinem Fall bedurfte es zwei Jahre didaktischer und diplomatischer Bemühungen, bis »Blue Shield« eine neuropsychologische Untersuchung als »neues Verfahren« autorisierte. Universitätsexperten und auch die Medical Society unterstützten mich bei der kafkaesk-absurden Unternehmung, die Versicherung von der Nützlichkeit des Verfahrens in der medizinischen Praxis zu überzeugen.

»Blue Shield« hatte Schwierigkeiten damit, daß man in der Neuropsychologie Papier und Bleistift sowie wenige kleine Handwerkszeuge benutzte, und nicht etwa eine riesige Maschine mit blinkenden Lichtern, um Gedächtnis, logisches Denken, visuellräumliche Wahrnehmung, Sprache und andere Aspekte der höheren Hirnfunktionen zu testen. Es kümmerte sie nicht, daß die Ergebnisse stichhaltig waren und man mit ihnen akkurat Hirnläsionen lokalisieren sowie deren Ursache diagnostizieren konnte, daß es internationale wissenschaftliche Verbände gab, die sich allein der Neuropsychologie widmeten oder daß diese Spezialdisziplin in den

Annalen der Neurologie eine lange, ertragreiche Geschichte vorzuweisen hatte. Auch scherte es sie nicht, daß man mit ihrer Hilfe entscheiden konnte, ob die Behandlung eines bestimmten Krankheitsbildes möglich war oder nur Zeit- wie Geldverschwendung darstellte. Zunächst lehnten die Bürokraten alles, was mit »Psycho« begann, als medizinisch irrelevant ab. Sodann konnten sie nicht verstehen, daß meine zweistündigen Sitzungen in direkter Interaktion mit den Patienten sowie die anschließende Verknüpfung der Ergebnisse mit der klinischen Situation und mit dem Wissen über die Hirnfunktionen ein Verfahren darstellen konnten. Für sie war »denken« und »schlußfolgern« nicht gleichwertig mit »etwas tun«.

Die Bürokratie der Versicherer stellt gewissermaßen eine weitere »Maschine« dar, die sich zwischen Arzt und Patient drängt. Erbsenzähler mit einem Herz aus Stein haben Mitleid und Zuwendung verdrängt. Versicherungsrichtlinien, die einige ältere Menschen vorzeitig aus dem Krankenhaus jagen, und die gegenwärtige Begeisterung für »Gesundheitsmanagement« stellen Beispiele dar, wie Bürokraten die Entscheidungsfindung usurpieren und sie einzig und allein auf die inhumanen *technischen* Kriterien der Kosteneffizienz gründen. Im Gegensatz zu meinen Anstrengungen hinsichtlich der Neuropsychologie hatte ich niemals irgendwelche Schwierigkeiten damit, die Installation eines Computertomographen in meiner Praxis begründen oder erklären zu müssen. Vielmehr waren alle begeistert.

Seit langem glaubt unsere Gesellschaft, daß die Technologie uns dient – wir glauben, daß sie Leben rettet, die Arbeit erleichtert, die Kommunikation verbessert und im großen und ganzen gut ist. Ich hingegen glaube, daß wir, ohne es eigentlich bemerkt zu haben, inzwischen der Technologie dienen, auch wenn sie einst dafür gedacht war, uns zu dienen. Maschinen erfreuen sich solch hoher Wertschätzung, daß in der Medizin viele stillschweigend glauben, Pflege sei alles, was dem Arzt zu tun bleibt, wenn technische Interventionen versagt haben.

Ein gutes Beispiel dafür ist die Behandlung von James Brady, dem Pressesprecher des Weißen Hauses, der 1981 bei einem Attentatsversuch auf Präsident Reagan einen Kopfschuß erlitt. An Bradys medizinischer Behandlung an der George Washington University hatte ich nur geringfügigen Anteil; aber ich schrieb für das ›New York Times Magazine‹ eine Titelgeschichte über die öffentlichen

Reaktionen auf seine Hirnverletzung.[8] Im Gegensatz zur Verletzung von Phineas Gage, die Außenstehende schockierte, weil sie seinen Geist mehr als seinen Körper in Mitleidenschaft zog, rief Bradys Verletzung eine entgegengesetzte, eigenartige Reaktion hervor.

Sämtliche Kommentatoren konzentrierten sich auf seine Lähmung. Auch die Presseverlautbarungen des behandelnden Chirurgen legten besonderen Wert auf Bradys körperliche Verfassung und verbreiteten, daß er wieder würde arbeiten können, wenn auch auf einen Stock gestützt. Kaum einer von seinen Kollegen aus den Medien fragte sich, ob Bradys Denken in Mitleidenschaft gezogen war; statt dessen betonten alle, daß er seinen wohlbekannten Sinn für Humor nicht verloren habe. Jeder hielt das für ein gutes Zeichen, auch wenn dieser Humor ausgeprägter war als früher und gelegentlich außer Kontrolle geriet. Die Pressekollegen konnten nicht wissen, daß ein solcher Zustand übersteigerten Humors medizinisch »Witzelsucht« heißt und einen pathologischen Zustand darstellt, bei dem der Betroffene zwanghaft teils seichte, teils drollige Witze reißt. Er gilt als klassisches Symptom für eine Stirnlappenschädigung, genau wie Phineas Gages neue Persönlichkeit. Wer danach James Brady in der Öffentlichkeit oder im Fernsehen gesehen hat, konnte seine unwillkürlichen Unterbrechungen mit Witzen und anderen Späßen nicht übersehen.

Was haben die technischen Interventionen James Brady gebracht? Fast alle Erfahrung, die wir im Umgang mit Hirnverletzungen haben, stammt ursprünglich aus der Behandlung von Kriegsverletzten. Mit jedem Krieg verbesserten sich unsere technischen Fähigkeiten, zudem konnten verletzte Soldaten immer schneller in die Feldlazarette gebracht werden. Unsere beeindruckenden technischen Errungenschaften haben vielen Menschen das Leben gerettet, die sonst gestorben wären. Jeder hielt das für hehren Fortschritt, bis uns gerade jene technischen Errungenschaften plötzlich fragen ließen, worin denn die Qualität der so geretteten Leben bestehe.

Wie viele technische Leistungen hat uns auch dieser »Triumph der Medizin« letzten Endes gezwungen, uns Fragen nach der Menschlichkeit zu stellen, denen die Gesellschaft insgesamt jahrzehntelang ausgewichen war. Die Öffentlichkeit applaudierte, als chirurgische Technik Brady rettete; erst viel später ging den Leuten auf, daß er jetzt ein qualitativ völlig verändertes Leben führt. Sicherlich zeigt sein Fall, wie der menschliche Geist selbst größte Widrigkeiten überwinden kann, aber seine Verletzung vor einem Jahrzehnt belegt auch, wie ausschließlich wir an technische Lösungen glauben.

Die Vergötterung der Maschine ist natürlich nicht auf die Medizin oder die Naturwissenschaften allein beschränkt. Darüber haben viele wortreich geschrieben. Obwohl Maschinen von Menschen gemacht werden, *entmenschlicht* ironischerweise eine technologische Gesellschaft ihre Mitglieder, indem sie sich schneller verändert, als die menschliche Psyche mithalten kann. Bis zur Zeit der industriellen Revolution lebte man gemächlich, und die Lebensbedingungen veränderten sich von Generation zu Generation so gut wie nicht. Folglich konnten die Menschen ein Verbundenheitsgefühl mit allem entwickeln, was wiederum oft die Grundlage eines fruchtbaren geistigen Lebens bildete. Wandel vollzog sich nur so allmählich, daß jeder sich eine gültige Vorstellung davon machen konnte, was ihn oder sie im Leben erwartete.

Heute aber verändert die Technik die Lebensumstände so rapide, daß man sich kaum auf bestimmte Bedingungen eingestellt hat, wenn schon die nächsten da sind. Entwurzelung und Angst sind die Folge. In einer sich so rasch wandelnden Welt ist es unmöglich, psychische Stabilität zu entwickeln und tieferen Sinn zu entdecken. Indem sie uns das Zentrum unserer Humanität nahmen, haben die Maschinen, so glaube ich, uns des seelischen Tiefgangs beraubt, von dem wir wirklich im Leben zehren, und uns einer oberflächlichen Existenz überantwortet.

Die autoritäre Botschaft, »Wir sind die Fachleute und wissen, wie die Dinge zu liegen haben«, schien reichlich arrogant und kam der Behauptung gleich, die Fakultät verfüge über eine Kristallkugel, mittels derer sie Antworten auf alle Fragen fände. Und doch prägte diese Botschaft alle Disziplinen der Medizin. Der Augenarzt wußte, was man zu sehen hatte und was nicht; der Psychiater wußte, ob das, was man fühlte, normal war oder verrückt; und der Internist wußte, welche Schmerzen real waren und welche man sich nur einbildete. Ihre Kristallkugeln sagten ihnen, daß sie immer recht hatten.

In Wirklichkeit meinten die Ärzte jener Ära damit natürlich, daß sie keine objektiven Daten erheben konnten, die mit den Erfahrungen des Patienten korrelierten. Manchmal kamen sie in Verlegenheit, wenn sie erklären sollten, warum sich Menschen so fühlten, wie sie es taten. Außer ihren objektiven Paradigmen hatten sie nichts gelernt; wie sollten sie also anders mit außergewöhnlichen Beobachtungen fertigwerden, als sie zu leugnen und ihre eigene Position zu verteidigen?

Ich bezweifle, daß es Böswilligkeit war, was solche Arzt-Patienten-Begegnungen prägte. Dennoch waren schmerzliche Mißverständnisse die Folge. Vielleicht hätten Ärzte einfach sagen sollen: »Das verstehe ich nicht«, oder: »Ich weiß es nicht.« Unglückseligerweise aber empfingen Patienten die Botschaft: »Sie lügen«, »Ihr Körper narrt Sie«, oder: »Sie sind verrückt.« Nur wenige waren stark genug, sich selbst zu versichern, daß ihre Körper recht hatten. Sie konnten sagen: »Dieser Arzt hört mir nicht zu.« Die meisten jedoch verbeugten sich vor dem weißen Kittel. »Der Doktor muß es ja wissen«, meinten sie, »also habe ich unrecht.«

Wir Ärzte mögen damals arrogant gewesen sein, aber ich glaube nicht, daß wir bösartig waren, denn wir waren selbst das Produkt einer Gesellschaft, die das Individuum immer mehr entwertet hatte. Wir alle sind ein Spiegel unserer Kultur. Historisch betrachtet, hat das Abendland immer großen Wert auf Institutionen gelegt und die individuelle gnostische Erfahrung gefürchtet. Als »gnostisch«[9] bezeichne ich etwas, das »mit dem inneren Wissen zu tun hat«, eine Art von Erkenntnis, die sich der Klassifizierung entzieht und jenseits der Grenzen gewöhnlicher Erfahrung liegt. Ein entscheidender Punkt, auf den ich später zurückkommen werde, ist nämlich, daß wir *verstehen*, was wir intuitiv wissen, auch wenn es vielleicht unmöglich ist, *auszudrücken*, was wir wissen.

Institutionen stehen im Gegensatz zum Individuum und zur gnostischen Erkenntnis. Sie sind Produkte menschlicher *Zivilisation*, wogegen das innere Wissen ein Produkt menschlicher *Erfahrung* ist. Institutionen, einschließlich Wissenschaft, Medizin und Religion, sind mehr daran interessiert, sich als Institutionen *per se* selbst zu erhalten als einem individuellen Leben zu dienen, geschweige denn es zu verstehen. Außer an sich selbst sind Institutionen nur an Konformität mit ihren eigenen Werten interessiert. Konformität beschreibt sicherlich gut die Atmosphäre, die die medizinische Ausbildung der jüngsten Vergangenheit geprägt hat –

und manche würden behaupten, noch immer prägt. Doch ist unbestreitbar, daß jetzt endlich eine zunehmende Zahl von Ärzten ganzheitlichere Ansätze verfolgt und individuelle Abweichungen als existent und möglicherweise bedeutsam anerkennt. Die besten unserer Zunft verbinden heute wissenschaftliche Methoden mit einer Haltung der Menschlichkeit. Dennoch fällt es vielen von uns immer noch schwer, mit subjektiven Erfahrungen umzugehen.

Weil zu meiner Zeit Mediziner in der Ausbildung ohne groß zu fragen akzeptierten, was ihnen gesagt wurde, gehören heute Leerphrasen wie »Ihnen fehlt nichts« überall zum Standardrepertoire der Ärzte. Autoritäre Sätze wie dieser waren ein geeignetes Mittel, den Kopf aus der Schlinge zu ziehen, wenn man nicht wußte, was vor sich ging. Die Gesellschaft hat Legionen von biomedizinischen Praktikern ausgebildet, die geschickt mit ihren Schwarz-Weiß-Regeln den Körper wie eine kaputte Maschine behandeln, aber nur schlecht darauf vorbereitet sind, mit den Grauzonen umzugehen.

Natürlich gibt es Situationen, in denen Patienten absolut unrecht haben. Psychosen und Hypochondrie sind Beispiele dafür. Patienten aber, deren einziges Vergehen darin besteht, daß sie nicht ins vorgestanzte Raster der Objektivität passen, sind etwas ganz anderes. Ein Mensch mit wachem Verstand würde nicht nur die Kluft erkennen, die sich zwischen medizinischer Objektivität und individueller Subjektivität auftut, sondern auch sehen, wie groß sie ist, wie beständig und wie oft sie in den Spezialdisziplinen der Medizin klafft. Ein Mensch mit wachem Verstand würde daraus nicht den Schluß ziehen, daß eine beträchtliche Minderheit von Patienten total verrückt ist, sondern daß die Haltung von uns Medizinern falsch ist, weil sie uns vom Zuhören abhält.

Überprüfte der Mensch dann diese Annahme in der Praxis, würde sich sofort ihre Richtigkeit erweisen: Emotionale Reaktionen wie Zurückweisung, Widerstand, Zorn und ein Appellieren an die Autorität des Arztes mitsamt den Dingen, »wie sie zu sein haben«, müßten ausreichen, jenen Menschen mit wachem Verstand davon zu überzeugen, daß er den Nagel auf den Kopf getroffen hat. Dies waren die Reaktionen, die die Patienten bei ihren behandelnden Ärzten erlebten; da kann man sich vorstellen, in welcher rigiden, paternalistischen Atmosphäre die Mediziner ihre Ausbildung erhielten.

Andere hüteten sich vielleicht, ausgetrampelte Pfade zu verlassen und in Neuland vorzudringen. Wie meine Kollegen hatte ich auch jede Menge Patienten mit Kopfschmerzen, Funktionsausfällen, Schlag- und anderen Anfällen behandelt. Mit der Zeit wurde es zu einer bloßen Variation über ein Thema, immer wieder dieselben Dinge zu tun. Die Diagnose stellt keine besondere Herausforderung mehr dar, wenn man sie nur noch immer weiter verfeinern kann. Doch Synästhesie war eine Ausnahme von dieser Regel, eine Herausforderung. Mein Idealismus und meine gelegentlichen Desillusionen hinsichtlich des Gesundheitssystems waren niemanden verborgen geblieben. Es wäre leichter gewesen, alles auf sich beruhen zu lassen. Aber das war nicht meine Art.

Intellektuell zog mich die Komplexität des geistigen Lebens an, aber ich war zugleich enttäuscht, daß jede Hoffnung, es erklären zu können, illusionär war. Egal wie viele Fragen man beantwortet, man bleibt mit noch mehr Fragen zurück. So etwas wie ein abschließendes Verständnis gibt es nicht, weil Verstehen ein Prozeß ist, der nie zu Ende geht. Eine Runde des Frage-und-Antwort-Spiels bringt einen auf eine höhere Ebene des Verständnisses, von wo aus man auf höherem Niveau Fragen zu stellen beginnt. Die Erfahrung des Lebens selbst ist solch ein Prozeß.

»Erwachsen zu werden ist schon schwierig genug, auch ohne daß Abweichungen einen schmerzlich von den anderen Jungs unterscheiden«, sagte Michael. Er erzählte mir gerade einen Vorfall aus seiner Jugend.

»Eines Sommers ging ich nach Purdue in Indiana, wo ich einen Ferienkurs in Naturwissenschaft besuchte. Ich kam an einem Ahorn vorbei und erinnere mich deutlich, wie ein ganz unglaublicher Duft von mir Besitz ergriff. Er war dunkel, sehr komplex. Der Duft war wie eine Skulptur, ich konnte Teile davon spüren, er hatte solche Tiefe, solch eine unglaubliche Beschaffenheit. Ich zog andere zu dem Baum, stand da, verschlang den Duft und sagte: ›Riecht ihr das? Ist das nicht toll?‹«

»Wovon redest du?« fragte einer der Klassenkameraden.

»Bäume riechen nicht«, schoß ein anderer zurück.

Michael wurde rot und wußte nicht, was er sagen sollte. »Doch, natürlich«, stammelte er. »Riecht doch«, sagte er und atmete tief ein. »Das ist wundervoll.«

»Sei nicht albern. Da ist doch nichts.«

»Aber es ist so intensiv!« rief Michael laut. »Ich kann es sogar fühlen, so intensiv ist es.« Er begann, ihnen von seinen Tastempfindungen zu erzählen, besann sich aber bald eines Besseren. Andere Kinder hatten ihn schon früher gehänselt, wenn er davon erzählte. Er sackte in sich zusammen und wußte, daß es zwecklos war, es ihnen erklären zu wollen.

»Total plemplem!«, zog ihn einer der Jungen auf. »Kommt schon, wir haben gleich Chemie.«

Von diesem Moment an wußte Michael, daß er in einer anderen Welt als die übrigen lebte. Eine Lektion, die solche wie er schnell lernten.

Mein Interesse an subjektiven Erfahrungen brachte mich schließlich dazu, daß ich mit Michael umfassende Experimente durchführte. Zunächst stellte ich die einfachen Untersuchungen mit Papier und Bleistift an, die ich als Neuropsychologe üblicherweise vornahm. Nach und nach benutzte ich Maschinen auf dem neuesten Stand der Technik, um Michaels Gehirnstoffwechsel und andere Funktionen zu messen. Schließlich ertrug Michael Drogen, radioaktive Gase, Katheter in seinen Arterien und Drähte, die überall auf seinen Kopf geklebt waren. Als unsere Experimente dieses fortgeschrittene Stadium erreichten, erschrak er vor der Möglichkeit, daß er vielleicht zu weit gegangen war. Erschreckender als die Aussicht, daß ein Gehirntumor oder eine ernste Anomalie gefunden wurde, war für ihn die Vorstellung, daß jemand mit dem Finger auf ihn zeigen und sagen könnte: »Das ist einfach lächerlich. Wozu machen Sie diese blöden Experimente?«

»Mein ganzes Leben lang habe ich mit Synästhesie gelebt und dennoch immer daran gezweifelt, ob sie real sei«, erklärte er mir später. »Ich hatte Angst bekommen, daß die Experimente nach hinten losgehen und meine schlimmsten Befürchtungen bestätigen würden: Daß meine Synästhesie nichts Reales war, daß der gute Michael einfach verrückt war.«

Wie tief sich das technologische Denken in unsere Psyche eingegraben hat, zeigte sich hier deutlich: an Michaels Angst, von einer Maschine ins Unrecht gesetzt zu werden, an seinem impliziten Glauben, daß sie – nicht er selbst – wußte, was real und richtig war, und an seiner Bereitschaft, seine eigene unmittelbare Erfahrung zu verleugnen.

Während meiner Arbeit an den Problemen der Synästhesie dämmerte es mir, daß wir alle unter dem Druck stehen, unsere unmittelbaren Erfahrungen zu verwerfen. Das ist nicht allein ein Problem von Menschen, deren Erfahrungen etwas ungewöhnlich sind. Immer wieder mußte ich daran denken, wie Mrs. Bates die Auskunft bekam: »Mit Ihren Augen ist alles in Ordnung.« Die etablierte Ärzteschaft erzählte den Menschen unaufhörlich, daß ihre subjektiven Erfahrungen irreal seien.

»Warum sollten sie nicht real sein?« fragte ich mich. Meine Kollegen waren noch nicht einmal daran interessiert, über diese Frage nachzudenken. Dann fiel mir jemand ein, der mir zuhören würde.

7. 25. März 1980: Grellrote Zacken

»Sie machen Witze«, sagte Frank Wood. Er drehte sich vom Fenster weg und stieß eine Rauchwolke aus. »Was ist mit dem Riechen?« fragte er. »Lassen Gerüche Ihren Freund auch Dinge fühlen?«

»Ich weiß nicht«, zuckte ich mit den Achseln. »Ich habe nicht daran gedacht, ihn zu fragen. Es war bei einem Abendessen, und vor den anderen Leuten dort konnte ich das nicht vertiefen. Er war peinlich berührt, daß ich das mit seinen Hähnchen und den Spitzen darauf mitbekommen hatte.« Wood gluckste in sich hinein und blies den Rauch durch die Nase. »Sie hätten einmal sein Gesicht sehen sollen«, sagte ich.

Ich hatte mein Erlebnis mit Michael Watson meinem Sektionschef Frank Wood erzählt, der jetzt meine neuropsychologische Forschungsarbeit als Gutachter begleitete. Statt mich wie die anderen, denen ich davon berichtet hatte, ungläubig zurückzuweisen, wußte Frank Wood durchaus, was Synästhesie war. Noch mehr überraschte mich, daß er Lurias Buch gelesen hatte und mir interessiert zuhörte. Er setzte sich wieder an seinen Schreibtisch, der so mit Ordnern und Heftern vollgepackt war, daß die Tischfläche seit Jahren kein Licht mehr gesehen hatte. Er griff nach seinem halbgegessenen Thunfisch-Sandwich. »Es wäre interessant, ein paar Experimente durchzuführen«, meinte er und nahm einen Happen. »Wissen Sie, ausprobieren, ob man seine Empfindungen beeinflussen kann, indem man den Stimulus systematisch verändert.« Sogar mit vollem Mund schaffte er es, aus seiner Limobüchse zu trinken. Wood war dafür bekannt, daß er trickreiche Experimente ersinnen konnte, aber er beeindruckte mich noch mehr dadurch, daß er gleichzeitig denken, essen, rauchen, reden und trinken konnte. Eine verblüffende Leistung der motorischen Koordination. »Würde er dabei mitmachen?«

»Er ist Künstler«, sagte ich. »Ich weiß es nicht.«

Wir spielten beide mehrere Möglichkeiten und Gegenargumente durch, um herauszufinden, ob wir aus meinem Zufallsfund etwas von wissenschaftlichem Interesse machen konnten. Wenigstens wir beide konnten uns intelligent darüber unterhalten, auch wenn alle anderen dachten, daß ich nur meine Zeit verschwendete.

»Zu schade, daß Sie nur diesen einen Fall haben«, sagte Wood nach einer Weile, lehnte sich zurück und steckte die nächste Zigarette an. »Es wäre gut, wenn man seinen Fall mit anderen vergleichen könnte. Lurias zum Beispiel.« Er blies das Streichholz aus und warf es in den Papierkorb, der vor Computerausdrucken und Einwickelpapieren früherer Imbisse überquoll. »Aber da ging es um etwas anderes, nicht wahr? Er sah Dinge, oder?«

»Bei Lurias Patient waren mehrere Sinne miteinander verbunden«, korrigierte ich. »Sein Fall ist vielleicht nicht mit Michaels zu vergleichen. Sie wissen auch nicht, woher das kommt, oder?« fragte ich.

Wood schüttelte den Kopf. »Verdammt gern wüßte ich es. Luria hat darüber nicht spekuliert?«

»Fürchte nein«, sagte ich. »Das Buch beschreibt den Fall nur. Abgesehen davon war Luria mehr daran interessiert, das fotografische Gedächtnis zu dokumentieren als die Synästhesie.«

Wood hatte zwar ebenfalls Lurias Buch gelesen, darüber hinaus wußte er aber auch nicht mehr über Synästhesie als ich. Wir hätten beide wohl die Sache auf sich beruhen lassen und uns damit zufrieden gegeben, daß wir Michael wenigstens die richtige Diagnose gestellt hatten, hätte sich nicht zwei Wochen später ein unglaublicher Zufall ereignet.

Auf meinen zweiten Fall von Synästhesie stieß ich ausgerechnet in Frank Woods Büro. Wir sprachen gerade über Biofeedback, als mein Piepser anschlug. Victoria, die zu unserem Team gehörte, reagierte auf seine schrillen Töne, indem sie sich den Kopf hielt.

»Oh, diese grellroten Zacken! Schalt das Ding ab«, fuhr sie mich an.

Ich brachte das Gerät sofort zum Verstummen. »Ich weiß, das blöde Ding ist so schrill, mich macht es auch verrückt«, entschuldigte ich mich. Ich bemerkte, daß Victoria die linke Seite ihrer Stirn rieb und mit der Hand vor ihren Augen herumwedelte.

»Was meinst du mit ›grellroten Zacken‹?« fragte ich sie.

»Die Lichtblitze«, sagte sie, als hätten wir alle sie sehen müssen.

»Wovon sprichst du?« fragte ich.

»Dein Piepser hat mich drei rote Lichtblitze sehen lassen, leuchtend rot, die nach links oben fuhren.« Sie rieb weiter ihren Kopf. »Gewöhnlich ist es nicht so schlimm, aber das hat rasende Schmerzen gemacht«, fuhr sie fort. »Es muß der Ton sein. So hoch.«

Wood und ich schauten einander an. Er blickte wieder zu Victoria, die immer noch rote Zacken wegwedelte. Ich überlegte, wie sie wohl aussähen.

»Victoria«, fragte Wood, »haben Sie Synästhesie?«

»Natürlich«, sagte sie.

Wir waren verblüfft. Allein zwei Leute mit einem so seltenen Krankheitsbild zu finden, war nicht zu erwarten gewesen. Aber diese beiden Menschen binnen weniger Wochen und in derselben Stadt zu finden, war unglaublich. Ironischerweise war Victoria selbst Psychologin. Sie wußte über Synästhesie Bescheid und hatte sie schon zeitlebens; allerdings hatte sie nie davon gesprochen, weil sie wußte, daß es ihrer professionellen Glaubwürdigkeit schaden würde. »Wenn die Leute herausfänden, daß ich Farben höre, würden sie denken, ich sei nicht bei Sinnen. Wer würde sich einer Therapeutin anvertrauen, die solche Sachen sieht?« fragte sie uns.

»Was läßt dich Dinge sehen?« fragte ich. »Kannst du uns das näher erklären?«

»Scharfe, schrille Töne immer«, sagte sie, »etwa wie dein Piepser oder Krankenwagensirenen, quietschende Reifen, berstendes Krachen.« Sie suchte nach dem richtigen Wort. »Überraschende Geräusche wie diese. Manchmal auch Musik, wenn sie laut und schrill genug ist«, fuhr sie fort. »Ich glaubte eine Zeitlang, daß das Schrille das Entscheidende sei. Wenn zum Beispiel mein Hund bellt, sehe ich niemals Farben, aber einmal hörte ich einen Chihuahua bellen, der mich mit dem Klang weißer Spitzen verrückt machte. Aber das kann nicht die ganze Erklärung sein, denn Worte und Namen haben manchmal auch Farben.«

»Sie sind also nicht sicher, was das auslösende Moment ist?« fragte Wood.

»Es passiert einfach. Es ist ganz normal«, sagte Victoria. »Ich denke kaum darüber nach.«

»Betrifft es nur Hören und Sehen?« fragte ich.

»Nun, manchmal funktioniert es auch bei Gerüchen«, sagte sie, »aber nicht so oft wie bei Klängen. Manche Gerüche haben ganz bestimmte Farben, weißt du«, erzählte sie gestikulierend. »Nimm zum Beispiel Strychnin. Du weißt, daß es einen wunderbaren, sattrosa Geruch hat?«, fragte sie, als ob wir das wissen müßten. »Das lustige bei Strychnin ist, daß es genau denselben rosa Geruch hat wie mein Biskuitkuchen. Ist das nicht seltsam?«

»Seltsam« war nur einer der Gedanken, die mir durch den Kopf schossen. Victorias Synästhesie war ziemlich komplex und umfaßte Hören, Sehen, Riechen und Schmerz. Am stärksten ausgeprägt schien bei ihr die Kombination von Hören und Sehen, daher stellten wir auf der Stelle ein paar Experimente an, bei denen sie die Formen von Fremdwörtern skizzierte, die ich ihr laut vorsprach. Wir benutzten Wörter aus dem Deutschen und dem Tschechischen, die Victoria beide nicht verstand. Bald hatten Wood und ich die Bestätigung, daß unsere Diagnose »Synästhesie« akkurat war. Bei Victoria handelte es sich um »Farbenhören«, eine der häufigsten Formen von Synästhesie.

»Sie könnten ein kleines Experiment durchführen und dann einen Bericht der INS einreichen«, schlug mir Wood später am selben Nachmittag vor.

»Was ist die INS?«

»Die International Neuropsychological Society. Jetzt haben Sie schon zwei interessante Fälle, einen Mann, der Formen schmeckt und eine Frau, die Farben hört und riecht. Die INS wird im Februar eine Konferenz abhalten. Sie sollten darüber nachdenken, einen Bericht einzureichen.«

»Meinen Sie?«, fragte ich, da ich noch nicht von der Notwendigkeit überzeugt war, mir soviel Arbeit aufzuhalsen.

»Ich wette, sie hatten noch nie zuvor einen Beitrag über Synästhesie.«

»Glauben Sie?« fragte ich.

»Ich bin überzeugt, daß Ihr Beitrag angenommen wird«, versicherte er mir.

Der Vorschlag des Chefs, mir ein »kleines Experiment« auszudenken, war nichts anderes als der direkte Auftrag, genau das zu tun.[10] Bis zu dem Stichtag der INS hatte ich noch drei Monate Zeit, ein Exposé herbeizuzaubern. Schnurstracks ging ich in die medizinische Bibliothek, um nachzuschauen, was andere bereits über Synästhesie geschrieben hatten. Ein elektronischer Suchlauf durch das Schlagwortverzeichnis erbrachte rein gar nichts. Kein schönes Ergebnis, wenn man über ein Thema arbeiten muß, von dem man so gut wie gar nichts weiß.

Weil die Datenbank des Bibliothekscomputers nur bis 1966 zurückreichte, versuchte ich es mit der altmodischen Methode, in einem Buch nachzuschlagen. Ich begann mit einigen dicken Bänden des ›Index medicus‹. Diese Bibliographie war im achtzehnten Jahrhundert vom Army Surgeon General's Office begonnen und später von der National Library of Medicine fortgeführt worden. Ich fand ein paar ziemlich alte Literaturhinweise. Glücklicherweise waren die acht Stockwerke der medizinischen Bibliothek außerordentlich gut bestückt und hielten viele der fraglichen Zeitschriften bereit.

Die Literaturhinweise aus dem ›Index medicus‹ verwiesen mich ins dritte Untergeschoß. In den staubbedeckten Stapeln, offensichtlich seit Jahrzehnten unberührt, fand ich französische, deutsche, italienische und englische Aufsätze über Synästhesie aus dem neunzehnten und dem frühen zwanzigsten Jahrhundert. Begierig überflog ich sie im fahlen Licht der Neonlampen. Genau wie die seltsamen visuellen Phänomene, die ich in alten Texten zur Augenheilkunde gefunden hatte, fanden sich sämtliche Hinweise auf Synästhesie in einst maßgeblichen, heute vergessenen Zeitschriften und waren oft von Leuten verfaßt worden, deren Namen in der Medizin oder der Psychologie einen guten Klang hatten. Die alten Aufsätze beschrieben ihre Fälle von Synästhesie recht anschaulich, aber keiner bot einen Anhaltspunkt, was die Ursache sein könnte. Wie bei Luria waren es Beschreibungen ohne Erklärung.

Angesichts solcher jahrzehntealter Informationen entschloß ich mich, noch einmal ganz von vorne anzufangen.

8. Wieder im Keller:
Die Geschichte der Synästhesie

Ich kehrte ins Untergeschoß der Bibliothek zurück, wo ich meine Nase in vergilbte Seiten steckte, die mir die Vergangenheit der Synästhesie offenbarten. Was ein Wissenschaftler letztlich will, ist eine Theorie, die etwas erklärt, und ich suchte nach einer Theorie, die die zerebralen Mechanismen der Synästhesie erklären würde. Ich hielt Ausschau nach jener höheren Ebene.

Was ich statt dessen fand, war Verwirrung. Die archaische Sprache des neunzehnten Jahrhunderts war nicht so unergründlich, auch nicht die naiven Irrtümer und anatomischen Spekulationen, die ich fand. Amüsante Formulierungen wie etwa »eine Verstrickung der optischen und auditorischen Nervenfasern« oder das blumigere »der Echoschall des Hörnervs auf den chromatischen Fasern« konnte man verzeihen, wenn man bedachte, wie sehr sich unsere Vorstellung vom Nervensystem innerhalb eines Jahrhunderts gewandelt hat. Die Verwirrung resultierte vielmehr daraus, daß es keine Übereinstimmung gab, was die Leute mit dem Begriff »Synästhesie« meinten.

Einige Autoren sprachen eindeutig von Phantasiegebilden, bei denen zum Beispiel studentische Freiwillige sich *vorstellten*, daß Worte wie »feurig« und »rot« irgendwie in angemessener Weise zur Musik einer Blaskapelle paßten. Andere Schreiber redeten von metaphorischem Sprachgebrauch und spekulierten über die Ursprünge solch allgemeiner Empfindungen wie der, daß »gelb« eine »strahlende« Farbe ist. Wieder andere beschrieben akkurat Synästhesie, konnten aber offensichtlich keine echten Synästhetiker ausfindig machen; sie gerieten auf Abwege, indem sie nichtsynästhetische Freiwillige für Experimente mit Wahrnehmungsgleichsetzungen benutzten.

»Was ein Durcheinander«, raunte ich mir selbst zu. Ein Gutteil dessen, was ich las, glich keineswegs den Erfahrungen von Michael oder Victoria oder auch nur von Lurias S. Diese drei mußten nicht innehalten, um über ihre Empfindungen nachzudenken. Sie hatten sie einfach.

Ich fand ein paar Aufsätze, die *physische Empfindungen* behandelten. In diesen Fällen ließ ein Stimulus in der einen Wahrnehmungsweise die Personen unfreiwillig etwas in einer anderen erleben. Sie behaupteten, sie hätten »damit nichts zu tun«, vielmehr »geschieht es einfach von selbst«. Darüber hinaus waren sie überrascht, daß alle anderen dies als ungewöhnlich betrachteten; sie hatten wohl angenommen, daß jeder so wie sie empfinde.

Kein Wunder, dachte ich, daß es in der Vergangenheit nicht gelungen ist, Synästhesie zu erklären. Man hatte denselben Begriff für ganz unterschiedliche Erfahrungen gebraucht, so als benutzte man dasselbe Wort für Reisebus, Schnürsenkel und Zuckerkuchen. Wie sollte man da wissen, worauf sich jemand bezog? Nein, das würde nur Konfusion in die Sache bringen, dachte ich. Mein erster Schritt müßte sein, all die Fälle auszusondern, die sich nicht explizit auf Synästhesie als eine *unfreiwillige Wahrnehmung* bezogen, bei der die Stimulation des einen Sinnes eine Empfindung in einem anderen auslöste. Später würde ich eine strikte Definition formulieren müssen, damit andere sich wenigstens sicher sein konnten, worüber ich sprach.

Ganz gleich, über welchem Thema die Wissenschaft grübelt, der historische, der deskriptive und der experimentelle Zugang sind ihre drei Hauptsäulen. Welcher Methode man sich bedient, hängt von der Problemstellung und den zur Verfügung stehenden Arbeitsmitteln ab. Letzten Endes wollte ich alle drei Methoden auf Synästhesie anwenden, mich zunächst aber in ihre vielfältige Geschichte vertiefen. Unabhängig davon aber, wie ein Wissenschaftler ein Problem angeht, erfordert jede der Methoden Beweise, eindeutige Schlußfolgerungen, überprüfbare Hypothesen, die Suche nach Theorien, die etwas erklären und bestimmte Ereignisse vorhersagen können, sowie das ständige Bemühen, Widersprüche aufzudecken und auszumerzen. Dies sind die Grundlagen jeder wissenschaftlichen Unternehmung.

Der erste medizinische Hinweis auf Synästhesie stammt aus der Zeit um 1710, als ein englischer Augenarzt, Thomas Woolhouse, den Fall eines Blinden beschrieb, der von Tönen ausgelöste Farbvisionen wahrnahm. Noch früher, 1690, berichtete der Philosoph John Locke[11] von »einem beflissenen blinden Mann, der... eines Tages prahlte, er verstünde nun, was ›scharlachrot‹ bezeichne... Es sei wie der Klang einer Trompete.«

Es wunderte mich, daß gerade Neurologen kaum über Synästhesie nachgedacht hatten. Sie bot sich als Thema doch geradezu an.

Während des ganzen achtzehnten Jahrhunderts wurde sie nur sporadisch erwähnt, aber im neunzehnten erfreute sie sich seriöser wissenschaftlicher wie anderweitiger Aufmerksamkeit. Besonders interessierten sich Psychologen, Künstler und Naturphilosophen für sie. 1704 beispielsweise mühte sich Sir Isaac Newton[12] ab, mathematische Formeln zu entwickeln, die eine Gleichsetzung der Schwingungsfrequenzen von Schallwellen mit entsprechenden Wellenlängen des Lichtes erlaubten. Es gelang ihm nicht, die erhofften »Translationsalgorithmen« zu finden, aber die Idee einer Entsprechung der beiden hatte Fuß gefaßt, und ihre erste praktische Anwendung fand sie anscheinend im *clavecin oculaire,* einem Instrument, das simultan Töne und Licht hervorbrachte. 1725 wurde es erfunden.[13,14] Charles Darwins Großvater Erasmus erzielte den gleichen Effekt 1790 mit einem Cembalo und Laternen[15], und andere Geräte waren in den dazwischenliegenden Jahren nach demselben Prinzip gebaut worden, wobei mittels einer Klaviatur mechanische Blenden gesteuert wurden, hinter denen sich farbige Lichtquellen verbargen. Und 1810 erörterte schließlich Goethe Korrespondenzen zwischen Farben und anderen Sinneswahrnehmungen in seiner Abhandlung ›Zur Farbenlehre‹.[16]

Bald hatte ich sowohl in der wissenschaftlichen wie in der allgemeinen Literatur viele Fälle von Synästhesie gefunden, und zwei Bücher waren ihr zur Gänze gewidmet. ›L'audition colorée‹[17] wurde 1890 in Frankreich veröffentlicht, und ein deutsches Werk erschien 1927 in Jena unter dem Titel ›Das Farbenhören und der synästhetische Faktor der Wahrnehmung‹[18]. Die meisten Abhandlungen beschäftigten sich mit dem Farbenhören, das, wie ich herausfand, die häufigste Form der Synästhesie ist.

Dieses Mißverhältnis zwischen den verschiedenen Arten von Synästhesie war für sich allein schon faszinierend. Die fünf Sinne – Sehen, Hören, Schmecken, Fühlen und Riechen – konnten zehn mögliche synästhetische Paarungen eingehen: Sehen mit Hören, Sehen mit Schmecken, Sehen mit Fühlen und so weiter. Synästhetische Beziehungen funktionieren jedoch gewöhnlich nur in einer Richtung, so daß bei einem bestimmten Synästhetiker etwa Sehen ein Tastgefühl auslösen kann, nicht jedoch das Tastgefühl eine visuelle Wahrnehmung. Wegen dieser Einbahnstraßen-Regelung gab es also zwanzig Varianten von sensorischen Paarungen. Angesichts dieser Zahl fand ich es interessant, daß einige Sinne, etwa Sehen und

Hören, viel häufiger daran beteiligt waren als zum Beispiel Riechen. Bei Menschen mit Farbenhören wurden Töne – vor allem Sprache und Musik – nicht nur akustisch vernommen, sondern produzierten auch eine visuelle Mischung von farbigen Formen, Bewegungen, Mustern und Licht.

Einige Sinnespaarungen sind noch niemals beobachtet worden. Während bei einer von Victorias synästhetischen Kombinationen Sehen Geruchsempfindungen produzierte, konnte ich keinen Fall finden, bei dem das Riechen selbst der Auslöser war. Und ich fand nur einen weiteren, bei dem Schmecken wie bei Michael synästhetische Empfindungen auslöste. Bei diesem Fall handelte es sich um Farbenschmecken.

Neben Michaels eigenem geometrischen Geschmack war vielleicht das seltsamste Beispiel für Synästhesie, das ich entdeckte, eine »audiomotorische« Variante, bei der ein vierzehnjähriger Junge seinen Körper nach dem Klang verschiedener Worte in unterschiedliche Stellungen positionierte.[19] Sowohl englische wie unsinnige Wörter empfand er als körperliche Bewegungen, behauptete der Junge und belegte es mit eindrucksvollen Posen. Weil er sich selbst davon überzeugt hatte, daß diese Assoziation von Hören und Bewegung etwas Reales war, hatte der über den Fall berichtende Arzt geplant, den Jungen später einmal ohne Vorwarnung erneut zu testen. Als der Mediziner zehn Jahre später dieselbe Wortliste abermals laut vorlas, nahm der junge Mann ohne zu zögern die identischen Stellungen wie vor einem Jahrzehnt wieder ein.

Daß auch Körperbewegungen als potentielle synästhetische Reaktionen in Frage kamen, bedeutete, daß es sechs mögliche Komponenten statt fünf gab. Entsprechend leiteten sich daraus dreißig Permutationen ab. Dennoch bestand der Großteil der Fälle nur aus einer Handvoll dieser synästhetischen Kombinationsmöglichkeiten. Ich beschloß die seltsame Tatsache im Blick zu behalten, daß einige Sinne im Rahmen der Synästhesie offensichtlich privilegiert waren, während andere selten, wenn überhaupt, dabei vorkamen. Vielleicht würde sich herausstellen, daß die Anatomie etwas damit zu tun hatte.

Die Idee der sensorischen Verschmelzung

Im neunzehnten Jahrhundert fand Synästhesie die Beachtung einer größeren Künstlerbewegung, die nach einer Verschmelzung der Sinne suchte. Immer häufiger kam in Literatur, Musik und bildender Kunst die Idee einer Vereinigung der Sinne auf. Multimodale Konzerte mit Musik und Licht *(son et lumière)* waren in Mode; gelegentlich wurden zusätzlich Düfte verbreitet; aufgeführt wurden diese Konzerte meist mit jenen Lichtorgeln, von denen ich gelesen hatte und deren Klaviaturen sowohl Töne wie auch Lichter steuerten. In ihrer Villa Beechwood in Newport machte sich Mrs. Astor diese Idee der Sinnesverschmelzung zunutze, indem sie teure französische Parfums in die Kerzenschalen ihrer Kandelaber goß, auf daß ihre wohlgenährten, trunkenen Gäste sich einer zusätzlichen sybaritischen Schwelgerei hingeben könnten.

Das war zwar amüsant, brachte mich aber auf Abwege, schloß ich. Diese Beispiele machten einmal mehr klar, daß es entscheidend auf eine exakte Terminologie ankam. Ich wollte »Synästhesie« ausschließlich zur Bezeichnung unwillkürlicher Erfahrungen verwenden. Mit voller Absicht eingesetzte Kunstgriffe wie die bei Mrs. Astor »Synästhesie« zu nennen, würde die Bedeutung des Wortes nur noch weiter verwirren. Bei Komponisten, die Farbenmusik schrieben, gab es sicher auch Unterschiede hinsichtlich ihrer Intentionen, dachte ich. Arthur Bliss zum Beispiel schrieb 1922 seine ›Color Symphony‹ auf der Grundlage synästhetischer Vorstellungen. Doch hatte er niemals behauptet, selbst Synästhetiker zu sein; das Projekt war nichts als eine intellektuelle Übung, seine Farben wählte er nach Belieben.

Andererseits hatte der russische Komponist Aleksandr Skrjabin (1871-1915) versucht, gerade seine eigene Synästhesie 1911 in seiner Symphonie ›Prometheus. Le poème de feu‹ zum Ausdruck zu bringen. Geschrieben war sie für ein großes Orchester mit Flügel, Orgel und Chor. Auch ein *clavier à lumière* gehörte dazu, das Farbenspiele in Form von Strahlen, Wolken und anderen Formen steuerte, die den Konzertsaal durchfluteten und in einem so starken weißen Licht kulminierten, daß »die Augen schmerzten«. In der Partitur ist die »Stimme« des Farbenklaviers in normaler Notation niedergeschrieben, wozu Skrjabin einen synästhetischen Code für die Entsprechungen zwischen Noten, Farben und Formen angelegt hatte. Auch den Tonarten waren spezifische Farben zugeordnet. Anhand des symbolbeladenen Deckblatts der Partitur, dem Skrjabin enorme Beachtung schenkte, gewinnt man den Eindruck, daß er von dem Gedanken besessen war, mit der Verschmelzung der Sinne einen beinahe spirituellen Mystizismus zum Ausdruck zu bringen. In der Tat hat er auch einen »mystischen Akkord« erfunden, eine Folge von fünf Vierton-Intervallen (C, fis, b, E', A', D''), die sofort vertraut klingt und die harmonische Basis seiner meisten Kompositionen darstellt. Die erste Aufführung des ›Prometheus‹ mitsamt Lichteffekten fand am 20. März 1915 in New York statt, fünf Wochen nach dem Tod des Komponisten. Die technischen Schwierigkeiten waren schier unüberwindlich. Als Kompromiß, den Skrjabin noch abgelehnt hatte, wurden die Farben nur auf eine Leinwand über dem Orchester projiziert. In zwei zeitgenössischen Ausgaben des ›Scientific American‹ werden die technischen Verfahren besprochen.[20] Ein noch ehrgeizigeres, allumfassendes Werk mit dem Titel ›Mysterium‹ wurde niemals vollendet. Es sollte mit einer »liturgischen Aufführung« beginnen, bei der Musik, Poesie, Tanz, farbiges Licht und Düfte sich vereinen und die Andächtigen in eine »höchste, finale Ekstase« versetzen sollten.

Wassily Kandinsky (1866-1944) war der synästhetische Künstler, der vielleicht das tiefste Verständnis der Sinnesverschmelzung hatte.[21] Er hatte 1910 die gegenständliche Malerei aufgegeben, weil er mehr daran interessiert war, Visionen auszudrücken, als die Oberfläche der Realität wiederzugeben. Kandinsky zählte zu den ersten, die die ausgetretenen Pfade des Naturalismus verließen, denen die abendländische Kunst fünfhundert Jahre lang gefolgt war. Kandinsky wählte die Musik als Vorbild, um seine transzendenten Visionen zum Ausdruck zu bringen. Er erforschte harmonische Beziehungen zwischen Klang und Farbe und benutzte der Musik entlehnte Ausdrücke, um seine Gemälde zu beschreiben, denen er Titel wie »Komposition« und »Improvisation« gab.

Kandinsky hatte eine Zeitlang in Moskau Klavier studiert, wo er sich zu den Symbolisten hingezogen fühlte, die eine Verschmelzung aller Künste versprachen. Seine einaktige Oper ›Der gelbe Klang‹ von 1912 spezifizierte er als ein Mixtum compositum aus Farben, Licht, Tanz und Klang. Die eigentliche Musik war von Kandinskys Freund Thomas von Hartmann komponiert worden, der zusammen mit Kandinsky, Paul Klee, Arnold Schönberg aus Wien und anderen zur Avantgarde-Gruppe ›Der Blaue Reiter‹ gehörte. Obwohl er die Gemälde, die wir als typisch für Kandinsky erachten, erst in seiner zweiten Lebenshälfte schuf, hatte er sich mit den darin verkörperten Ideen schon in frühen Jahren beschäftigt. 1900 waren die Grundlagen der Quantentheorie, 1905 die spezielle Relativitätstheorie veröffentlicht worden; die modernen Naturwissenschaften beschrieben ein Bild von der Welt, das sich von seinen klassischen Vorgängern ebenso unterschied wie Kandinskys Gemälde von den zentralperspektivischen Werken der Renaissance. Kandinsky war von den Lehren der Theosophie[22] und des östlichen Denkens beeinflußt, und die Ideen, auf die er in wissenschaftlichen wie in esoterischen Schriften stieß, bestätigten ihm sein spirituelles Weltbild, das ihn seit seinen Studententagen prägte. Kandinsky war davon überzeugt, daß die Kunst, wenn sie die Realität porträtieren wolle, sich nicht darauf konzentrieren dürfe, die Dinge abzubilden, sondern sich eines intuitiven Prozesses befleißigen müsse, wie er ihn für seine abstrakten Gemälde nutzte und in dem er das Geistige zu finden glaubte. 1910 schrieb er in seinem Buch ›Über das Geistige in der Kunst‹, daß man der Musik das Ohr und dem Gemälde das Auge öffnen und »leblose Kopfarbeit« meiden müsse: »Nur durch das Gefühl ist das künstlerisch Richtige zu erreichen.«

Kandinsky hielt wenig von analytischen Erklärungen und wollte sich und seiner Anhängerschaft die Qualität unmittelbarer Erfahrung näherbringen, die die Synästhesie darstellte. Wenn er die Künstler aufforderte, sich vor »lebloser Kopfarbeit« zu hüten, bezog er dies auf seine Grundannahme, daß Kreativität aus Erfahrungen und nicht aus abstrakten Ideen entspringe. Er wußte, daß die Wahrnehmung behindert wird, wenn der Geist ständig analysiert, was vor sich geht.

Ich verstehe Kandinsky so, daß der Künstler auf der falschen Spur ist, wenn er fragt: »Was versuche ich hier zu vermitteln?«, und daß der Betrachter genauso fehlgeht, wenn seine erste Reaktion lautet: »Was soll dieses Zeug darstellen?« Was Kandinsky mit Bezug auf den, sagen wir, Zweck eines Gemäldes meint, gleicht Joseph Campbells späterem Diktum: »Die Menschen suchen nicht nach dem Sinn des Lebens, sondern nach dem Erlebnis, lebendig zu sein.«

Die Franzosen weichen Mystischem nur selten aus, und so überraschte es mich nicht, daß sie von Synästhesie besonders fasziniert waren. Antiklerikal eingestellte Franzosen des neunzehnten Jahrhunderts waren darauf erpicht, die theologische Sicht der Seele in Mißkredit zu ziehen und spirituelle Mysterien einzig in psychologische Begriffe zu fassen. Eine Erfahrung wie die Synästhesie, die man in konkrete psychologische Begriffe kleiden konnte, paßte ihnen gut ins Konzept. Die Art-Nouveau-Bewegung nahm einiges von dieser Atmosphäre mit ins nächste Jahrhundert, und alles sprach von »Selbsterkenntnis«. Später kam Freud in Mode, und unter Intellektuellen wurde es schick, von Libido und Unbewußtem zu reden. Das frühe zwanzigste Jahrhundert sah nicht nur den Aufstieg von Psychologie und Psychoanalyse, sondern auch den von Surrealismus, symbolistischer Dichtung, automatischem Schreiben und anderen Erkundungen im neuentdeckten Reich des psychisch Unbewußten.

Wie ein Magnet zog Paris diese Bewegungen an, die nach Möglichkeiten suchten, fundamentale Gefühle und die emotionalen Prägungen vergangener Erfahrungen zu externalisieren, ohne sie visuell oder verbal konkret abzubilden. Die Menschen begeisterten sich an der Vorstellung, daß die Synästhesie direkten Zugang zum Unbewußten zu haben schien. So etwas paßte genau ins intellektuelle wie künstlerische Klima der Zeit.

Arthur Rimbaud (1854-1891), der vermutlich selbst Synästhetiker war, war eine der Hauptfiguren der Symbolismus-Bewegung, die damals die Aufmerksamkeit der Öffentlichkeit auf die Synästhesie lenkte.[23] Seine Gedichte enthalten direkte Hinweise auf synästhetische Wahrnehmungen; das vielleicht beste Beispiel dafür ist ›Vokale‹ von 1871:

Vokale

A schwarz, E weiß, I rot, Ü grün, O blau, Vokale,
Einst künd ich den verborgnen Grund, dem ihr entstiegen.
A, schwarzbehaartes Mieder glanzvoll prächtiger Fliegen,
Die summend schwärmen über stinkend grausem Mahle.

Der Schatten Golf. E, Weiß von Dämpfen und von Zelten,
Speer stolzer, weißer Gletscherkönige, Rausch von Dolden;
I, Purpur, Blutsturz, Lachen, wie's von Lippen, holden,
In trunkner Reue strömt und in des Zornes Schelten.

Ü, Kreise, grüngefurchter Meere göttlich Beben,
Der Almen Friede, wo die Herden weidend leben,
Friede, den Alchemie in Denkerstirnen gräbt.

O, wunderbares Horn, voll seltsam schrillen Weisen,
Stillschweigen, drin die Welten und die Engel kreisen:
- O, Omega, Strahl, der *ihr* Auge blau umwebt.

In der Übertragung von Walther Küchler,
Arthur Rimbaud, Sämtliche Gedichte, Heidelberg 1946

Intellektuelle Strömungen kamen und gingen wie Eintagsfliegen.
Als die Erforschung individueller mystischer, introspektiver und
subjektiver Erfahrung schließlich außer Mode kam, verlor man
auch an Synästhesie das Interesse. Allmählich wandte sich die Aufmerksamkeit von qualitativer Erfahrung ab und eher objektivem
Verhalten zu – solchem also, das man quantifizieren oder mit
Maschinen messen konnte.

Als reales Phänomen war Synästhesie immer nur deshalb von
Medizinern und Psychologen anerkannt worden, weil im Lauf von
zweihundert Jahren zahlreiche Forscher unabhängig voneinander
davon berichtet hatten. Historische Entwicklungen und Veränderungen im wissenschaftlichen Klima machten sie dann als For-
schungsthema zunichte. Die Experimentalpsychologie begann Verhalten in Zahlen zu fassen und Statistiken über Gruppen von
»Subjekten« zusammenzutragen.

Der einzelne Mensch war der Mühe nicht mehr wert. Das Individuum wurde in zunehmendem Maß als eigentlich nebensächlich
betrachtet – und damit auch seine Gefühle, Überzeugungen, sein
Glauben oder sein persönlicher Hintergrund. Dies alles bildete den
wirren, undurchdringlichen Teil der menschlichen Psyche. Die
sogenannten Gelehrten scheuten den individuellen geistigen
Gehalt und konzentrierten sich viele Jahre lang auf das äußerliche
Verhalten; exemplarisch steht dafür der psychologische Behavioris-

mus à la B.F. Skinner, der das Leben auf Reiz und Reaktion reduzierte. Dieses Kapitel der Wissenschaftsgeschichte, an dem viele kluge Leute mitschrieben, war intellektuell ein finsteres Mittelalter, und im nachhinein betrachtet etwas schier Unglaubliches. Ein Zeitgenosse leugnete sogar die Existenz des Geistes und meinte, der Geist sei »einzig erfunden worden, um Pseudoerklärungen abgeben zu können«.[24]

Solange die Synästhesie en vogue war, scheiterten – ganz wie Newtons frühere Versuche – alle mechanistischen Erklärungsansätze; die Suche nach universellen Korrespondenzen zwischen den Sinnen ging ebenso ins Leere wie der geradezu alchemistische Eifer, eine Formel zu finden, mit der man eine Sinneswahrnehmung in eine andere übersetzen könnte. Um 1930 galt Synästhesie dann nur noch als psychologischer Tick, den niemand mit den Mitteln der modernen Gehirnphysiologie erklären konnte. Während des neunzehnten Jahrhunderts hatte die Suche nach einer mechanistischen Erklärung dem allgemeinen Weltbild eines uhrwerkgleichen Universums entsprochen, das sich auf Newtons Mechanik berufen hatte. Und es sollte noch zwei Generationen dauern, bis die Menschen begannen, in den Begriffen der Einsteinschen Relativitätstheorie zu denken.

Aus Mangel an Übereinstimmung

Bei den Versuchen, einen die Synästhesie bewirkenden Mechanismus zu ergründen, stieß man auf das äußerst knifflige Problem, daß über die parallelen Empfindungen, die Synästhetiker wahrnahmen, keinerlei faßbare Übereinstimmung bestand. Das heißt, zwei Individuen mit Farbenhören waren durchaus verschiedener Ansicht, welche Farbe ein gegebener Ton hat. Früher hatten die Forscher kaum mehr getan, als Listen von Stimuli und synästhetischen Reaktionen anzulegen, denen sie ihr Bedauern folgen ließen, daß Korrespondenzen mit einer gewissen Regelmäßigkeit leider nicht festzustellen seien. Der Komponist Joachim Raff stimmte beispielsweise dem von John Locke zitierten Blinden zu, daß eine Trompete scharlachrot klänge; fünf andere Synästhetiker mit Farbenhören aber bestanden darauf, daß ihr Klang gelb-rot, rein gelb oder blau-grün sei. Unabhängig davon, welche Sinne beteiligt waren, führte der

Vergleich zwischen zwei oder mehr Synästhetikern immer zum selben Ergebnis: Es gab keine *eindeutige* Ähnlichkeit in ihren Wahrnehmungen.

Davon auszugehen, daß Synästhetiker in ihren Empfindungen übereinstimmen würden, war offensichtlich ein Fehler gewesen. Früher schon waren vergleichbare Ansätze im Sand verlaufen. Ich zog den Schluß, daß es also keinen universellen Translationsalgorithmus gab, und akzeptierte die empirische Beobachtung, daß die Reaktionen von Synästhetikern individuell einzigartig oder idiosynkratisch waren.

Auf dieses Thema sollte ich noch häufiger stoßen, denn anscheinend hatten auch schon in der Vergangenheit die Wissenschaftler sich damit herumgeplagt. Wenn das Fehlen einer allgemeinen Übereinstimmung zwischen Synästhetikern bereits früher den Forschern Schwierigkeiten bereitet hatte, würden sicherlich auch moderne damit zu kämpfen haben. Alles, was uns die Synästhetiker dazu berichten konnten, waren ihre eigenen Wahrnehmungen. Vielleicht waren wir einfach nicht in der Lage, irgendwelche Ähnlichkeiten zu erkennen, weil wir unsere Blicke in die falsche Richtung lenkten. Ich überlegte, daß der Fehler früherer Versuche vielleicht darin bestanden hatte, die *Wahrnehmungen* selbst miteinander zu vergleichen und nicht neurale Prozesse in einem vorangehenden Stadium, aus denen sich die bewußte Wahrnehmung aufbaut.

Als Analogie fiel mir ein, daß Menschen und Menschenaffen sich recht ähnlich sind, obwohl sie kaum so aussehen. Ihre Anatomie ist vergleichbar, ihre Gehirne sind sehr ähnlich, und natürlich gibt es in ihrer DNA nur geringe Unterschiede.[25] Man muß jedoch nicht bis zur DNA zurückgehen, um diese Ähnlichkeit zu sehen. Wenn man im Baum des Lebens nach Verwandtschaften sucht, oder in diesem Fall im Familienstammbaum, gleichen sich die Mitglieder nahe des Stammes viel mehr als jene draußen auf weit auseinanderliegenden Ästen. Aus diesem Grund sind Familienähnlichkeiten bei den Nachkommen in jungen Jahren viel offensichtlicher als im Erwachsenenalter. Das gilt sogar zwischen verschiedenen Arten; ein Menschenkind und ein Schimpansenkind sehen sich bemerkenswert ähnlich, während die erwachsenen Exemplare recht unterschiedlich ausfallen *(Abbildung 4)*.

All die Umwandlungsprozesse zwischen Auge und visuellem Kortex waren zum Beispiel mögliche Kandidaten für neurale Pro-

zesse, die dichter am Stamm der Wahrnehmung lagen als ein voll-
entwickeltes Bild. Dank moderner Physiologie ist es möglich, ein
visuelles Signal von dem Moment an, da das Licht auf die Retina
fällt, über zwei Dutzend zerebrale Pfade mit äußerster Präzision zu
verfolgen. Daraus können wir Rückschlüsse auf detaillierte Mechanismen ziehen, mittels derer abgeleitete Aspekte eines Bildes – wie
Form, Farbe, räumliche Lokalisierung, Bewegungsrichtung oder
Umriß – auf der zellularen Ebene aufgebaut werden, bis wir eine
bewußte visuelle Wahrnehmung erfahren. Intuitiv hielt ich es für
richtig, daß frühere Stadien der Verarbeitung mit größerer Aussicht
auf Erfolg in Betracht zu ziehen waren als die späteren.

Vielleicht hatten die Wissenschaftler einst erwartet, Übereins-
stimmungen in den Wahrnehmungen von Synästhetikern zu finden,
weil das bei den Alltagserfahrungen von uns allen der Fall ist. Wir
stimmen zum Beispiel darin überein, daß Rosen rot sind und Veil-
chen blau, daß ein Quadrat quadratisch aussieht und daß eine Banane immer wie eine Banane schmeckt. Wir erkennen ein Klavier an
seinem Klang und verwechseln es nicht mit einem Trompetenstoß
oder mit Babygeschrei. All diese Dinge erleben wir als konsistent.
Doch manchmal ist diese Konsistenz eine Illusion. Mir fielen zwei
Illusionen ein, »Farbkonstanz« und »farbige Schatten« genannt, die
so alltäglich sind, daß wir sie als gegeben hinnehmen.

Mit Farbkonstanz bezeichnet man die Illusion, daß trotz unterschiedlicher Stimuli die Farben immer gleich aussehen. Das Tageslicht ist niemals konstant. Seine vorherrschende Wellenlänge, und
damit seine Farbe, variiert, während die Sonne ihre Bahn über den
Himmel zieht. Streuungen, Spiegelungen und Brechungen durch
Feuchtigkeit und Staub in der Atmosphäre verändern ebenfalls
seine Farbe von einem Moment zum anderen. Trotz dieses bestän-
digen Wechsels sieht weißes Papier immer weiß aus, ein Apfel rot
und eine Banane gelb. Auch die Hautfarbe anderer Menschen und
die Farben ihrer Kleidung sehen immer gleich aus. Daß die Dinge
immer konstant erscheinen, obwohl das Licht, seine Intensität und
sein Wellenlängenspektrum ständig wechseln, ist ein wohlbekann-
tes psychophysisches Phänomen, das für unser Verständnis des
Sehprozesses von zentraler Bedeutung ist.[26]

Da die vorherrschende Farbe des Tageslichtes sich von Sonnenaufgang bis Sonnenuntergang von blau nach rot verschiebt, müßten
dieselben Objekte morgens betrachtet blauer erscheinen als

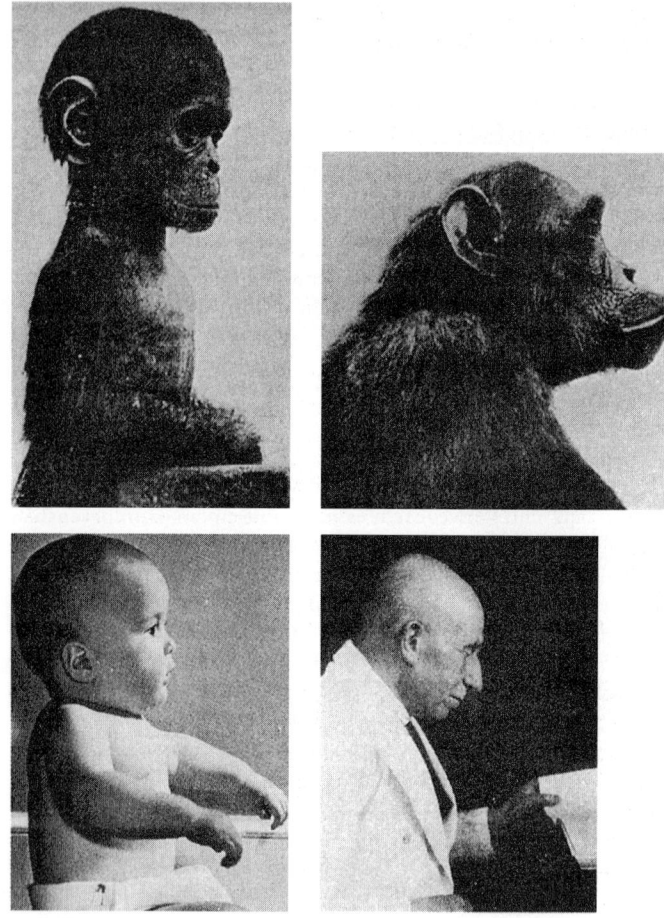

Abbildung 4: Schimpansen- und Menschenkind im Vergleich zu den erwachsenen Formen. Untersucht man Verbindungen innerhalb eines Familienstammbaums, sind die Ähnlichkeiten nahe des Stammes viel offensichtlicher als bei Vertretern der Äste weiter draußen. Aus A. Naef: Über die Urformen der Anthropomorphen und die Stammesgeschichte des Menschenschädels. In: Naturwissenschaft 14/1926, S. 445 ff.

abends, wenn sie roter aussehen müßten. Wir bemerken jedoch nichts von dieser nicht unerheblichen physikalischen Veränderung. Statt dessen nehmen wir die Farbe eines Objekts als konstant wahr, trotz der kontinuierlichen Veränderungen der Intensität wie der Farbe des Lichts. Selbst wenn die Veränderung sehr groß ist, etwa wenn wir von draußen nach drinnen gehen, sehen die Farben immer noch gleich aus. Unsere neuralen Systeme schreiben einem Objekt eine konstante Farbe zu, die sich von der »wirklichen« unterscheidet und auch nicht der entspricht, die man aufgrund der physikalischen Eigenschaften des Lichtes wahrzunehmen erwarten sollte.

Welch eine Ironie, dachte ich, daß nur die Künstler, denen man so oft vorwirft, sie nähmen die Welt in eigenartiger Weise wahr, die Gabe entwickelt haben, jene wahren dynamischen Veränderungen in unserer visuellen Landschaft zu sehen. Sie wissen, daß Farbkonstanz eine Illusion ist, und blicken oft hinter ihren Schleier. Claude Monet zum Beispiel interessierte sich dafür, das Licht ziemlich genau so zu zerlegen, wie das ein Naturwissenschaftler tun würde. Wie wurde es gebrochen, wie gespiegelt, und wie wirkte es auf das Auge ein? Eine seiner Übungen bestand darin, die Kathedrale Notre Dame zu verschiedenen Tageszeiten zu malen und daran zu zeigen, wie die Farben der Fassade und des ganzen Umfelds sich veränderten. Auch heute noch reagieren die meisten Menschen wie die Öffentlichkeit zu Zeiten Monets und glauben, daß er seine jeweiligen emotionalen Reaktionen auf die Kathedrale zu den verschiedenen Zeiten festgehalten habe, und sie verstehen nicht, daß er einfach versuchte, sie so zu malen, wie sie wirklich aussah.[27]

Während Farbkonstanz die Illusion ist, daß verschiedene Stimuli gleich aussehen, stellen farbige Schatten das genaue Gegenteil dar: die Illusion, daß ein und dasselbe verschieden aussieht. Alle Schatten haben Farben, die denen der beleuchteten Seite komplementär sind. Wenn zum Beispiel ein Objekt von links mit farbigem Licht beleuchtet wird und von rechts mit weißem, wird der Schatten, der dadurch entsteht, daß das Objekt den farbigen Lichtstrahl blockiert, nicht farblos aussehen, obwohl er in Wirklichkeit nur weißes Licht von der Quelle rechts erhält. Eindeutig wird er einen Farbton aufweisen, der dem farbigen Licht komplementär ist. Fotografiert man diese Versuchsanordnung mit farbigem Licht aus entgegengesetzten Bereichen des Farbspektrums und vergleicht die Fotos miteinander, erscheinen die Schatten, wie zu erwarten, in verschiedenen Farben. Deckt man jedoch die Farbe um die Schatten herum ab, sehen diese identisch aus.

Um es zusammenzufassen: Derselbe Stimulus kann verschieden aussehen (farbige Schatten), oder verschiedene Stimuli können gleich aussehen (Farbkonstanz).[28] Der Energiefluß, der auf unsere Netzhaut trifft, ist in ständigem Wechsel begriffen. Dasselbe gilt auch für alles, was an unsere anderen Sinnesorgane anbrandet. Weil unsere Sinnesorgane Energiewandler sind, müßte sich unsere Wahrnehmung, wie die Dinge »wirklich« sind, ebenfalls entsprechend verändern. Statt dessen werden wir von der Illusion einer Konstanz genarrt, wo es in Wirklichkeit keine gibt.

Meine Tagträumerei hatte zu guter Letzt meinen ursprünglichen Ausgangspunkt auf den Kopf gestellt. Die eigentliche Frage war nicht: »Warum gibt es bei Synästhetikern keine Übereinstimmung?«, sondern: »Warum stimmen wir anderen alle so gut überein, wenn es dafür doch gar keine zwingende Basis gibt?« Weitere philosophische und biologische Argumente gingen mir durch den Kopf, die diese Schlußfolgerung zu stützen schienen. Ich beschloß, sie mit Frank Wood durchzusprechen.

Nachdem ich meine historischen Streifzüge bis an die Grenzen getrieben hatte, kehrte ich zum praktischen Problem zurück. Wood erwartete von mir, daß ich etwas zu Papier brachte, was dem INS eingereicht werden könnte, und dafür brauchte ich unbedingt ein paar neuere Daten und eine unzweideutige Definition von Synästhesie. Zuvor aber mußte ich mir noch ein Pilotexperiment ausdenken – eine Art Prospektion der Jagdgründe –, um herauszufinden, wie man bei Michael und Victoria am besten vorgehen müßte.

9.   10. April 1980: »Versuch das!«

»Es ist eine organische Kugel.«
Diese Beschreibung schrieb ich wörtlich neben »Nr. 7«, Angostura Bitter.
»Mit Ranken.«
Ich fügte Michaels ulkige Ergänzung meinem Notizbuch hinzu.
»Organisch?« hakte ich nach.
»Die Form fühlt sich wie etwas Lebendiges an, das ist es, was ich mit ›organisch‹ meine. Sie ist rund, aber unregelmäßig wie ein Teigklumpen.« Er räusperte sich. »Das Chinin ein paar Aromaproben zuvor fühlte sich wie poliertes Holz an, weil es so glatt war. Das habe ich gleich erkannt«, lächelte er. »Aber diese Probe hier ist auf andere Weise bitter. Schwer zu beschreiben.«
Er streckte seine Zunge heraus. »Gib mir noch 'nen Tropfen.«
Ich nahm die Spritze »Nr. 7« und träufelte eine Dosis auf Michaels Zunge. Er schüttelte sich, kniff die Augen zusammen und verharrte so ein paar Sekunden lang. »Bäh! Wo kriegst du solches Zeugs her?«, würgte er hervor.
»Sag mir, wie es sich anfühlt«, trieb ich ihn an.
»Völlig anders als das Chinin«, sagte er und rieb seine Fingerspitzen gegeneinander. »Ganz eindeutig hat das eine organische Form. Es ist von einer federnden Konsistenz wie ein Pilz, beinahe rund«, sagte er und streckte die Hand aus, »aber ich kann Beulen fühlen und meine Finger in kleine Löcher in der Oberfläche stecken.«
Michael schloß die Augen und schwang seine Hände in der freien Luft herum, um die Form des Bitteraromas zu ertasten, das ich ihm auf die Zunge geträufelt hatte. Einige seiner Assoziationen klangen so komisch, daß wir unsere Arbeit unterbrechen und erst einmal zu Ende lachen mußten. Dennoch habe ich jedes seiner Worte sehr genau notiert, egal wie lächerlich es klang. Gelegentlich ergänzte Michael seine Kommentare um eine Skizze, aber ein Bild war noch weniger geeignet als Worte, adäquat wiederzugeben, was er wirklich fühlte. Ich mußte an die drei Blinden denken, die den Elefanten betasteten, während ich Michaels Beschreibungen notierte.
»Aus den Löchern kommen blättrige, rankengleiche Dinge«, sagte er und führte seine Hand durch die Luft, »etwa sechs sind es.«

»Siehst du das vor deinem geistigen Auge?« fragte ich.

»Nein, nein«, betonte er. »Ich sehe gar nichts. Ich stelle mir auch nichts vor. Ich *fühle* das in meinen Händen, als wäre es gerade vor mir.« Ich machte Notizen.

»Tropf mir noch etwas drauf«, sagte Michael. »Ich will das noch präziser hinkriegen.« Er streckte seine Zunge heraus, und ich ließ ihn noch einmal probieren.

Er schüttelte sich nach dem bitteren Geschmacksanteil und sprach dann rasch. »Ja, der runde Teil kommt zuerst, mit einer schwammigen Textur«, sagte er und beschrieb diesmal mit beiden Händen einen Bogen in der Luft. »Dann entwickelt sich die Form weiter – jetzt kann ich die Löcher spüren«, sagte er und schloß seine Finger. »Hier sind die Stränge. Ein kleiner Faden. Er wird größer, wie ein Seil. Wenn ich mit der Hand entlangfahre, fühlt es sich wie ölige Blätter an einer kurzen Rebe an.«

Er öffnete die Augen und setzte sich gerade hin. »Ich denke, daß Ganze fühlt sich wie ein schrumpliger Korb mit Hängeefeu an.« Wir mußten wieder lachen.

»Willst du mir nicht verraten, was du mir in den Mund geträufelt hast?«

»Du weißt, daß ich das nicht kann«, antwortete ich. »Es könnte unsere Resultate beeinträchtigen, wenn ich dir das erzählte.«

»Chinin und Zucker waren klar«, sagte Michael und bezog sich damit auf zwei Proben, die wir schon versucht hatten.

»Die einfachen Aromen nicht zu erraten, ist natürlich unmöglich«, gab ich zu, »aber je weniger du erkennst, desto besser. Versuchspersonen sollten ›blind‹ sein, wissenschaftlich ausgedrückt. Wissen könnte deine Reaktionen beeinflussen.«

Was Michael und ich machten, war ein sogenanntes Pilotexperiment, eine Art erster Versuch, bei dem man noch nichts Bestimmtes erwartet und nur einige grundsätzliche Fragen klärt. Auf welche Arten von Aromen reagierte Michael? Kamen auch Gerüche in Frage, und wenn ja, riefen sie andere Formen als Aromen hervor? Sollten wir handelsübliche Lebensmittel nehmen oder im Labor chemische Lösungen herstellen? Diese grundsätzlichen Fragen mußten angegangen werden, bevor ich ein ausführlicheres Experiment planen konnte.

Bei unseren ersten Unterhaltungen erklärte Michael mir, wie er geometrische Formen fühlte und manchmal sah, wann immer er

Nahrung schmeckte oder roch. Einige Formen, wie die Spitzen, fühlte er am ganzen Körper. Andere, etwa die Kugeln von Süßigkeiten, fühlte er nur in den Händen. Dazwischen gab es zahlreiche Möglichkeiten, er fühlte Formen in seinem Gesicht, seinen Händen und Schultern. Was mich am meisten faszinierte, war Michaels Gabe, die Formen anzufassen, ihre Textur zu befingern oder ihr Gewicht und ihre Temperatur zu spüren.

Daß er gern kochte, und zwar aus dem Bauch heraus, überraschte mich nicht. Niemals kochte er nach Rezept, lieber kreierte er ein Gericht »mit einer interessanten Form«. Zucker ließ das Essen »runder« schmecken, während Zitronensaft der Mahlzeit »Spitzen« zufügte. Andere Gewürze fügte er hinzu, um »die Linien steiler zu machen«, um »die Ecken zu schärfen« oder um »die Oberfläche weiter nach hinten zu biegen«.

»Bei einem intensiven Geschmack«, erklärte er, »fließt das Gefühl meine Arme hinunter bis in meine Hände. Ich kann es fühlen, als würde ich tatsächlich etwas ergreifen. Zu sehen ist da nichts, natürlich, aber ich habe das Gefühl einer Bewegung.« Seine synästhetischen Wahrnehmungen waren in der Regel angenehm und sinnlich. Selten fühlte er einen »Klaps« oder ein »Brennen« im Gesicht oder »Stiche« in den Fingerspitzen, »als lägen meine Hände auf einem Nagelbrett. Meist passiert das nur bei wirklich sauren Gerichten.«

Ich sah meine Notizen durch. »Erklär mir, was du damit meinst, daß die Formen sich entwickeln.«

»Die Form verändert sich mit jeden Moment, genau wie das Aroma«, erklärte Michael. »Wenn man zum Beispiel süßsaure Sauce ißt, schmeckt man zuerst die Süße und einen Moment später die beißende Säure. Genauso wechselt die Form analog der geschmacklichen Veränderung. Gerade deswegen liebe ich die französische Küche, weil sich bei ihr die Formen ganz fabelhaft wandeln«, vertraute er mir an.

»Wenn man die Komplexität eines französischen Gerichts mit seinen vielen Überlagerungen an verschiedenen Stellen im Mund schmeckt, ist die erste Empfindung immer süß. Sie kommt flach heran und wird dann hinten auf der Zunge dreidimensional. Da ist so eine aufregende Bewegung dabei. Saurer Geschmack hat andererseits nur zwei Dimensionen, entweder Spitzen oder flache Oberflächen. Am liebsten koche ich mit einer einzigen Art Kräuter oder Gewürz«, fuhr er fort. »Dann kann ich eine einzige, herrliche Form schmecken. Ich habe es nicht gern, wenn zuviel gleichzeitig passiert.«

Michael stimmte mit mir überein, daß die meisten Menschen zu Metaphern greifen, wenn sie Geschmack beschreiben. »Das ganze Vokabular der Weinbeschreibung klingt verrückt, weißt du, weil die meisten Menschen die eine Sache in den Begriffen einer ganz anderen beschreiben müssen; für mich aber hat Wein wirklich eine Form. Einen bestimmten Wein als ›erdig‹ zu beschreiben, ist für mich nicht poetisch, weil es für mich wortwörtlich so sein kann, als hielte ich einen Klumpen Dreck in meiner Hand. Andererseits weiß ich nicht, was Leute meinen, wenn sie etwa sagen, ein Cheddar sei ›scharf‹«, sagte er. »Für mich ergibt das keinen Sinn.«

»Empfindungen sind so schwer zu beschreiben«, entschuldigte er sich. »Wenn ich metaphorisch wirke, meine ich das nicht so. Ich muß so sehr um den richtigen Ausdruck ringen.«

Ich hatte verstanden, daß Michael nicht in metaphorischer Weise von Formen sprach. Es waren taktile Wahrnehmungen, die er in den Analogien vertrauter Objekte erklärte. Diese Vorgehensweise mußte ich ihm jedoch abgewöhnen und ihn dazu bringen, daß er die Empfindungen, die er tatsächlich hatte, genau beschrieb. Mit dem, was ich jetzt wußte, konnte ich mich daran machen, die nächsten Schritte unseres Pilotexperiments zu planen.

Obwohl bei Michael Geruchs- wie Geschmackssinn synästhetisch funktionierten, entschied ich aus zweierlei Gründen, daß wir uns bei unseren Tests auf Aromen konzentrierten. Zum einen gab es eine große Auswahl von Aromen in flüssiger Form, deren Konzentration sich gut kontrollieren und die sich auch miteinander mischen ließen. Zum anderen erlahmt der Geschmackssinn nicht so schnell wie der Geruchssinn. Wenn man zum Beispiel ein paarmal an Blumen geschnuppert hat, kann man sie nicht mehr riechen. Der Geschmackssinn ermüdet im Wiederholungsfall nicht so rasch.

Mittlerweile hatte ich eine ungefähre Vorstellung, welche Arten von Aromen Michaels Synästhesie auslösten und welche Arten von Formen er dabei fühlte. Seine Empfindungen waren elementarer Art, etwa hart und weich, glatte, rauhe oder schwammige Beschaffenheit, warme oder kühle Oberflächen. Da die Formkomponente seiner Empfindungen immer geometrisch zu sein schien, entwarf ich ein Kreisdiagramm, das alle Formen von vollkommen rund bis vollkommen spitz abdeckte. Mit seiner Hilfe wurden die Antworten bei unserem ersten Pilotexperiment kategorisiert (siehe *Abbildung 5*).

Ich hoffte herauszufinden, ob sich aus Michaels Zuordnungen von Geschmacksrichtungen und Formen eine bestimmte Ordnung ergab oder ob sie, wie bei den meisten Menschen, beliebig sein würden. Zehn Durchgänge mit zehn Aromen, die in zufälliger Reihenfolge verabreicht werden, sind zu viel, als daß sie jemand sich merken könnte. Wenn Michael sich diese ganze Geschichte nur ausgedacht hätte, müßten seine Zuordnungen bei hundert Versuchen so breit streuen wie die nicht-synästhetischer Kontrollpersonen. Wenn es zwischen seinem Geschmacks- und seinem Tastsinn jedoch wirklich eine Art Verbindung gab, müßte in seinen Zuordnungen eine gewisse Regelmäßigkeit zu erkennen sein. Was für eine Art Verbindung das sein könnte, interessierte mich in diesem Stadium noch nicht.

Zunächst verabreichte ich Michael zehn Aromen in flüssiger Form: 1. Salz, 2. Saccharose, 3. Anis, 4. Zitronensäure, 5. Campari, 6. Menthol, 7. Angostura Bitter, 8. Vanille, 9. Chinin und 10. Stärkesirup. Weil ich die zehn mal zehn Proben in einer vorher festgelegten, ausgewogenen Reihenfolge verabreichte, müßte ich auch feststellen können, ob ein Aroma das andere beeinflußte, ob also eine süße Form sich veränderte, wenn ihr ein saurer Geschmack folgte statt eines salzigen, oder ob sie immer dieselbe bleiben würde, gleich was ihr vorausging oder folgte.

Beim ersten Durchgang ließen Michaels Zuordnungen von Geschmack und Form definitiv ein Muster erkennen. Einfache Geschmacksrichtungen wie süß oder salzig ließen ihn weit weniger Varianten wählen als komplexe Aromen wie Anis oder Angostura Bitter. Mit Sicherheit nahm er nicht aufs Geratewohl irgend etwas an. Dennoch wurde klar, daß die Formenauswahl des Antwortbogens nicht ausreichte, um die Linien, Säulen und zugespitzten Formen mit zu berücksichtigen, die Michael so oft zu fühlen behauptete. Ich erweiterte daher das Kreisdiagramm zu einer Acht, die wesentlich besser seine geometrischen Empfindungen repräsentierte (siehe *Abbildung 6*). Damit konnte er schnell jeder Aromaprobe, die ich verabreichte, eine der Formen zuordnen und dann in Worten ihre Beschaffenheit, Temperatur und andere taktile Eigenschaften ausarbeiten.

Zur gleichen Zeit, da ich so mit Michael arbeitete, veranstaltete ich auch mit Victoria einen ähnlichen Suchdurchlauf. In ihrem Fall probierte ich es mit Klaviertönen und anderen Klangquellen auf Band. Zuordnungen von Stimuli und Reaktionen sind in der Psychologie ein alter Hut. Bei Michael und Victoria bekam die Sache aber einen neuen Dreh. Die Psychophysik, wie diese Technik auch heißt, mißt für gewöhnlich den Schwellenwert eines Reizes (wieviel für eine Reaktion mindestens vorhanden sein muß) oder seine Quantität (wie laut, wie groß, wie verschieden von etwas anderem). Vergleiche zwischen zwei Sinnen, sogenannte kreuzmodale Assoziationen, waren nicht unbekannt, obwohl sie noch niemand so wörtlich genommen hatte, wie wir das taten.

»Weißt du, wenn jetzt jemand hereinkäme, würde er glauben, wir seien beide verrückt«, sagte Michael während einer Pause. Wir mußten lachen. Instinktiv aber wußten wir, daß seine Worte akkurat beschrieben, was andere von unserer Arbeit halten würden. 1980 lag Synästhesie einfach noch zu weit abseits der Hauptströmungen der Wissenschaft. Die Reaktionen meiner Kollegen hatte ich ja bereits erlebt. Hätte ich Blutegel als Thema gewählt, wäre mir wahrscheinlich ein freundlicheres Entgegenkommen beschieden gewesen. Ich fand aber Synästhesie faszinierend. Und genauso fasziniert war ich von der Frage, warum so gut wie alle anderen sie für ein Tabuthema hielten.

Ich erzählte Michael von den Reaktionen meiner Kollegen.

»Das überrascht mich nicht«, sagte er. »Stell dir vor, wie es mir geht. Mein ganzes Leben lang haben die Leute geglaubt, daß ich entweder verrückt sei oder Drogen nähme. Meine Eltern glaubten, ich hätte eine zu lebendige Phantasie, und meine Freunde, ich sei ein bißchen verrückt. Deswegen habe ich mich an dem Abend so aufgeregt, als du zum Essen bei mir warst. Ich hasse es, wenn die Leute mich verrückt nennen.«

»Warum?« fragte ich.

»Weil ich nicht verrückt bin. Ich bin ich.«

»Wann hast du zum ersten Mal bemerkt, daß du Synästhesie hast?« fragte ich ihn.

»Das reicht so weit zurück, wie ich nur denken kann, wirklich. Ich kann mich nicht erinnern, daß es jemals anders gewesen ist. Auf

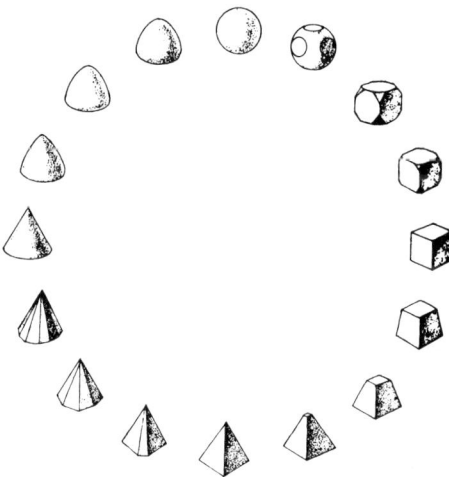

Abbildung 5: Der Antwortbogen für Michaels erstes Pilotexperiment: Ein Kreisdiagramm von Formen, die sich Schritt für Schritt ein wenig verändern. Aus R. E. Cytowic und F. B. Wood: Synesthesia II: Psychophysical relationships in the synesthesia of geometrically shaped taste and colored hearing, in: Brain and Cognition. Academic Press 1982. Mit freundlicher Genehmigung.

der höheren Schule, vermute ich, wurde mir schließlich klar, daß ich anders als die übrigen Kinder war. Keiner meiner Freunde verstand, wovon ich sprach, wenn ich die Formen erwähnte.«

»Und deine Familie leistete dir keinen Beistand?«

»Ich hatte keine besonders glückliche Kindheit«, sagte er nüchtern. »Ich war meist mir selbst überlassen. Ich weiß nicht, wann es anfing, aber ich hatte immer unglaublich intensive Geruchsempfindungen gehabt. Einer der Glücksmomente, an die ich mich erinnere, war, als ich meine Großmutter in Arkansas besuchte. Stunden konnte ich in ihrem Keller verbringen. Dort gab es die wunderbarste Kombination von Gerüchen – die Ölheizung, der Kartoffelkeller, die Speisekammer. Wenn ich dort war, fühlte ich mich wie im siebten Himmel.«

Ich bat Michael, sich auf die Bar zu setzen, um ein paar neurologische Untersuchungen anstellen zu können. »Du sagst, es passiert

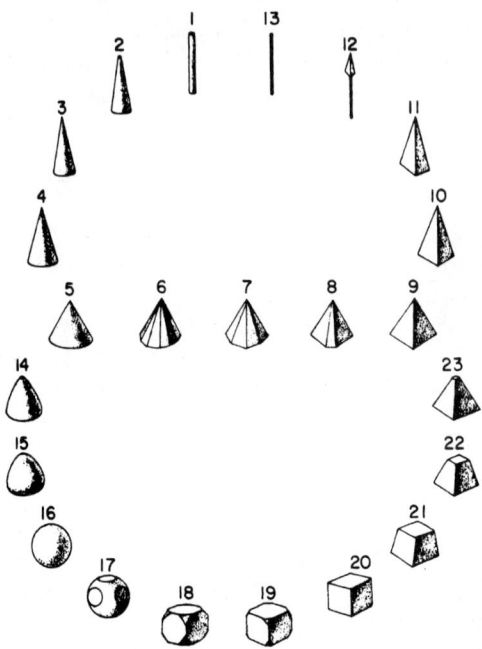

Abbildung 6: Das revidierte Formendiagramm für die Zuordnung von Geschmack und Form zeigt die kontinuierlichen Veränderungen nun in Gestalt einer Acht. Aus R. E. Cytowic und F.B. Wood: Synesthesia II: Psychophysical relationships in the synesthesia of geometrically shaped taste and colored hearing, in: Brain and Cognition. Academic Press 1982. Mit freundlicher Genehmigung.

einfach. Kannst du es in keiner Weise beeinflussen?« Michael dachte einen Moment nach. »Nein, absolut nicht«, antwortete er. »Die Formen kommen einfach. Nichts daran kann ich steuern. Ich glaube, wenn ich müde bin oder mich auf etwas anderes konzentriere, dann bemerke ich sie nicht so sehr. Morgens zum Beispiel scheint nicht gerade die Zeit zu sein, wo ich viele interessante Formen fühle. Abends, nach ein paar Drinks, achte ich vielleicht mehr auf sie.«

»Du bist dann vielleicht entspannter«, schlug ich vor.

»Vielleicht.«

Ich bat ihn, herunterzuspringen, damit ich sein Gleichgewicht und seine Koordination prüfen konnte. »Unsere kleine Pilotarbeit ist ziemlich langweilig«, sagte ich.

»Und ekelhaft«, unterbrach mich Michael. »Ein paar von diesen Aromen sind entsetzlich.«

»Du bist so kooperativ«, fuhr ich fort, »daß ich gern wissen würde, was *du* dir von der Sache erwartest.«

»Eine Antwort, hoffe ich«, sagte Michael ohne zu zögern. Michael hatte seine Zustimmung gegeben, mir als Forschungsobjekt zu dienen, weil er eine Erklärung bekommen wollte, warum er anders war. Sein Vater, ein Ingenieur, hatte ihm immer erklärt, wie mechanische Dinge funktionierten. Zusammen hatten sie im Haus alles gerichtet, was es zu reparieren gab. Bedauerlicherweise waren dies die einzigen Momente, die sie wirklich gemeinsam verbrachten, die einzige Möglichkeit, wie sie kommunizieren konnten. »Ich käme besser damit zurecht, denke ich, wenn eine Autorität das erklären könnte. Wie Vati mir erklärte, wie Maschinen funktionierten, so, hoffe ich, kann die Wissenschaft – also jemand wie du – mir erklären, wie ich funktioniere. Ich würde gern wissen, was meine Synästhesie in Wirklichkeit ist.« Michael zweifelte noch immer an seinen eigenen Wahrnehmungen.

Seine neurologische Untersuchung ergab nichts Auffälliges. Bei einer Tasse Kaffee saßen wir an seinem Küchentisch. Mit einem Karton voll Fläschchen, Phiolen und Spritzen war ich zu ihm hinübergegangen, um seine Synästhesie mit Analysen und mit meinem Verstand in den Griff zu bekommen. Im Laufe der nächsten Monate war ich ständig bei ihm zu Gast, platzte mit Tütchen und Gläschen bei ihm herein und drängte ihn, an diesem zu schnuppern und jenes zu kosten. Aber ich sollte auch eine Menge von Michaels Seelenleben kennenlernen.

»Weißt du, daß ich im College Botanik belegt hatte?« fragte er.

»Wirklich?«

»Ich liebe Naturwissenschaften. Ich wollte sogar einmal Arzt werden«, strahlte er mich an. Wir mußten über die Ironie der so vertauschten Rollen lachen. Ich war ein zum Arzt gewandelter Chemiker, der eigentlich Künstler hatte werden wollen, und Michael war ein Künstler, der Arzt hatte werden wollen. Bei mir war es mein Vater gewesen, der darauf bestanden hatte, daß ich in seine Fußstapfen trat. Michael hatte das Pech gehabt, daß ungeeignete Studienberater ihn hatten glauben lassen, er sei für die Medizinerausbildung ungeeignet.

»Was für ein Jammer«, sagte er. »Ich hätte besser auf mich selbst gehört.« Wir nickten beide. »Deswegen verstehe ich etwas von experimentellen Methoden, weißt du, Zufallsreihen, Hunderte von Proben und all das«, sagte er. »Wissenschaft kann wirklich ziemlich langwierig sein, nicht wahr?«

»Ja«, pflichtete ich ihm bei, »Experimente sind wirklich oft langwierig. Die eigentliche Wissenschaft passiert im Kopf, nicht in den Maschinen. Nicht die großen Apparate und Computer, die man im Fernsehen sieht, machen sie aus. Das Aufregende an ihr sind die Ideen und die Erklärungen, nicht die Meßreihen.«

»Die meisten Menschen würden dir nicht zustimmen«, gab Michael zu bedenken. »Sie haben die Vorstellung, Theorien gäbe es im Dutzend billiger. Schau dir Zeitungsredakteure, Fernsehreporter und Spinner wie Erich von Däniken an. Die spulen ihre Amateurtheorien ab wie Spinnen ihren Webfaden.«

»Ja, gut, verrückte Ideen gibt es wirklich im Dutzend billiger, wenn du so willst«, stimmte ich zu.

»Die Öffentlichkeit kann das, was plausibel ist, nicht von reinem Unsinn unterscheiden oder von jener Art Behauptung, die nur aufgrund eines Beweises akzeptiert werden könnte«, korrigierte Michael. »Darauf will ich hinaus.«

Ich stimmte ihm teils zu. »Ich denke, in der Öffentlichkeit herrscht das Bild vor, daß Wissenschaft daraus besteht, langwierige und manchmal fruchtlose Laborarbeit zu leisten. Natürlich arbeiten die meisten Wissenschaftler bereits innerhalb feststehender Rahmenbedingungen oder in deren Grenzbereichen, so daß sie ihre Zeit nicht mit Theoriebildung verbringen. Aber immer lüften sie auch ein Stückchen vom Schleier des Geheimnisses, und letztlich besteht Wissenschaft aus Ideen; Meßreihen sind dagegen sekundär. Die zweite falsche Vorstellung ist, daß Wissenschaft immer große Maschinen und Computer braucht. Ideen kosten aber kein Geld. Wissenschaft kann man auch mit ein paar Groschen betreiben, wie wir hier.«

»Daran hatte ich nicht gedacht«, nickte Michael. »Und vermutlich braucht man auch nicht immer große Institute oder Organisationen, denk mal an Einstein«, lachte er. »Die Relativitätstheorie ist auch nicht mit öffentlichen Mitteln finanziert worden.«

»Und doch hat sie unser Weltbild verwandelt«, fügte ich hinzu. »Der dritte Fehler der Leute besteht darin, daß sie glauben, etwas sei wissenschaftlich, wenn es bewiesen werden kann. Was in Wirklichkeit aber eine Theorie zu einer wissenschaftlichen macht, ist ihre Falsifizierbarkeit.«

»Bist du dir da sicher?« fragte Michael.

»Ja«, antwortete ich. »Diese Idee stammt von dem Wissenschaftsphilosophen Karl Popper.« Ich sinnierte einen Augenblick lang über mein Vorhaben. »Ich glaube, was ich in deinem Fall erreichen will«, sagte ich zu Michael, »ist, die Hypothese aufzustellen, daß deine Sinne genauso funktionieren wie die jedes anderen Menschen. Und dann will ich beweisen, daß die Hypothese falsch ist.«

Ich dachte an die damals scheinbar unüberbrückbare Kluft zwischen dem, was die Wissenschaft objektiv »beweisen« konnte, und dem, was ein Individuum subjektiv erkannte. Angesichts der Unangemessenheit, mit der die traditionelle Medizin mit allen Patienten umging, die nicht in ihr Schema paßten, freute ich mich, wenn Michael mir etwa erklärte, der braune Stärkesirup schmecke »vollkommen rund, wie Hunderte winziger, perfekter Kügelchen«. Ich hatte keinerlei Anlaß, an seiner geistigen Gesundheit zu zweifeln. Die wenigen Daten aus unserer ersten Prospektion legten den Schluß nahe, daß seine Sinne nicht wie die anderer Leute funktionierten. Michael war intelligent und begabt. Und er hatte Mut genug, mir zu erzählen, was er fühlte. Es freute mich, daß ich sein Vertrauen gewonnen hatte.

Im Laufe der Zeit, die wir damit verbrachten, das Problem der Synästhesie mit dem Kopf anzugehen, öffneten sich schließlich auch unser beider Herzen, und was uns das gab, war mehr, als wir beide erwartet hatten. Ohne den geringsten Zweifel würden wir beweisen, daß Synästhesie etwas Reales war und daß Michael weder wahnsinnig noch verrückt war. »Es mag sonderbar sein«, sagte er Jahre später, »aber so bin ich nun einmal. Und das ist völlig in Ordnung.«

10.   Diagnose: Synästhesie

Gestützt auf meine Lektüre und meine neuen Untersuchungsergebnisse aus erster Hand, machte ich mich daran, klar umrissene Kriterien für die Diagnose der Synästhesie zu formulieren. Als ältesten Einwand dagegen, daß Synästhesie etwas »Reales« sei oder auch nur ein Phänomen, welches wissenschaftliche Beachtung verdiente, hatte ich das Argument gefunden, sie sei etwas Subjektives. Das hieß, sie zeigte keine äußerlichen Manifestationen. Sie war ein Zustand, den man nur aus den Berichten jener kannte, die ihn zu erleben behaupteten.

Auf viele Merkwürdigkeiten stieß man in der Neuropsychologie nur durch Zufall oder durch das beharrliche Insistieren von Patienten, die sich von Dingen verwirrt oder peinlich berührt fühlten, die ihre Umwelt als »nicht real« zu betrachten lehrt. Und doch glauben viele Menschen intuitiv, daß Forschung auf der Grundlage von Erfahrungsberichten »unwissenschaftlich«, weil nicht objektiv sei. Sie verlangen eine Maschine, die das Ganze auf Zahlen reduziert.

Welch ein Unsinn. Subjektive Wahrnehmungen sind das tägliche Brot der klinischen Neurologie. Sie stellen zum Beispiel in der klassischen Neurologie die einzige Möglichkeit dar, Zugang zu sensorischen Qualitäten wie etwa Schmerz zu finden. Es gibt eine Unzahl von Beispielen, bei denen einzig mündliche Berichte unsere Vorstellungen vom Funktionieren des Gehirns verwandelt haben. Das schlagendste Beispiel sind die Träume während der Schlafphase der raschen Augenbewegungen (REM). Wenn niemand die Schlafenden während der verschiedenen EEG-Phasen geweckt und gefragt hätte, was los sei, wäre die Bedeutung der dramatischen REM-Aktivität immer ein Geheimnis geblieben oder als völlig bedeutungslos betrachtet worden.

Zugegeben, der Versuch, daß Wie und Warum der Synästhesie zu ergründen, war eine äußerst komplexe Aufgabe, aber ich glaubte daran, daß sie wie jede gewöhnliche Wahrnehmung auch verstanden werden könnte, mit der Ausnahme, daß man keine gemeinsamen Vergleichsmöglichkeiten hatte. Erfahrungsberichte sind oft der Rosette-Stein des Neurologen. Dieser Stein hat jedoch zwei Seiten. Erfahrungsberichte haben unzweideutig die Neurowissenschaft vorangebracht, also sollte die Neurowissenschaft auch in der Lage sein, uns zu einem besseren Verständnis unmittelbarer Erfahrung zu verhelfen.

Abgesehen davon, daß man vergessen hat, welche Rolle subjektive Wahrnehmungen in der Geschichte der Neurowissenschaft gespielt haben, läuft die Kritik an subjektiven Wahrnehmungen auch deshalb ins Leere, weil viele anerkannte medizinische Zustände ebenfalls völlig subjektiv sind. Das heißt, sie werden allein anhand ihrer Symptome diagnostiziert. Kopfschmerzen, Schwindelanfälle und Schläfenlappen-Epilepsie liegen als Beispiele verbreiteter Krankheitsbilder ohne äußere Anzeichen auf der Hand. Millionen von Patienten, die alljährlich zu ihrem Arzt kommen und sagen, »Ich habe so stechende Kopfschmerzen«, schenkt man für gewöhnlich Glauben. Niemand stellt in Frage, ob ihre Schmerzen auch »real« seien, obwohl bei fast allen die Untersuchungsergebnisse normal sind und sich keine objektiven Anzeichen finden. Trotz des Fehlens objektiver Beweise probieren es die Ärzte ohne zu zögern mit verschiedenen Behandlungsmethoden. (Sie ordnen auch eine Menge Tests an, die sich größtenteils alle als negativ herausstellen; dieser weitere Mangel an Beweisen hält sie aber nicht von ihren Behandlungsmethoden ab.) Wie alle Schmerzsyndrome ist auch Kopfschmerz etwas Subjektives. Es gibt keinerlei Gegenbeweis, daß die Individuen nicht die Qualen erleiden, von denen sie berichten.

Sich auf die Bedeutung der Worte zu besinnen, kann manchmal den Denkprozeß klären helfen. *Diagnose* bedeutet wörtlich »durch Wissen« (griechisch *dia* = »durch« + *gnosis* = »Wissen, Erkenntnis«). Bei der Diagnose dient das Wissen der Kunst, die eine Krankheit von der anderen zu unterscheiden. Syndrome erleichtern die Diagnose medizinischer Krankheitsbilder, da sie bestimmte Muster von Symptomen und Anzeichen erkennen lassen. Das Wort *Syndrom* ist ebenfalls griechisch und bedeutet »Zusammentreffen«. Syndrome sind grobe Vereinfachungen, die die verschiedenen Informationen zu organisieren, gewichten und auszuschließen helfen.

Nehmen wir zum Beispiel die rheumatoide Arthritis *(Arthritis deformans)*, eine schmerzhafte Erkrankung mit Rötung der Gelenke. Gelenkdeformationen kann man durch direkte Untersuchung und auf Röntgenbildern leicht erkennen. Eine bestimmte Schmerzverteilung ergibt sich daraus, daß einige Gelenke häufiger befallen werden als andere. Die kleinen Finger- und Zehenknöchel zum Beispiel sind eher als die größeren Gelenke betroffen. Da die rheumatoide Arthritis pathologisch eine Entzündung darstellt, sprechen die Symptome und sonstigen Anzeichen auf entzündungshemmende Mittel an. All diese Merkmale konstituieren das Syndrom der rheumatoiden Arthritis, welches sich von anderen Formen der Arthritis unterscheidet. Wenn zum Beispiel deformierte Knöchelgelenke nach rheumatoider Arthritis aussehen, aber *nicht schmerzen,* muß eine andere Diagnose ernsthaft in Erwägung gezogen werden.

Die Begleitumstände oder -anzeichen eines Syndroms werden bei entsprechender Ausbildung leicht erkannt. Meist erfaßt man diese Anzeichen mit der Anamnese, jener Krankheitsgeschichte, die man den Patienten selbst entlockt. Viele sagen vielleicht, »Ich habe so stechende Kopfschmerzen«, die Geschichte einer Migräne unterscheidet sich aber von der eines Sinus-Kopfschmerzes und die wiederum von jener der Schmerzen, die ein Hirntumor verursacht und so weiter. Für gewöhnlich bezweifeln Ärzte nicht, daß ihre Patienten »real« empfinden, was sie berichten, weil ihre Geschichten bekannt klingen. Es paßt zu einem Syndrom.

Hinsichtlich der Synästhesie stellt die Schläfenlappen-Epilepsie vielleicht ein geeigneteres Beispiel dar als Kopfschmerzen oder Arthritis. Obwohl diese speziellen Epileptiker kaum an den Zitterkrämpfen leiden, die für die Grand-mal-Epilepsie typisch sind, haben sie häufig eigenartige *subjektive* Erfahrungen: etwa ein gestörtes Zeitempfinden, das Autoskopie genannte Gefühl, außerhalb des eigenen Körpers zu sein, plötzlich einsetzende, starke emotionale Empfindungen sowie sensorische Verzerrungen und Illusionen. Von Zeit zu Zeit haben sie auch synästhetische Wahrnehmungen.

Schläfenlappen-Epilepsie ist recht häufig, einer von neuntausendsechshundert Menschen ist davon betroffen. Das Krankheitsbild ist so gut bekannt, daß Neurologen die Diagnose allein anhand der Geschichte stellen können, die der Patient erzählt; sie klingt bekannt. Die Stücke passen zueinander und ergeben ein bestimmtes Muster. Die Diagnose kann dadurch *bestätigt* werden, daß man entsprechende Medikamente verordnet und die Symptome zum Verschwinden bringt. Schließlich kann sie dadurch bewiesen werden, daß man mit der Elektroenzephalographie die charakteristischen Wellen darstellt.

Obwohl Synästhesie viel seltener ist als Schläfenlappen-Epilepsie, klingen die Geschichten von Synästhetikern ebenfalls so ähnlich, daß man ihre Diagnose anhand von Anamnesemerkmalen treffen könnte, schlußfolgerte ich. Zur Bestätigung könnte man fünf diagnostische Kriterien heranziehen. Und dies hoffte ich durch experimentelle Tests zu beweisen, anhand derer sich Synästhetiker von Nicht-Synästhetikern unterscheiden ließen.

In einem konkreten Krankheitsfall zeigen sich nur selten alle bekannten Merkmale des dazugehörigen Syndroms. Zum Syndrom der Krankheit X etwa gehören, sagen wir, zehn Merkmale. In einem konkreten Fall aber sind es nur drei oder vier davon, die die Diagnose ergeben. Üblicherweise unterscheidet man bei einem Symptom zwischen Hauptsymptomen, ohne die eine eindeutige Diagnose nicht möglich ist, und Nebensymptomen, die in unterschiedlichem Maß gegeben sein können, aber nicht müssen.

Nachdem ich mich in die Geschichte der Synästhesie vertieft hatte – die eine der drei Hauptsäulen eines jeden wissenschaftlichen Vorgehens –, trat ich nun in die zweite Phase ein, die der Beschreibung. Ich entwickelte fünf Hauptkriterien für die Diagnose der Synästhesie.

1. Synästhesie ist unwillkürlich, braucht aber einen Auslöser.

Synästhetische Wahrnehmungen können nicht unterdrückt werden. Sie widerfahren den Menschen einfach und können nicht willentlich hervorgerufen werden. Der auslösende externe Stimulus ist oft leicht zu identifizieren, jedoch wird nicht alles eine synästhetische Reaktion verursachen. Einige Synästhetiker reagieren nur auf eine Handvoll von Stimuli, während andere für eine weit größere Anzahl Auslöser sensibel ist. Synästhetiker sagen oft, daß sie ihre Fähigkeit schon so lange haben, wie sie denken können, und waren überrascht gewesen, als sie entdeckten, daß andere die Welt nicht so wahrnahmen wie sie selbst.

In den meisten Fällen stört die Synästhesie nicht die normale körperliche und geistige Aktivität, obwohl sie nicht an- oder abgestellt und auch nicht willkürlich unterdrückt werden kann. Bei intensiver Beschäftigung mit anderen Dingen wird die Synästhesie möglicherweise nicht so stark wahrgenommen, konzentriert jedoch der Synästhetiker in einer ungestörten Umgebung seine

Gedanken absichtlich darauf, können die Eindrücke wesentlich lebhafter sein. Anderweitig kann der Betreffende seine synästhetischen Wahrnehmungen nicht beeinflussen.

2. Synästhetische Wahrnehmung wird projiziert.

Die mit ausgelöste Parallelempfindung wird gewöhnlich außerhalb des Körpers empfunden und nicht »vor dem geistigen Auge«. Visuelle synästhetische Wahrnehmungen werden nahe dem Gesicht empfunden. Andere Wahrnehmungsweisen werden im Raum der Person lokalisiert – dem Raum, der unmittelbar den Körper umgibt – und nicht in einiger Entfernung.

3. Synästhetische Wahrnehmungen sind dauerhaft, eindeutig zu unterscheiden und abstrakt.

Ein Synästhetiker behält seine Assoziationen ein Leben lang. Wenn ein Klang blau ist, wird er immer blau sein. Wenn Zitronensaft eine spitze Form hat, wird er sie immer haben. Dieses Merkmal ist mehrfach auch von anderen bestätigt worden, die Individuen ohne Vorwarnungen im Abstand von bis zu sechsundvierzig Jahren mit demselben Stimulus getestet haben.

Daß synästhetische Wahrnehmungen eindeutig sind, meint, daß bei Zuordnungstests mit vorgegebenen Auswahlmöglichkeiten der Synästhetiker nur eine oder höchstens einige wenige wählen wird, während nicht-synästhetische Kontrollpersonen sich diffus aus der angebotenen Auswahl bedienen. Eindeutig bedeutet auch, daß die vom Synästhetiker wahrgenommenen Empfindungen eine einzigartige Qualität, eine »Handschrift« haben. Wir alle erkennen eindeutig ein Klavier am Klang, weil es eben wie ein Klavier klingt und nicht wie ein Staubsauger oder ein Zahnarztbohrer. Eine Versuchsperson drückte sich so aus:

»Die Formen sind vom Hören nicht zu trennen – sie sind Teil dessen, was Hören ist. Ein Vibraphon macht runde Formen; jeder Ton ist ein kleiner, fallender Goldball. So ist der Ton; anders könnte es gar nicht sein.«

Daß synästhetische Wahrnehmungen abstrakt sind, bedeutet, daß es sich bei ihnen niemals um komplexe Szenen handelt. Es sind schlichte, unkomplizierte Wahrnehmungen: Kleckse, Linien, Spiralen und Gittermuster, glatte oder rauhe Oberflächen, angenehme oder unangenehme Geschmacksempfindungen wie etwa salzig, süß oder metallisch. Synästhetiker sehen keine Almweiden oder Tempel, schmecken keine Hühnersuppe, wie Mutter sie kochte, und spüren auch keinen Badeschwamm. So spezifisch werden die Empfindungen nie.

Symmetrische Replikationen von Wahrnehmungen sind ebenfalls häufig. Aus einer Linie werden zum Beispiel vier parallele Linien, oder ein kleiner Ring entwickelt sich wie die Wellenkreise auf einem Teich zu einer Reihe konzentrischer Ringe. Über diese elementare, unverzierte Ebene gehen synästhetische Wahrnehmungen nie hinaus. Wenn sie es tun, handelt es sich dabei nicht länger um Synästhesie, sondern eher um gut ausgebildete Haluzinationen oder figürliche mentale Bilder von der Art, wie wir sie alle beim Tagträumen haben.

4. Synästhetische Wahrnehmungen prägen sich dem Gedächtnis ein.

Synästhetiker können sich an ihre Empfindungen leicht und in lebhafter Weise erinnern, oft besser als an den auslösenden Stimulus selbst. »Sie hatte einen grünen Namen – ich habe vergessen, ob es Ethel oder Vivian war«, sagte eine Frau namens Diane. Die tatsächlichen Namen bringt sie durcheinander, weil beide grün sind, erinnert sich aber eindeutig an die synästhetische Wahrnehmung »grün«. Zwischen Synästhesie und fotografischem Gedächtnis (wissenschaftlich: eidetischem Gedächtnis) oder wenigstens gesteigerter Gedächtnisleistung (Hypermnesie) besteht ein deutlicher Zusammenhang. Viele Synästhetiker benutzen ihre Fähigkeit als mnemotechnisches Hilfsmittel. Der Zusammenhang zwischen Synästhesie und Gedächtnis wurde am besten von Luria in seinem Buch ›The Mind of a Mnemonist‹ dargestellt. Das Gedächtnis seines Patienten funktionierte zum größten Teil deswegen so grenzenlos und störungsfrei, weil jede seiner Wahrnehmungen unwillkürlich von Synästhesien begleitet war.

5. Synästhesie ist emotional und noetisch.

Synästhetiker teilen die unerschütterliche Überzeugung, daß ihre Erlebnisse real sind. Ihre Empfindungen sind oft mit einer »Heureka«-Empfindung gepaart, dem Gefühl der Erleuchtung, welches eine Erkenntnis begleitet, dem »Ich-hab'-es«-Gefühl. Die unterschiedslose Präsenz solch starker Validitätsgefühle stieß mich auf die Überlegung, welchen Beitrag das limbische System zur Synästhesie leiste.

Das limbische System, entwicklungsgeschichtlich viel älter als der Kortex, ist Sitz unserer Emotionalität; es vermittelt das Gefühl innerer Überzeugtheit, mit dem Individuen ihre Vorstellungen und Ansichten vertreten, und ist auch für das Gedächtnis von Bedeutung. Die Gefühle und die Empfindung der Gewißheit, die synästhetische Erfahrungen begleiten, ließen mich an jenen vorübergehenden Zustand veränderten Bewußtseins denken, den wir Ekstase nennen. Damit bezeichnen wir alle leidenschaftlichen Gefühlsbewegungen, die unsere Gedanken so völlig absorbieren, daß wir eine Zeitlang »den Verstand verlieren«. Im Zusammenhang mit mystischen Wahrnehmungen hat William James in ›Die Vielfalt religiöser Erfahrung‹ die vier Merkmale der Ekstase behandelt: Unaussprechbarkeit, Passivität, noetische Qualität und Flüchtigkeit. Das sind exakt auch die Merkmale der Synästhesie.

»Noetisch« ist ein selten gebrauchtes Wort und stammt vom griechischen *nous;* es bedeutet »zum Intellekt, zur Erkenntnis gehörend«. Es bezieht sich auf unser Wissen von der Welt, aber in Form jener geistigen Wahrnehmung, die direkt als eine Erleuchtung erfahren wird und von einem Gefühl der Gewißheit begleitet ist. Noesis ist die Art Erkenntnis, die die Oberfläche der Realität durchbricht und einen Blick ins Transzendente erlaubt. James sprach von dem Gefühl der Wahrheit und von der Empfindung der Autorität, die diese Zustände vermitteln:

»Obwohl Gefühlszuständen so ähnlich, scheinen mystische Zustände für die, die sie erfahren, auch Zustände der Erkenntnis zu sein. Sie sind Zustände von Einsicht in Tiefen der Wahrheit, die vom diskursiven Intellekt nicht ausgelotet werden. Sie sind Erleuchtungen, Offenbarungen, voll von Bedeutung und Wichtigkeit, so unartikuliert sie im ganzen bleiben; und in der Regel haben sie einen merkwürdigen Geschmack von Autorität für die Nachwelt bei sich.«[1]

Ich hatte jetzt eine klare Vorstellung davon, was Synästhesie war und was nicht. Jetzt konnte ich den nächsten Schritt tun, den konzeptuellen.

Die meisten Menschen glauben, Naturwissenschaft betreibe man mit Apparaten oder Maschinen, und können sich nicht vorstellen, daß sie auch etwas mit konzeptuellen Überlegungen zu tun hat, mittels derer man sich seine eigenen Ideen und Vorstellungen klarmacht. Erst das führt einen zu der Frage, ob und welche Apparate man braucht, um jene Vorstellungen zu stützen oder zu widerlegen.

Das ist genau das Bild, das man sich auch von der Medizin macht, dachte ich: Man führt einen Haufen Tests durch, und dann schaut man, ob sie etwas gebracht haben.

MacArdle hatte uns darauf eingeschworen, daß erst eine wohlüberlegte Diagnose zur kritischen Abwägung führen dürfe, welche Tests die Diagnose bestätigen oder widerlegen könnten. Zum Beispiel soll man nicht eine Computertomographie »einfach so« anordnen. Statt dessen sagt man zum Beispiel: »Ich denke, ein Tumor ist wahrscheinlich.« Wenn man dann die Computertomographie-Auswertung erhält, muß die Frage lauten: »Wird die Auswertung meine mutmaßliche Diagnose eines Tumors bestätigen, und wenn ja, wird sie erkennen lassen, ob es sich möglicherweise um einen Tumor vom Typ A, B oder C handelt?«

Genauso muß man als Wissenschaftler eine klare Vorstellung haben, was man erreichen will, bevor man ein wohlüberlegtes Experiment zur Beantwortung der Fragen plant. Man kann nicht einfach dies oder jenes ausprobieren und hoffen, daß irgend etwas dabei herauskommt. Genau wie der Arzt über Symptome nachdenkt, grübelt der Wissenschaftler über Fragen und erwägt, *welche* Fragen er *wie* am besten stellen kann. Und das erste, was ich über Synästhesie herausfinden wollte, war: »Wo ist das Bindeglied? Wo im Gehirn findet die synästhetische Vereinigung der beiden Sinneswahrnehmungen statt?«

11.   25. April 1980: Wo ist das Bindeglied?

»Was haben Sie in der Bibliothek herausgefunden?« fragte Frank Wood.

»Es gibt keine direkten Vergleiche zwischen Synästhetikern und Nicht-Synästhetikern. Bis ins neunzehnte Jahrhundert bin ich zurückgegangen und konnte nicht ein einziges Beispiel finden.«

»Sie meinen, niemand hat je die Wahrnehmungen verglichen?« fragte er und löschte seine Zigarette aus.

»Richtig. Ich denke, wir werden die ersten sein.«

»Sieht so aus«, sagte er. »Was haben Sie sonst herausgefunden?«

»Das meiste klingt ziemlich merkwürdig, weil die Vorstellungen vom Nervensystem so völlig veraltet sind. Zum Beispiel der sensorische Reflex. Der hat mir am besten gefallen«, grinste ich.

»Was ist das?«

»Das soll ein Reflex sein wie der Kniesehnenreflex«, erklärte ich, »nur daß ihm die motorische Komponente fehlt. Anstelle einer motorischen Reaktion ist die zweite Komponente mit einem anderen Sinn verbunden. Ziemlich schlau, was?«

»Eine phantastische Anatomie«, lachte er. »Sie müssen aber bedenken, daß die psychologische Theorie zu jener Zeit noch nicht sonderlich ausdifferenziert war«, ergänzte er. Wood mußte es ja wissen, dachte ich, schließlich hatte er ein Doktorandenseminar über die Geschichte der Psychologie veranstaltet. »Hatten die Psychologen irgendwelche interessanten Vermutungen, oder standen sie genauso im Abseits wie die Reflex-Leute?« fragte er.

Ich blätterte meine Karteikarten durch. Wood war gerade nicht am Essen, also drehte er im Zimmer seine Kreise. »Hier gibt es eine *Assoziationstheorie* von 1922«, platzte ich heraus. »Sie erklärt Synästhesie als zufällige Assoziation. Wenn A beispielsweise B suggeriert, dann sind A und B irgendwann in der Vergangenheit simultan wahrgenommen worden.«

Wood rollte mit den Augen. »Irgend etwas Sinnvolles?«

»Ich wollte bloß zeigen, wie dürftig das alles ist.« Mit dem Daumen durchblätterte ich die Karten. »Von 1895 stammt die *Theorie des emotionalen Tonus*, die die emotionale Wucht synästhetischer Erfahrungen betont«, sagte ich. »Nach ihr sollen der Stimulus wie die synästhetische Reaktion einen gemeinsamen emotionalen Hintergrund haben.«

Angesichts dessen, was wir aus erster Hand von unseren eigenen Fällen und aus den Dutzenden Fällen in der Literatur wußten, konnte dem nicht so sein. Wenn es eine solche Wechselbeziehung gäbe, müßte Synästhesie allgegenwärtig und nicht selten sein, denn Emotionen begleiten alle unsere Wahrnehmungen. Der Logik nach müßte dann auch eine angenehme Farbe einen lieblichen Klang, einen köstlichen Geschmack, einen Duft wie Blumen, ein Gefühl der Wärme und so weiter auslösen. Wie wußten aber, daß synästhetische Assoziationen ganz spezifisch waren und nicht so beliebig, wie diese Theorie behauptete.

»Alles in allem habe ich das Gefühl, daß eine gemeinsame Bedeutung in der Vergangenheit als plausibelste Erklärung galt«, regte ich an. »Das heißt, die Sprache ist das Bindeglied.«

»Wie das?« fragte Wood.

»Alltäglich stellen wir routinemäßig bildliche Verbindungen zwischen unseren Sinneswahrnehmungen her. Wir sagen zum Beispiel ›Was du sagst, leuchtet mir ein‹ oder ›Die Milch ist stichig‹.«

»Das sind Metaphern«, sagte Wood.

»Ich weiß. Wir meinen nicht wörtlich, daß uns die Milch wie ein Messer piekst. Aber die Vermutung, daß synästhetische Erfahrungen vielleicht aus einer Übersteigerung dieser sprachlichen Gewohnheit herrühren, war das beste, was die Wissenschaftler anfangs daraus machen konnten. Demzufolge ist ein Synästhetiker jemand mit einer überaktiven Phantasie, der Metaphern wörtlich nimmt. Diese Theorie, auch als *semantische Mediation* bekannt, betrachtet Synästhesie einfach als einen Sonderfall des allgemeinen Metapherngebrauchs.«

»Gibt es Belege für diese semantische Mediation?« fragte Wood.

»Eine einzige Untersuchung. Und auch dabei konnte man sich nicht lebender Synästhetiker bedienen. Man hat aus früher beschriebenen Fällen Schlüsse gezogen und sie mit Nicht-Synästhetikern verglichen, die aufgefordert wurden, bewußt eine Sinnesqualität einer anderen zuzuordnen.«

»Wie meinen Sie das?« fragte Wood.

»Man hat gezeigt, daß sowohl Synästhetiker wie Nicht-Synästhetiker tiefe Töne großen, dunklen Photismen zuordnen.«

»Meinen Sie mit ›Photismen‹ Lichterscheinungen?«

»Genau, leuchtende Linien oder Flecken. Man schlußfolgerte also«, fuhr ich fort, »daß tiefe Töne und große, dunkle Photismen zusammengehören, hohe Töne und helle, kleine Photismen sowie lautere Töne und grellere, größere Photismen. Man konnte zeigen, daß Synästhetiker denselben konventionellen Neigungen folgen wie die meisten Menschen, wenn man sie auffordert, Assoziationen zwischen verschiedenen Sinnesqualitäten herzustellen.«

»Was soll das beweisen?«, wunderte sich Wood und hielt in seinem Auf und Ab inne.

»Darauf will ich gerade hinaus. Es beweist gar nichts. Zwischen den beiden Wahrnehmungsweisen klaffen Welten. Synästhetiker behaupten, daß sie die verschiedenen Größen, Farben und Helligkeiten real sehen und nicht nur vor dem geistigen Auge, während normale Menschen sich bloß vorstellen, daß diese irgendwie ›gut zusammenpassen‹. Zwar sind solche Zusammenhänge ganz interessant, das Hauptproblem aber ist, daß sie sich nur auf Farbenhören beziehen und nicht auf andere Formen von Synästhesie.«

»Ja, es ist nicht möglich, diese Resultate zu verallgemeinern«, stimmte Wood zu. Er brummte leise vor sich hin. »Zu behaupten, daß eine gemeinsame Bedeutung das Bindeglied zwischen dem einen Sinn und einem anderen sei, erklärt eigentlich gar nichts, oder?« Behutsam begann er wieder seine Kreise zu ziehen. »Ihr Vorschlag von vorhin gefällt mir«, verkündete er und schaute auf. »Wir müssen direkt miteinander vergleichen, was an der Wahrnehmungsweise von Synästhetikern charakteristisch ist und was an der von Nicht-Synästhetikern.«

»Wie stellen wir das an?« fragte ich.

»Erzählen Sie mir erst noch mehr über die älteren Theorien.«

Ich hatte die Vorstellungen des neunzehnten und frühen zwanzigsten Jahrhunderts in drei Kategorien aufteilen können, die ich als Theorien der sensorischen Inkontinenz, Bindeglied-Theorien und Abstraktionstheorien bezeichnete. Die Theorien der sensorischen Inkontinenz behaupteten, daß die einer Sinneswahrnehmung zugehörige Nervenenergie in einen anderen Teil des Gehirns »auslief«, ganz wie ein Schwall Wasser in ein schaukelndes Boot überschwappt. Diese Vorstellung bediente sich einer Analogie mit den motorischen Aktivitäten von Kindern. Wenn ein kleines Kind nach einem Spielzeug greift, ist deutlich zu sehen, daß die anderen drei Gliedmaßen, manchmal der ganze Körper, unwillkürlich sich beugen, während das Kind mit der einen Hand das Spielzeug zu erhaschen versucht. Wenn das Kind älter wird, reifen die motorischen Nervenbahnen heran und werden voneinander isoliert. Zu diesem Zeitpunkt hört die Induktion zwischen den Nervenbahnen auf, und das Kind kann gezielt greifen, ohne die anderen Gliedmaßen mitzubewegen.

Einige unwillkürliche Bewegungen behält man sogar im Erwachsenenalter bei; wenn man zum Beispiel mit der Spitze des kleinen Fingers die Mitte der Handfläche zu berühren versucht, ist es unmöglich, die anderen drei Finger dabei ausgestreckt zu lassen[2]. Solch eine unwillkürliche Beugung der anderen Finger nennt man Synkinese (von griechisch *syn* = »zusammen« + *kinesis* = »Bewegung«). Da man Synkinese bei allen Kindern beobachtet, bestand der Analogieschluß darin, daß Synästhesie, die »Zusammenwahrnehmung«, von einem unausgereiften Nervensystem herrührt, das nicht in der Lage ist, die Energieströme am Überlaufen von einem Sinn in einen anderen zu hindern.

»Mit anderen Worten, es ist eine Art Atavismus«, warf Wood ein, »ein Rückschlag, denn es gibt auch bei Tieren eine Entwicklungsstufe, auf der, wie man glaubt, keinerlei Unterscheidung zwischen den Sinneswahrnehmungen stattfindet.«

»Und es läßt vermuten, daß nichts die eine Gehirnregion von der anderen unterscheidet«, fügte ich hinzu. »Logischerweise setzt sensorische Inkontinenz schwere Geburtsdefekte und Hirnmißbildungen voraus. Synästhetiker müßten, wenn sie überhaupt überlebten, ernsthaft zurückgeblieben sein.«

»Und synästhetische Reaktionen auf einen Stimulus müßten auch wahllos sein«, fügte Wood hinzu. »Sie wären nicht spezifisch.« Eine weitere Theorie mußte verworfen werden, weil ihre Voraussetzungen den beobachteten Fakten widersprachen: Die Reaktionen der Synästhetiker waren höchst spezifisch, und insgesamt waren Synästhetiker an sich sehr intelligent.

»›Bindeglied-Theorien‹ habe ich jene Erklärungen getauft, die davon ausgehen, daß bei Synästhetikern das Gehirn in anderer Weise verdrahtet ist. Sie wissen schon, die Idee mit den vertauschten Kabeln. Eigentlich müßte es sich um regelrechte Schaltungen handeln, die solche Eins-zu-eins-Verbindungen produzieren«, fuhr ich fort.

Ich ging zur Tafel hinüber. »Ein festverdrahtetes Bindeglied würde eine Skala von Parallelverbindungen zwischen Farbe und Tonhöhe wie diese hier produzieren. Nehmen wir aX, bX, cX...« Ich schrieb das an die Tafel. »Wenn das die Tonfrequenzen einer musikalischen Reihe wären, dann müßten sich mit einem einfachen Multiplikator wie aXY, bXY, cXY... die Wellenlängen der synästhetisch induzierten Farben vorhersagen lassen.«

»Im Grunde sprechen Sie von einem Übersetzungsmechanismus«, sagte Wood.

»Genau das. Schon Newton und Erasmus Darwin haben dies probiert, als sie nach einem physikalischen Translationsalgorithmus für die verschiedenen Sinne suchten. Aber auch dieser Ansatz geht für Synästhetiker fehl, weil verschiedene Betroffene auch verschiedene Assoziationen haben. Es gibt bei ihnen keine systematische Eins-zu-eins-Verknüpfung zwischen Tönen und Farben«, sagte ich.

»Und auch nicht zwischen den anderen Sinneswahrnehmungen«, fügte Wood hinzu. Er brummte wieder leise und starrte auf den Teppich. »Was lehrt uns das?« sinnierte er.

»Der Umstand, daß man keinen Übersetzungsmechanismus formulieren kann, läßt mich auch bezweifeln, daß die Sprache das Bindeglied sein könnte«, sagte ich. »Wenn Sprache, mit das Abstrakteste, das wir kennen, die Basis für Synästhesie sein sollte, müßte es möglich sein, ein zweisprachiges Wörterbuch für die Übersetzung der einen Sinneswahrnehmung in die andere zu schreiben. Es müßte eine Art allgemeiner Übereinstimmung herrschen.«

»Ein weiterer Gegenbeweis, daß Sprache nicht das Bindeglied sein kann«, sagte Wood, »weil es bei den Synästhetikern keine Übereinstimmung gibt.« Er blickte auf. »Das klingt nach Kandinsky, oder nicht?« fragte er. »Spricht er nicht in seinem Buch ›Über das Geistige in der Kunst‹ über ein Universalwörterbuch für die Übersetzung des Wesenskerns des einen Sinnes in einen anderen?«

»Ich bin nicht sicher«, antwortete ich. »Er hat die symbolistische Vorstellung, einen Sinn in einen anderen zu überführen, propagiert, aber ich denke, wir müssen aufpassen, daß wir nicht die Vorstellungen des Symbolismus mit konkreten physischen Empfindungen verwechseln, obwohl Kandinsky selbst Synästhetiker war und diese Vorstellung mit entwickelt hat.«

»Diese Überschneidung ist interessant, finden Sie nicht?«, drängte mich Wood.

»Ja«, antwortete ich, »aber ich möchte klarstellen, daß ich über unwillkürliche Empfindungen spreche. Künstlerische Vorstellungen von Sinnesverschmelzung und bewußt bewerkstelligter Farbenmusik sind etwas völlig anderes.« Ich blätterte in meinen Karteikarten, um festzustellen, wie oft die Kunst in der Geschichte der Synästhesie Erwähnung gefunden hatte. »Trotzdem sind«, warf ich nachdenklich ein, »kreative Belange vielleicht Bestandteil der größeren Konsequenzen, auf die uns Synästhesie verweist.«

»Was meinen Sie damit?« fragte Wood.

»Die Synästhesie ist so ein bißchen wie ein Krake, nicht wahr?« fragte ich. »Sie streckt ihre Tentakel in so viele verschiedene Richtungen aus. Sie ist nicht bloß ein bizarres neurologisches Syndrom, das eine Handvoll Leute betrifft; ich habe so ein Gefühl, daß sie auch für uns andere von Bedeutung ist – auf eine Weise, die ich noch nicht verstehe.«

»Vielleicht haben Sie sich mehr aufgehalst, als Ihnen gut tut, Rick«, lächelte Wood. »Wohin hat uns also Ihr Herumstochern im Keller gebracht? Sind wir besser dran als am Anfang?«

Ich faßte unsere Fortschritte zusammen. »Wir haben eine Menge Material ausgesondert, gegen das unsere experimentellen Fakten sprechen. Wir haben eine eindeutige Definition von Synästhesie. Wir haben alte Theorien widerlegt, etwa die, daß Synästhesie auf ein unausgereiftes Gehirn zurückzuführen sei oder möglicherweise in der Sprache ihr Bindeglied habe. Ich finde, wir haben eine klare Ausgangsbasis, von der aus wir loslegen können – mit Ausnahme einer Sache, die ich einfach nicht verstehe.«

»Was ist das?« wollte Wood wissen.

»Aristoteles.«

Frank Woods Miene hellte sich auf. »Aristoteles? Wie sind Sie auf den gekommen?«

»Ich bin mir nicht sicher, aber ich bin auf die Vorstellung gestoßen, daß möglicherweise eine abstrakte Idee das Bindeglied darstellen könnte, und das hat etwas mit Aristoteles' Gemeinschaftssinn zu tun.«

Wood gluckste in sich hinein. »Sie meinen Gemeinsinn, *sensus communis*«, korrigierte er mich. »Ein philosophischer Begriff.« Offensichtlich hatte ich seine Neugier geweckt, denn er ging hinüber zu einem Regal, legte den Kopf schief und überflog die Buchtitel. »Aristoteles ist mein Lieblingsphilosoph, wußten Sie das?«

»Da habe ich aber Glück gehabt, und Sie können mir das

erklären«, sagte ich zu ihm. Ich sah in meinen Notizen nach. »Die Abstraktionstheorien – die, die davon ausgehen, daß Sprache das Bindeglied bildet – scheinen auf Aristoteles' Gemeinsinn als das Abstraktum, das die Bedeutung trägt, zurückzugreifen. Denn offensichtlich haben die beiden Dinge, die die Synästhesie miteinander verschmilzt, eine gemeinsame Bedeutung«, sagte ich. »Ich verstehe nur nicht, was der Gemeinsinn ist.«

Wood ließ einen schweren, grünen Band auf die Stapel plumpsen, die sich auf seinem Schreibtisch türmten. Etwas wackelig thronte er auf einem Berg Semesterarbeiten. »Hier, in *De anima*«, sagte er mit einer Handbewegung. »Schauen Sie. Hier sagt Aristoteles, daß man zwischen den einzelnen äußeren Sinnen und dem Gemeinsinn unterscheiden muß.« Er las aus dem Buch vor:

»›Eigentümlich nenne ich, was nicht mit einem anderen Sinnesorgan wahrgenommen werden kann und worüber man sich nicht täuschen kann: das Sehen der Farbe, das Hören des Tones, das Schmecken des Saftes... Jedes Sinnesorgan urteilt in dieser Weise und kann sich nicht darüber täuschen, daß etwas eine Farbe ist oder ein Ton, sondern nur darüber, was das Farbige ist und wo es ist und was das Tönende ist und wo.‹«

»Wir können also«, erklärte Wood, »uns der Dinge um uns herum auf mehr als eine Weise bewußt werden. Wir können sie sehen und ihre Form und Gestalt ertasten, wir können die Bewegung der Objekte von einem Ort zum anderen sehen und hören, und wir können sogar sagen, ob diese Bewegung schnell oder langsam ist.«

»Also«, warf ich ein, »erkennt der Gemeinsinn Qualitäten wie beispielsweise Bewegung, Ruhe, Zahl, Gestalt oder Größe. Solche Sachen?«

»Genau. Solche Qualitäten kann ein einzelner Sinn allein nicht erkennen, weil sie *mehreren einzelnen Sinnen gemein* sind. Der Gemeinsinn nimmt nicht mittels eines bestimmten Sinnesorgans wahr, sondern vielmehr indirekt durch die fünf Einzelsinne zusammen.«

Wood fuhr langsam mit dem Finger die Spalten des Buches herunter, eine nach der anderen. Jetzt brummte er nicht vor sich hin.

»Ich bin immer noch ganz Ohr«, brachte ich mich in Erinnerung.

»Ich suche nach einem bestimmten Abschnitt.« Er sprach langsam, während er die Seiten umblätterte. »Aristoteles glaubte, daß die Sinne, obwohl sie durch die verschiedenen Kanäle unserer fünf

Sinnesorgane hereinkommen, in unserer Wahrnehmung nicht länger getrennt bleiben.« Er schaute auf, um zu sehen, ob ich ihm folgen konnte.

»Unsere Sinne zeigen uns eine Welt voll von Objekten verschiedener Größe und Gestalt, in Bewegung oder Ruhe, die auf eine Vielzahl von Arten und Weisen im Raum zueinander in Beziehung stehen. Zu unserer Wahrnehmung dieser Objekte gehören noch viel mehr Qualitäten – ihre Farben, die Töne, die sie hervorbringen, ihre Rauheit oder Glätte und so weiter. Passiv empfangen wir diese Empfindungen durch unsere fünf Sinnesorgane, doch eher aktiv setzen wir sie zu dem nahtlosen Gewebe unserer Wahrnehmung zusammen. Die sensorische Energie kommt aus der Außenwelt, die sinnliche Wahrnehmung jener Außenwelt aber bedarf auch des Gedächtnisses und der Vorstellungskraft in uns selbst.«

Ich sprach langsam und versuchte, dies alles auf einen Nenner zu bringen: »Also führt unsere simultane Wahrnehmung verschiedener Qualitäten ein und desselben Objekts zu einer Einheit?«

»Ja!« rief Wood aus. »Aristoteles sagt, daß zum Beispiel Galle bitter und gelb zugleich sei. Darum täusche man sich und meine, etwas sei Galle, nur weil es gelb ist. «

Ich grübelte und versuchte, mir dieses simultane Erkennen vorzustellen.

»Aha! Hier steht es«, triumphierte Wood. »Aristoteles schreibt zur Unterscheidung bei der Wahrnehmung: ›Jede Sinneswahrnehmung... beurteilt die Unterschiede des gegebenen Sinnesgegenstandes: das Sehen das Weiße und Schwarze, das Schmecken das Süße und Bittere, und ebenso bei allen anderen. Da wir nun aber das Weiße und das Süße und jeden anderen Sinnesgegenstand im Verhältnis zu jedem einzelnen beurteilen, womit nehmen wir wahr, daß sie sich voneinander unterscheiden?

Man kann... nicht mit voneinander getrennten Sinnesorganen beurteilen, daß das Süße vom Weißem verschieden ist, sondern beides muß für ein einziges Organ erkennbar sein. Denn sonst würde die Verschiedenheit nur so faßbar sein, wie wenn ich das eine und du das andere wahrnähmest. Es muß also ein Einheitliches sagen, daß sie verschieden sind. Denn Weiß und Süß sind verschieden. Es wird also dasselbe beurteilen, und so wie es urteilt, denkt es auch und nimmt wahr. Daß man also mit getrennten Organen nicht das Getrennte beurteilen kann, ist klar...‹«

»Langsam fange ich an zu begreifen«, sagte ich, »aber ich würde mir gern Ihr Buch ausleihen und das in Ruhe nachlesen. Behauptet Aristoteles, daß bestimmten Dingen eine Ähnlichkeit innewohnt, die für unsere Wahrnehmung so fundamental ist, daß wir sie für gegeben halten? Ist es das?« fragte ich.

»In gewisser Hinsicht könnten Sie das so sagen«, gab Wood zu, »aber was ist, wenn Sie Aristoteles' Argumentation folgen?«

»Dem Argument bezüglich der Unterscheidung?« fragte ich.

»Ja. Wenn Sie dem folgen, kommen Sie zwingend zu dem Schluß, daß gerade diejenige geistige Instanz, die zwischen weiß und süß *unterscheidet*, genausogut bei dieser *Unterscheidung versagen* könnte beziehungsweise sie wegen ihrer gemeinsamen Qualität als synonym wahrnehmen könnte – und damit Synästhesie produzieren würde.«

Wood tippte mit dem Zeigefinger auf die Seite. »Ich glaube, hier sind wir auf etwas Interessantes gestoßen«, sagte er, als plötzlich das Buch herunterfiel.

Er hob es vom Boden auf und starrte mich geradewegs an. »Wenn man davon ausgeht, daß ein aristotelischer Gemeinsinn das Bindeglied bildet, dann muß man zugleich annehmen, daß Synästhesie sich auf den höchsten Ebenen der abstrakten Informationsverarbeitung im Gehirn ereignet.«

»Ich verstehe. Das wäre die Hypothese, in der Tat«, folgerte ich. »Man könnte versuchen, sie zu falsifizieren.«

»Ich finde es interessant, daß Sie hier das Wort *Ebene* benutzen«, sagte ich nach einer kurzen Weile. »In der Neurologie hat es immerhin eine ganz bestimmte Bedeutung.« Damit bezog ich mich auf die Vorstellung, daß das Nervensystem vertikal in Ebenen gegliedert ist, die alle eine physische Entsprechung haben. Der ganze Zweck einer neurologischen Untersuchung besteht darin, die funktionelle Intaktheit einer jeden Ebene zu testen, bis man auf einen Funktionsverlust stößt; in diesem Moment hat man, wie man so sagt, die »Ebene der Läsion« festgestellt. Ohne eine solche anatomische Lokalisierung ist es unmöglich, zu einer Diagnose zu kommen.

»Man muß die Funktionsebenen von unten nach oben durchgehen«, schlug ich vor, »und sich fragen, auf welcher es zu Synästhesie kommen könnte.« Ich begann, laut über die Muskeln nachzudenken, dann über die peripheren Nerven selbst, die die Muskelgruppen in Bewegung setzen und die Sinnesimpulse ans Rückenmark zurückleiten. Sie kamen als Kandidaten eher nicht in Frage, weil sie nicht für die mentalen Aspekte der synästhetischen Wahrnehmung zuständig sein konnten, aber ich wollte systematisch vorgehen und ganz unten anfangen.

Im Rückenmark kommen Bewegung und Empfindung zusammen. Es teilt sich selbst in verschiedene Ebenen, die man durchtestet, indem man mit dem Reflexhammer das Knie und andere Körperpartien beklopft. Innerhalb des Schädels setzt sich diese Parzellierung in verschiedene Ebenen im Hirnstamm mit seinen eigenen Unterabteilungen fort, und so geht es weiter, bis man die komplexeren Ebenen des eigentlichen Großhirns erreicht, das für die höheren mentalen Funktionen zuständig ist.[3] Dieser geistige Rundgang durch die Hauptebenen des Nervensystems machte mir deutlich, daß sich auf der Mehrzahl der Ebenen neurale Prozesse ereignen, derer wir uns niemals bewußt sein können.

»Ganz offensichtlich ist Synästhesie eine höhere Funktion«, sagte ich zu Wood. »Die Frage ist nur: wie hoch? Auf welcher Ebene ereignet sie sich?«

Wood schaute von seinem Buch auf. »Wie paßt das zu Aristoteles?«

»Synästhesie-Theorien in Kategorien zu organisieren, wie wir es gerade tun, wirft schon ein Licht auf die Ebenen, auf denen sie sich möglicherweise ereignet, oder? Ich meine, daran läßt sich schon viel erkennen. Es wäre zum Beispiel gut zu wissen, ob eine visuelle Synästhesie in den Schichten der Retina produziert wird oder in den am höchsten entwickelten Teilen des visuellen Kortex.«

»Oder vielleicht irgendwo dazwischen«, schlug Wood vor.

»Ja, vielleicht irgendwo dazwischen. Am besten gehen wir so vor, daß wir fragen, wo die Ebene ist. Wenn wir das einmal wissen, können wir fragen, welcher Art das Bindeglied ist.«

Während der nächsten Wochen dachten wir über unser Ebenen-Konzept nach. Der abstrakte Teil der wissenschaftlichen Arbeit hatte begonnen.

12.   Die Decke weißeln

Kreativität wird gelegentlich so erklärt, daß man es die »Götterboten«-Theorie nennen könnte; ihr zufolge wird das fertige Werk im ganzen dem Geist seines Schöpfers eingepflanzt. Die Anhänger der Götterboten-Theorie verweisen gern auf Menschen wie Mozart, der behauptete, vollständige Symphonien im Kopf zu hören, die er nur noch aufschreiben müsse.

Geht man jedoch davon aus, wie zahlreiche Menschen Kreativität erfahren, könnte man auch behaupten, daß kreative Menschen eher einem Hund mit Knochen gleichen als einem plötzlich inspirierten Genie: Sie können eine Idee nicht mehr loslassen; lange Zeit halten sie daran fest; am Arbeitsplatz wie bei den allerprofansten Verrichtungen grübeln sie darüber nach; sie beißen sich daran fest wie ein Hund, der stundenlang an demselben alten Knochen herumnagt.

Diese Knochen-Metapher scheint ganz aus dem Leben gegriffen. Ein Hund verwahrt seinen Knochen sicher zwischen seinen Pfoten, wenn er gerade nicht daran herumkaut. Auch eine kreative Idee will gehegt und gepflegt sein, selbst wenn man scheinbar gerade nicht daran arbeitet. Ein Hund schnappt sich immer zuerst den saftigsten Knochen, einen großen, an dem noch Fleisch hängt. Kreative Menschen verschmähen die mageren Aufgaben, deren Lösung auf der Hand liegt, vielmehr soll ihr Schaffen Mark und Bein erschüttern.

Die wahren Anzeichen von Kreativität sind:
- erstens das Gespür, welche Probleme vielversprechend und daher der Mühe wert sind,
- zweitens die Zuversicht, daß man das zur Lösung anstehende Problem auch bewältigt, und
- drittens die Hartnäckigkeit eines Spürhunds, die einen auch dann noch weitermachen läßt, wenn andere schon aufgegeben hätten.

Kreativität ist nicht das Ergebnis glücklicher Umstände oder geheimnisvoller Visionen, die man im Traum hat. Kreativität und Hartnäckigkeit sind Synonyme. Ununterbrochen über das Problem nachzudenken, sei es bewußt oder unbewußt, optimiert die Wahrscheinlichkeit, daß irgendein Zufallsfund vielleicht zur Lösung beiträgt.

Ich weißelte gerade die Decke der Einliegerwohnung im Souterrain meines Hauses in North Carolina. Mein Waldhornbläser hatte geheiratet und war ausgezogen. Glücklicherweise herrschte dank des Salem College, der Medizinischen Fakultät, der Kunstakademie, des Piedmont Bible College und anderer Institutionen in der Nähe kein Mangel an Mietern. Mansarden, Keller und sonstige unbenutzte Räume zu vermieten, war hier in Winston-Salem etwas Alltägliches. Mir half es, die Hypothek abzubezahlen, und ich war froh darüber, denn als Assistenzarzt verdiente ich nicht gerade viel.

Ich tauchte die auf eine lange Stange montierte Farbrolle in die »Carolina-Coatings«-Deckenfarbe, ein überraschend preiswertes Produkt eines lokalen Herstellers. Dann drückte ich sie fest gegen die fleckigen Preßspan-Deckenpaneele, damit auch ja die gefasten Nuten genügend Farbe abbekamen, während ich zum oben laut aufgedrehten ›Texaco's Radio Opera House‹ rhythmisch hin- und herrollte. Live aus der Metropolitan Opera wehte Cilèas *Adriana Lecouvreur* herab und ließ mir an meinem freien Samstag die Arbeit leichter von der Hand gehen.

Dick wie Mayonnaise war die Farbe und strahlend weiß wie Schlagsahne. Angesichts der zweihundert Weißtöne, in denen man Wandfarbe erhalten konnte, hätte ich den Verkäufer fragen sollen, warum es nur ein einziges Deckenweiß gab. Seine Brillanz erinnerte mich an die Substanzen, die ich damals für meine Mutter aus den Grumbacher-Tuben gedrückt hatte. Plötzlich ließ ich die Farbwalze sinken. Mein Blick war auf eine Stelle gefallen, die ich vor einer Weile gestrichen hatte und jetzt getrocknet war. Ihr seidiger Glanz war verblaßt, und das Weiß wirkte dunkler.

»Was ist mit der Farbenkonstanz los?« fragte ich mich. Während Adriana sich zu den höchsten Tönen emporschwang, kam die Sonne heraus und ließ den Unterschied zwischen den nassen und getrockneten Bereichen noch deutlicher zutage treten. Lange genug hatte ich mich an den Besonderheiten der Farbenkonstanz gerieben, um nun verwirrt zu sein, daß meine Deckenfarbe nicht konstant bleiben wollte. Ich rubbelte meine Hände mit einem nassen Lappen. Die frische Farbe ging ab, aber die getrocknete an den Handflächen und rund um die Fingernägel blieb.

Schlagartig wurde mir klar, daß ich falsch gedacht hatte. Farbenkonstanz bedeutete, daß ein und dieselben Dinge unter veränderten Lichtbedingungen immer noch genauso aussahen. Nasse und trockene Farbe waren aber nicht ein und dasselbe: Die Stelle, die ich eine Stunde zuvor gestrichen hatte, unterschied sich physikalisch von der, die ich gerade strich. Die physikalische Veränderung war dadurch eingetreten, daß das Lösungsmittel verdampft und die Pigmente ausgehärtet waren. Ich war erleichtert, daß die Gesetze des Universums nicht durch meine Renovierungsbemühungen außer Kraft gesetzt waren. Als ich mir die Decke betrachtete, ging mir auf, daß der aristotelische Gemeinsinn den getrockneten Partien glich. Die trockene Farbe war wie eine Abstraktion, eine konzentrierte Essenz der nassen Farbe, die dort vorher gewesen war.

Meine Gedanken schweiften ab. Ich erstellte einen Katalog von Beispielen, die alle vorführten, wie aus einer Sinneswahrnehmung eine abstrakte Essenz destilliert werden kann. Zum Beispiel ein sinnliches, physisches Objekt, das in brütender Hitze auf der Straße steht. Nach und nach verdampfen Teile davon, werden von einem Windhauch davongetragen, und es fällt zu einem zweidimensionalen Pfannkuchen zusammen. Bald ist nichts mehr übrig außer einem Rückstand, der die abstrakte Essenz der einstigen unmittelbaren Wahrnehmung ist. Ein rascher Szenenwechsel. Ich sehe den mit Gerümpel vollgestopften Garten hinter meinem Haus. Eine Plastikwäscheleine, ein Gartenschlauch und eine Bocciabahn verdampfen und lassen Länge zurück. Mit der Uhr auf dem Kaminsims und dem Flugzeug oben am Himmel auf seinem Weg zu einem anderen Kontinent ist es dasselbe: Zeit und Entfernung sind auch Längen. Jetzt verdörren eine Zaunlatte und eine Bischofsmitra, bis nur noch eine Spitze übrig ist. Auch eine Nadel und ihr Stich, den man im Finger spürt, sind Spitzen. Ich sehe zwei Leute sich streiten, deren erhitzte Debatte sich auf den Höhepunkt zuspitzt. Übergänge von einem Zustand in den anderen kulminieren in dem Punkt, wo der Spitzenwert des Maximums wieder in Richtung Minimum umzukippen beginnt. All das ist in der Dimensionslosigkeit des kartesischen Punkts verkörpert. Ich sehe Michael Watson eine Apfelsine essen. Irgendwie ist ihr Geschmack mit Spitzen punktiert, die er fühlen kann.

Das waren Beispiele für den abstrakten Gemeinsinn.

Vorsichtig fuhr ich mit der Walze um die Deckenanschlüsse herum und blinzelte ins Licht der zwei nackten Hundertwattbirnen. Längs und quer legten sich die Farbstreifen über alte braune Wasserflecken. »Jetzt sieht man sie, jetzt nicht«, murmelte ich. Ich senkte die Walze und betrachtete die Stellen, wo eben noch Wasser-flecken gewesen waren. Sie glichen unbewußten Ideen: Es gab sie, aber dem Blick waren sie durch frische Farbe entzogen. Ich wende-te den Kopf, um zu schauen, wie sich an den trockenen Stellen die Farbe verändert hatte. Nein, dachte ich, so etwas war Synästhesie nicht. Sie war kein Rückstand, der übrigbleibt, nachdem anderes verdunstet war. Synästhesie war sinnlich, direkt, unmittelbar und mannigfaltig. Für die, die so empfanden, war sie völlig real.

Oben brachte man gerade Adriana ins Gefängnis. Würdevoll sang sie und verachtete die Pariser Aristokraten. Mein Puls ging vor Aufregung rascher. Ja, Synästhesie war fast das genaue *Gegenteil* von Aristoteles, ging mir plötzlich auf. Sie war alles andere als eine Subtraktionswahrnehmung. Sie bestand nicht darin, Tastempfin-den, Geschmack und Geruch durch einen Kaffeefilter zu gießen, der einige Qualitäten zurückhielt und nur abstrakte Ideen wie Länge, Tiefe oder Spitzigkeit durchließ. Nein, Synästhesie war eine additive Wahrnehmung. Sie kombinierte zwei oder mehr Sinne zu einer komplexeren Wahrnehmung, ohne daß diese ihre eigenen Identitäten verloren.

Mir fielen verschiedenfarbige Murmeln ein, die in einer Schale durcheinandergemischt waren, aber ich verwarf dieses Beispiel rasch. Es mußte eine Wechselwirkung oder eine Verschmelzung der Teilchen geben. Die additive Wahrnehmung der Synästhesie glich eher, ja, dem Kochen. Sie glich eher der Pasta primavera bei unse-rem Italiener, bei der grüne und weiße Nudeln mit verschiedenen bunten Gemüsestreifen verschlungen waren. Die einzelnen Bestandteile des Gerichts ließen sich noch unterscheiden, aber sie verschmolzen zu etwas Neuem, Komplexerem.

Tosender Beifall riß mich aus meinen Tagträumen. In der Radio-oper hatte gerade die Pause begonnen. Es war eine packende Auf-führung.

Meine Überlegungen im Souterrain hatten geklärt, welche Frage ich zu stellen hätte: Ist Synästhesie etwas Abstraktes und Geschmeidiges wie etwa Sprache oder Aristoteles' Gemeinsinn, oder ist sie konkret, unveränderlich und festverdrahtet wie der Kniesehnenreflex?

Ich hatte schon früher über Analogien zur Synkinese nachge-dacht, und jetzt fiel mir wieder ein anderer motorischer Reflex ein.

Zwar sollte sich herausstellen, daß es hier nur eine oberflächliche Ähnlichkeit gab, doch zufällig rückte dadurch wieder das Thema der Ebenen, über das ich mit Wood gesprochen hatte, ins Zentrum meines Interesses. Der fragliche Reflex betraf die Gesichtsausdrücke, die Neugeborene als Reaktion auf einfache Geschmacksempfindungen zeigen. Wissenschaftlich nennt man das den gustofazialen Reflex, von lateinisch *gustus*, Geschmack.

Beim gustofazialen Reflex ruft Süßes ein Lächeln hervor, Bitteres den Ausdruck des Ekels, und das Neugeborene streckt die Zunge heraus, während es bei Saurem die Lippen zusammenzieht. Verschiedene Geschmacksempfindungen rufen also stereotyp festgelegte Gesichtsausdrücke hervor. Im Gegensatz zur synästhetischen Reaktion ist der gustofaziale Reflex universell und ruft bei allen Kindern *dieselben* Reaktionen hervor.

Der gustofaziale Reflex ist ein unveränderliches Verhalten, das vom unteren Hirnstamm gesteuert wird. Verhaltensforscher wie Konrad Lorenz bezeichnen ihn als angeboren oder instinktiv. Ein solcher ererbter Bewegungsablauf folgt immer dem gleichen Muster, erschöpft sich auch bei häufiger Wiederholung nicht, und anscheinend gibt es ihn bei zahlreichen anderen Säugetierarten. Der gustofaziale Reflex erschüttert auch unsere Vorstellungen hinsichtlich des Unterscheidungsvermögens. Schon lange vor der Geburt ist der Geschmackssinn gut ausgebildet und funktioniert; schon bei Embryos im fünften Schwangerschaftsmonat sind die Geschmacksknospen voll entwickelt und gut zu sehen. Ausnahmslos zeigen Neugeborene gustofaziale Reflexe, sogar bei Fällen von Anenzephalie – solche Kinder werden ohne Gehirn geboren, nur mit Rückenmark und Hirnstamm. Das Überraschende am gustofazialen Reflex ist nun, daß der untere Hirnstamm zwischen verschiedenen sensorischen Signalen *unterscheiden* und »entscheiden« kann, welche Ereignisse dem Organismus willkommen sind und welche als unangenehm oder schädlich zurückgewiesen werden müssen. Normalerweise sollte man meinen, die Unterscheidung zwischen Gut und Schlecht sei eine kognitive Funktion, die sich auf Lebenserfahrung, Erziehung, emotionale Einstellungen sowie auf Sitten und Gebräuche stützt. Dem ist nicht so. Daß schon Strukturen des Hirnstamms auf völlig unbewußter Ebene unterscheiden können, ließ mich erkennen, daß sich Synästhesie sogar auf so tiefen Ebenen des Nervensystems abspielen könnte.

Es schien, als hätte ich nun schon zwei Fixpunkte, die den Bereich der Nervensystem-Ebenen absteckten, den ich durchqueren mußte. Anhand des gustofazialen Reflexes war ich zu dem Schluß gekommen, daß der Mechanismus der Synästhesie und ihr Bindeglied von der Ebene des Hirnstamms aufwärts gesucht werden mußten. (Direkt *auf* dieser Ebene würde er vermutlich nicht zu finden sein, weil synästhetische Reaktionen individuell höchst verschieden waren und nicht identisch wie beim gustofazialen Reflex.) Genauso hatten sich bislang Hinweise darauf ergeben, daß Synästhesie sich vermutlich nicht auf der sprachlichen Ebene, der höchsten Stufe der abstrakten Gehirntätigkeit, abspielt. Die Verbindung war irgendwo dazwischen zu suchen.

»Hier in diesem Kegel«, sagte ich und zeichnete einen auf die Tafel, »ist das Bindeglied entweder oben, unten oder in der Mitte zu finden.« Ich skizzierte die möglichen synästhetischen Assoziationswege im Gehirn *(Abbildung 7).*

»Ich gehe von der Tatsache aus, das Synästhesie und aristotelischer Gemeinsinn etwas Entgegengesetztes sind«, berichtete ich Wood. »Und das läßt mich die Ebenen einkreisen, auf denen sich Synästhesie ereignet.«

»Wie das?« frage er.

»Welche Qualität haben synästhetische Wahrnehmungen?«, fragte ich rhetorisch. »Es sind konkrete, unmittelbare Empfindungen, die man fühlt, schmeckt und spürt. Sie haben keine *Bedeutung*«, betonte ich. »Erinnern Sie sich noch, daß Betroffene behaupten, Synästhesie helfe ihnen, sich bestimmte Ereignisse ins Gedächtnis zu rufen? Was sie in Wirklichkeit als bekannt wiedererkennen, ist die synästhetische Empfindung.«

»Sie meinen, daß die Leute sich an die Farbe oder was auch immer eher erinnern als an das damit verbundene Faktum?« sagte Wood.

»Richtig. Zum Beispiel: Man wird Ethel vorgestellt und sieht bei ihrem Namen einen grünen Fleck. Wenn man ihr das nächste Mal begegnet, sagt man nicht, ›Ach, da ist ja Ethel‹, sondern, ›Ach, da ist der grüne Fleck‹. Man erinnert sich leichter an die Empfindung als an ihren Namen. Wenn der Name einem wieder einfällt, dann ist man sich seiner sicher, weil die synästhetische Wahrnehmung, die mit ihm einhergeht, genau dieselbe ist wie beim letzten Mal.«

Wood nickte. »Eine interessante Idee. Es ist die *Empfindung,* die erinnert wird, nicht der Name. Der Name ist bloß semantisches Gepäck, das man daraufgeladen hat.«

»Lurias Patient S. zeigt dies sehr deutlich«, sagte ich. »Trotz seines erstaunlichen Gedächtnisses machte er manchmal Fehler. Diese bestanden nicht darin, daß er das, was er erinnern sollte, falsch wiedergab; vielmehr ließ er bei langen Erinnerungsreihen bestimmte Punkte einfach aus. Er arbeitete mit der Lokalisierungsmethode, einem alten Gedächtnistrick, indem er seine synästhetischen Bilder in einer imaginären Stadt verteilte und sie dann wieder ablas, während er mental in ihr herumstreunte. Wenn er bestimmte Dinge ausließ, erklärte er das nicht damit, daß er sie einfach ›vergessen‹ hätte, sondern daß er sie bei seinem Gang durch die imaginäre Stadt nicht *gesehen* hätte.«

»Ich kann mich daran erinnern«, sagte Wood und stand auf. Er ging hinüber zum Bücherregal. »Die scheinbaren Fehlleistungen seines Erinnerungsvermögens waren in Wirklichkeit Fehlleistungen der Wahrnehmung.« Er nahm Lurias Buch heraus und blätterte es durch. »Nach unserem letzten Gespräch habe ich es wieder einmal gelesen«, erklärte er und schaute mich über seine Brille hinweg an. Er schlug eine eingeknickte Seite auf. »Hier ist es«, verkündete er. »Ich kann mich gut an die Stelle erinnern, weil sie so merkwürdig ist. Seine Erklärung, warum er bei Erinnerungsreihen, die er sich wieder ins Gedächtnis rief, Dinge ausließ, lautete, daß er das entsprechende synästhetische Bild an eine Stelle plaziert hatte, wo es für ihn schwierig zu ›erkennen‹ war. Etwas Weißes vor einer weißen Wand oder ein dunkles Objekt in einer finsteren Ecke wurden ausgelassen, weil er ›einfach vorbeiging, ohne das bestimmte Objekt zu bemerken‹.«

Wir fanden noch eine andere wichtige Passage, in der S. sagte: »Wenn es ein Geräusch gibt oder die Stimme einer anderen Person sich einmischt, sehe ich manchmal Schleier, die meine Bilder verbergen. Diese Schleier sind es, die mein Erinnerungsvermögen beeinträchtigen.«

»Sie sehen, alles ist Empfindung. Irgendwelche Bedeutungen gibt es da nicht«, sagte ich. Ich lenkte Woods Aufmerksamkeit wieder auf die Tafel. »Sehen Sie dieses Diagramm hier. Auf der linken Seite haben wir einen Stimulus, der die synästhetische Wahrnehmung beziehungsweise die Wahrnehmungen auf der rechten auslöst. Die Verbindung kann auf drei möglichen Wegen erfolgen. Bei einem

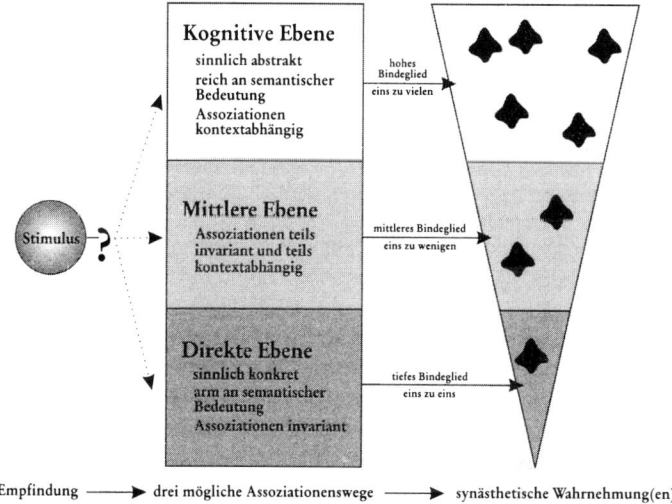

Abbildung 7: Die Ebenen der möglichen synästhetischen Assoziationswege.

Bindeglied auf der tiefen, direkten Ebene müßte die Kombination von Stimulus und Reaktion invariant sein, so fest verdrahtet wie der Kniesehnenreflex. So oft man will, kann man auf das Knie klopfen, und es zeigt sich immer wieder der gleiche Reflex. Das ist rein physisch und hat keinerlei kognitive Bedeutung.«

»Ich kann Ihnen folgen«, sagte Wood.

»Auch der Kontext des Stimulus würde dann keine Rolle spielen. Angenommen, ich spiele Victoria eine Reihe von Tönen vor, und sie sagt, daß ›A‹ rot sei. Was ich vor oder nach dem ›A‹ spiele, würde an dem Rot nichts ändern. Wenn Reiz und Reaktion nicht kontextabhängig variieren, hat man es mit einer Eins-zu-eins-Zuordnung zu tun, wie sie für die tiefen Ebenen des Nervensystems typisch ist«, sagte ich. »Dann müssen wir uns um Dinge wie die Retina, die Ganglien des Ohres oder um den Hirnstamm kümmern. So weit runter geht das.«

»In Ordnung«, sagte Wood. »Was ist mit der oberen Ebene, die Sie als ›kognitive‹ etikettiert haben?«

»Die obere Ebene ist voller Bedeutungen. Hier kommen die aristotelischen Belange und die kreuzmodalen Assoziationen norma-

117

ler Menschen ins Spiel«, sagte ich und zeigte auf den breitesten Teil des auf der Spitze stehenden Kegels.

»Was meinen Sie mit kreuzmodalen Assoziationen?« fragte Wood.

»Nehmen wir ein zweijähriges Kind. Wenn man ihm etwas zeigt und es dann im Dunkeln mit einer ganzen Anzahl von Objekten hantieren läßt, kann es allein mit dem Tastsinn das vorher gesehene Objekt heraussuchen und als identisch erkennen. Diese kreuzmodale Assoziation ist eine menschliche Eigenschaft, die schon ganz junge Kinder haben.«

»Weiter.«

»Schon seit langer Zeit wissen wir, daß die Befähigung zu kreuzmodalen Assoziationen die Grundlage der Sprache darstellt. Affen sind dazu nicht in der Lage. Bei nichtmenschlichen Wesen ist die einzige leicht zu bewerkstelligende Assoziation zwischen zwei Sinneswahrnehmungen die zwischen einem emotionalen Stimulus, etwa einem Lustgefühl, und einem nichtemotionalen, der etwa den Seh-, Hör- oder Tastsinn anspricht. Nur Menschen können Assoziationen zwischen zwei nichtemotionalen Stimuli herstellen, und deswegen können wir auch Objekten Namen zuordnen.«

»Doch kommen wir noch einmal auf die Affen zurück«, sagte ich. »Ein Affe kann zwischen einem Geschmack, sagen wir einmal dem einer Banane, und der emotionalen Botschaft des limbischen Systems assoziieren, das ›mmmh!‹ registriert. Anatomisch ist das bei nichtmenschlichen Gehirnen die einzige mögliche Verbindung. Doch aufgrund der Art und Weise, wie sich das menschliche Gehirn weiterentwickelt hat, können Menschen eine nichtlimbische Wahrnehmung, etwa den Geschmack einer Banane, kreuzmodal assoziieren und ihm den abstrakten Namen ›Banane‹ geben. Von hier aus können weitere abstrakte Fakten linguistisch assoziiert werden: Bananen sind reich an Kalium, werden von ausgebeuteten Tagelöhnern gepflückt, zierten Josephine Bakers Hüften und so weiter.

Ich will damit sagen, kreuzmodale Assoziationen sind die Grundlage der Sprache. Nach der Standardversion ist die Sprache die höchstentwickelte kreuzmodale Assoziation und beruht im besonderen auf dem tertiären assoziativen Kortex und den Verbindungen zwischen den verschiedenen Teilen des Kortex. Der gesamte Prozeß spielt sich ausschließlich in diesem jüngsten Teil des Gehirns ab.«

»Ich kann Ihnen folgen, aber was hat das mit der Frage zu tun, wo Synästhesie assoziiert wird?« fragte Wood.

»Kreuzmodale Assoziationen sind ein normaler Bestandteil unseres Denkens, obwohl sie auf einer unbewußten Ebene ablaufen«, erklärte ich. »Bei Synästhetikern ist es so, als brechen diese Assoziationen ins Bewußtsein durch, wie Sonnenstrahlen aus dicken Wolken hervorbrechen, so daß wir sie sehen und ihre Wärme spüren können. Doch selbst bei einer dicken, geschlossenen Wolkendecke wissen wir, daß die Sonne am Himmel steht, auch wenn wir sie nicht direkt wahrnehmen können.«

»Obwohl wir zwischen Hören und Sehen als verschiedenen Ereignissen unterscheiden«, fuhr ich fort, »zeigt die Erfahrung auch, daß wir beide Wahrnehmungen integrieren können, indem wir uns Gedanken darüber machen, was diese Empfindungen in unser Gehirn einbringt. Diese Integration geschieht auf einer Ebene, derer wir uns nicht bewußt sind. Eine kleine Anzahl Menschen, Synästhetiker genannt, scheint eine bewußte Vermischung einiger dieser sensorischen Kanäle zu kennen, so als würde ein normaler Wahrnehmungsprozeß, der gewöhnlich im Verborgenen läuft, irgendwie ihrem Bewußtsein enthüllt.«

Ich deutete auf die Tafel. »Betrachten Sie den breiten Teil hier«, sagte ich. »Wenn das für die synästhetischen Assoziationen verantwortliche Bindeglied hier auf der höchsten Ebene der neuralen Informationsverarbeitung zu finden wäre, müßten sie abstrakt sein wie die Sprache oder der aristotelische Gemeinsinn. Auf dieser hohen Ebene gleichen Assoziationen Metaphern, wie wir Menschen sie ununterbrochen gebrauchen. In diesem Fall müßten synästhetische Wahrnehmungen reich an semantischer Bedeutung sein und alle ihre direkten sinnlichen Eigenschaften verloren haben. Eine solche Wahrnehmung wäre nicht länger konkret, sondern abstrakt.«

»Auch der Kontext müßte sie beeinflussen«, fügte Wood hinzu.

»Ja. Die Kontexteffekte wären riesig. Nehmen wir einmal an, daß Victoria hohe Töne als rot wahrnimmt; wenn ich ihr ein paar Töne vorspiele, von denen ›A‹ der höchste ist, wird sie ›A‹ als rot sehen. Wenn jedoch in einer anderen Tonfolge das ›A‹ der tiefste Ton ist, wird sich die Farbe ändern, weil die relative Tonhöhe durch den Kontext drastisch verändert ist.«

»Das ist eine ausgezeichnete Strategie, Rick«, nickte Wood. »Was passiert im mittleren Bereich Ihres Diagramms?«

»Möglicherweise findet sich das Bindeglied weder auf der oberen noch auf der unteren Ebene. In diesem Fall muß es irgendwo dazwischen sein. Das Geschickte an diesem Schema hier ist, daß sich aus allen drei Möglicl.keiten – oben, unten und in der Mitte – Konsequenzen ergeben, die man im Experiment verifizieren oder falsifizieren kann. Je nachdem, welche der drei möglichen Assoziationswege im Spiel ist, werden bei gegebenem Stimulus Anzahl und Bandbreite der Reaktionen, die ein Synästhetiker darauf zeigt, ganz unterschiedlich sein.«

»Gehen Sie sie noch einmal durch, damit ich sichergehe, sie richtig verstanden zu haben«, bat Wood.

»Für jede der drei Möglichkeiten läßt sich angeben, ob und wie der Kontext des Stimulus eine Rolle spielt«, erklärte ich. »Selbstverständlich werden wir ihn systematisch verändern und beobachten, wie Michaels oder Victorias Reaktionen wechseln. Findet die Verbindung auf der tiefsten Ebene statt, wird man immer dieselbe Assoziation beobachten und absolut keine Kontextabhängigkeit. Ist das Bindeglied hingegen auf der höchsten Ebene angesiedelt, dann sollte der Stimulus *mehr als eine Assoziation* hervorrufen, die aber alle dieselbe Bedeutung haben wie der Stimulus. Auf dieser höchsten Ebene sind *einem* Stimulus *viele* Wahrnehmungen zugeordnet, und die daraus resultierenden synästhetischen Assoziationen sollten jenen nicht-synästhetischer Kontrollpersonen gleichen. Die dritte Möglichkeit, das Bindeglied auf mittlerer Ebene, setzt voraus, daß es je nach Kontext des Stimulus zu geringen Variationen kommt, die daraus resultierende Assoziation aber nur wenig semantische Bedeutung hat, wenn überhaupt eine.«

Wood nickte. »Wirklich eine gute Strategie.«

Der Stichtag der INS rückte näher, und ich hatte den Auftrag, meinen Bericht einzureichen. »Ich denke, ich sehe besser zu, daß ich meine Versuchsreihe ins Laufen kriege.«

13. Sommer 1980: Die Dinge zur Deckung bringen

Dank der Launen des Lebens nehmen die Dinge selten einen geradlinigen Verlauf. Ich war etwa in der Mitte der Experimente, die die dritte Phase meiner Ermittlungen über Synästhesie darstellten, als mein Stipendium auslief und ich fortziehen mußte. Ich hatte für ein Jahr eine Position am George Washington University Medical Center in Washington, D.C. übernommen. Michael kam mich besuchen, damit wir unsere Arbeit dort fortsetzen konnten.

Soviel Freude mir auch das Wildcampen in der Linville Gorge oder das Klettern am Pilot Mountain bereitet hatten, es war Zeit gewesen, daß ich einmal in die Großstadt kam. Ich hatte mich in Washington regelrecht verliebt und wußte seit Jahren, daß ich mich dort einmal niederlassen wollte. Die freudige Erregung, die ich während meiner Besuche dort verspürte, überzeugte mich, daß ich zu einem urbanen Leben zurückkehren müßte. Dennoch ging ich nur mit gemischten Gefühlen aus North Carolina fort. Zehn Jahre hatte ich, einst aus New Jersey kommend, dort verbracht und mir währenddessen viele deftige Redewendungen angewöhnt, niemals aber den Akzent, woran mich meine Freunde immer erinnerten: »Du sprichst wie wir, Rick, aber du klingst nicht so.«

Nominell liegt Washington zwar südlich der Mason-Dixon-Linie, die einst den Norden vom Süden trennte, dennoch hatte die Stadt wenig mit dem Süden zu tun, wie ich ihn kannte. Vielleicht um mir einen Rest von Landleben zu erhalten, mietete ich eine Wohnung in der Nähe des National Zoo. Bei Sonnenaufgang konnte man die Löwen brüllen hören, und in der Abenddämmerung erklangen die leicht gespenstischen spitzen Schreie der Pfauen, die sich zur Nacht ins Geäst der Bäume emporschwangen. Am besten gefiel mir an der Wohnung der Ausblick auf eine lange Reihe Bäume, die fast zwei Kilometer weit eine grüne Schneise durch die Hauptstadt schlugen.

Obwohl sich so vieles tiefgreifend verändert hatte, verlor ich mein Interesse an Synästhesie nicht. Um die konzeptionellen Möglichkeiten, die ich mit Frank Wood durchgesprochen hatte, beweisen oder widerlegen zu können, fand ich Mittel und Wege, direkt die charakteristischen Wahrnehmungsweisen miteinander zu vergleichen, die Synästhetiker und Nicht-Synästhetiker bei ein und derselben Aufgabe an den Tag legten. Victoria bat ich, zwölf Musiktönen vom Band entsprechende Farben zuzuordnen; Michael sollte sieben Geschmacksmischungen dreiundzwanzig möglichen Formen zuordnen. Standard-Kontrolluntersuchungen führte ich mit nicht-synästhetischen Personen desselben Alters und Geschlechts wie Michael und Victoria durch, und zusätzlich heuerte ich noch zwei weitere Kontrollpersonen an. Sie waren danach ausgesucht worden, daß sie von Berufs wegen mit Geschmack, Form, Farbe und Klang umgingen. Michaels zusätzliche Kontrollpartner waren ein Chefkoch und ein Tischler, Victorias ein Porträtmaler und ein weiterer visueller Künstler.

Keine der Kontrollpersonen hatte zuvor je von Synästhesie gehört, aber alle gingen mit Hingabe an die Versuchsreihen heran. Im Gegensatz zu meinen Medizinerkollegen wollten diese Menschen unbedingt mehr darüber erfahren. Doch ehe ich meine Experimente nicht abgeschlossen hatte, konnte ich ihnen nichts weiter sagen. Ich instruierte sie, daß sie während der Zuordnungsaufgaben sich ganz auf die Empfindung des Stimulus – Ton oder Geschmack – konzentrierten und eine der Farben oder Formen des Antwortbogens danach auswählen sollten. Sie mußten eine Wahl treffen, erzählte ich ihnen, und entscheiden, was am besten zu jedem Stimulus paßte. Eine der Kontrollpersonen für Michaels Versuchsreihe, ein Medizinstudent namens Tom, mußte ausgetauscht werden, weil er sich überhaupt nicht denken konnte, wie Geschmack und Form zusammenpassen könnten. Er war ernsthaft bei der Sache, aber etwas schwer von Begriff, und konnte sich noch nicht einmal vorstellen, daß man so eine Zuordnung machen könnte. Die anderen hatten damit keine Schwierigkeiten.

Die eigentlichen Aufgaben waren bei diesem Experiment alles andere als kompliziert, jedoch mußten wir jeden Stimulus Hunderte von Malen vornehmen, um meine beiden einschlägigen Fragen beantworten zu können: Welches ist die Ebene, auf der das synästhetische Bindeglied operiert, und ist dieses Bindeglied invariant oder relativ? »Relativ« bedeutete in diesem Zusammenhang: Wird es vom Kontext des Stimulus beeinflußt? Antworten auf diese Fragen konnte ich dadurch finden, daß ich systematisch den Stimulus veränderte, indem ich ihn zum einen in einem *Spektrum* von tief bis hoch variierte und zum anderen innerhalb einer gegebenen

Gruppe von Stimuli die *Reihenfolge* veränderte, in der sie präsentiert wurden. Das Pilotexperiment hatte ergeben, daß die gelösten Aromen für Michael und die Musiktöne für Victoria zuverlässige und leicht zu verabreichende Stimuli waren und durchwegs bei ihnen synästhetische Wahrnehmungen auslösten. Bei ihrer Voruntersuchung hatte Victoria zunächst ihre Farben aus der Mansell-Farbtabelle ausgewählt, einem Industriestandard. Frühere Untersuchungen von Kollegen und auch meine eigenen während der Pilotexperimente hatten ergeben, daß die üblichen Namen der Farben sich genausogut eigneten wie physische Anschauungsbeispiele, also ließ ich die Muster weg und benutzte einen Antwortbogen, auf dem die Farbnamen in einer Zeile geschrieben waren:

schwarz blau braun grün grau orange pink purpur rot weiß gelb

Tabelle 1 zeigt die Anordnung der Geschmacks- und Tonstimuli in jeweils einem vergleichbaren »tiefen« Teil, einem »hohen« Teil und ein gespreiztes Spektrum, das beide Extreme einschließt. Da »tief« und »hoch« in bezug auf Musik vertrautere Begriffe sind, will ich zunächst erklären, wie die drei Bänder Victoria vorgespielt wurden.

Mit Band 1 wurde der tiefere Teil von Victorias musikalischem Spektrum getestet. Zwölf Wiederholungen von den zwölf Tönen zwischen dem *des* nahe dem eingestrichenen C und dem C eine Oktave darüber waren darauf aufgenommen. Jede Wiederholung brachte dieselben Töne in einer anderen Anordnung. Beim ersten Durchgang war eine zufällige Reihenfolge gewählt worden, aber jeder folgenden Wiederholung war die Anordnung mittels einer Tabelle zur Gegengewichtung so festgelegt worden, daß jeder Note einmal jede andere Note folgte und jede Note einmal jede Stelle in der Reihenfolge besetzte. Victoria hörte daher jeden der zwölf Töne zwölfmal, was insgesamt einhundertvierundvierzig Einzeltöne auf jedem Band ergab. Mit Band 3 wurde der hohe Teil des musikalischen Spektrums untersucht. Es war mit Band 1 identisch, nur um eine Oktave höher. Mit Band 2 wurde das gesamte Spektrum untersucht, indem dieselben Noten über viereinhalb Oktaven gespreizt verwandt wurden. Wie zuvor wurden auch hier in zwölf Durchgängen die zwölf Töne gegengewichtet.

Ein Antwortbogen enthielt jeweils zwölf Zeilen mit den Farb-Adjektiven und entsprach einem Durchgang durch die zwölf Töne,

Tabelle 1:

»Tiefe« und »hohe« Verteilung der Ton- und Geschmacksstimuli

gustatorische Synästhesie						
süß				sauer		
Versuchsreihe 1						
1 2 3 4 5 6 7						
Versuchsreihe 2						
7 8 9 10 11 12 13						
Versuchsreihe 3 (Gesamtspektrum)						
1 3 5 7 9 11 13						

auditive Synästhesie	
tief	hoch
Band 1 (tief, A = 440 Hz)	
des D es E F fis G as A b H C	
Band 2 (Gesamtspektrum, vier Oktaven)	
des F $A^{=270}$ des F $A^{=440}$ des F $A^{=880}$ des F $A^{=1760}$	
Band 3 (hoch, A = 880 Hz)	
	des D es E F fis G as A b H C

so daß zwölf solcher Seiten ein Antwort-»Heft« für jeweils ein Band ergaben. Victoria und ihre drei Kontrollpersonen wurden angewiesen, auf dem Antwortbogen jeweils die Farbe anzustreichen, die sie als Reaktion auf den Ton vom Band wahrnahmen beziehungsweise sich vorstellten.

Für Michael verwandte ich die Formen in der achtförmigen Anordnung (vgl. *Abbildung 6*), die sich schrittweise systematisch von einer Spitze zu einem Zylinder, einem Kegel, einer Kugel, einem Würfel und wieder zurück zu einer Spitze wandeln. Ich mischte dreizehn Lösungen von gleicher Konzentration, die von völlig süß (Saccharose) bei Lösung Nr. 1 bis vollständig sauer (Zitronensäure) bei Lösung Nr. 13 reichten.

Bei den Lösungen dazwischen waren süß und sauer in je unterschiedlichen Anteilen gemischt. Gerade wie ich bei Victoria drei Spektren von Tonhöhen verwandt hatte, untersuchte ich Michaels Reaktionen in gleicher Weise mit drei Spektren von Geschmacksrichtungen. Der »tiefe« Bereich umfaßte die Lösungen Nr. 1 (reine Saccharose) bis 7 (Saccharose und Zitronensäure im Verhältnis fünfzig zu fünfzig). Dieses Spektrum von sieben Geschmacksnuancen wurde in sieben Durchgängen getestet, die Victorias Tönen vergleichbar gegengewichtet waren.

Den »hohen« oder sauren Bereich des Gesamtspektrums untersuchte ich mit den Lösungen Nr. 7 (die süß-saure Mischung im Verhältnis fünfzig zu fünfzig) bis Nr. 13 (reine Zitronensäure). Die dritte Versuchsreihe umfaßte das Gesamtspektrum, wobei nur die Lösungen mit ungerader Numerierung zum Einsatz kamen. Bei jeder der drei Versuchsreihen mußten Michael und seine Kontrollpersonen sieben Durchgänge durch die sieben Geschmacksrichtungen machen.

Ich hatte die Arbeitshypothese aufgestellt, daß Michael und Victoria sich in ihren Reaktionen nicht von den Kontrollpersonen unterscheiden würden, sie also vermutlich ihre Assoziationen in Wirklichkeit sich ausdachten. Wenn sich diese Hypothese bestätigen sollte, wäre Synästhesie nichts »Reales« gewesen. Daß es ihnen angesichts der großen Zahl unmöglich war, sich jede Kombination von Stimulus und Reaktion zu merken, war Teil der Strategie, die Arbeitshypothese zu falsifizieren. Genau das ist es, was wissenschaftliche Beobachtung von wissenschaftlichem Wunschdenken unterscheidet. Victoria und ihre Kontrollpersonen hörten sich vierhundertundzweiunddreißig Töne an; Michael und seine Gruppe kosteten einhundertsiebenundvierzig verschiedene Geschmacksrichtungen. Die zahllosen Durchgänge waren ermüdend, aber notwendig; sie waren die Hausaufgaben, die zeigen würden, ob meine Vorstellung von Synästhesie eine brauchbare Arbeitsgrundlage abgab. Würde ich die Hypothese, daß zwischen den beiden Synästhetikern und den Kontrollpersonen kein Unterschied auszumachen war, falsifizieren können?

Weil ich Victorias Stimuli auf Band aufgenommen hatte, konnte sie selbständig arbeiten. Doch das änderte nichts daran, daß für sie

die Durchführung genauso langwierig war wie für mich die Vorbe-
reitung. Da ich Michael seine Stimuli selbst verabreichen mußte,
hatten wir Gelegenheit zu weitergehenden Gesprächen.

»So habe ich mir das eigentlich nicht vorgestellt«, gab Michael
nach einem der Durchgänge zu. »Das ist nicht gerade aufregend«,
beklagte er sich.

»Soll ich dich in einen Teilchenbeschleuniger stecken und ihn
aufdrehen, bis die Sicherungen rausfliegen?« fragte ich. »Du willst
Lämpchen blinken und die Funken fliegen sehen, nicht wahr?«

Michael lachte. Er lehnte sich zurück und runzelte die Stirn. »Ja,
wirklich«, sagte er, »blinkende Lampen wären nicht schlecht. Ich
will herausbekommen, daß das Gehirn der Glitzerwelt des Kinos
gleicht.«

»Seit ›P.S. Your Cat is Dead‹ hast du nichts anderes im Kopf, als
ein Star zu werden«, hielt ich dagegen. Michael war Lichtdesigner
bei dieser mit dem Tony Award prämierten Broadwayrevue gewesen, und das hatte in ihm die Hoffnung genährt, daß eines Tages
seine Lichtgestaltung selbst einmal den Tony gewinnen würde.
»Eher aber halten dich die Leute für Frankensteins Monster als für
eine neue Vicky Lester«, deutete ich an, wobei ich mich auf die
Hauptperson in ›A Star Is Born‹ bezog.

»Oh, Scheibenkleister!«, feixte Michael und hieb mit der Faust
auf den Tisch.

Ich schüttelte den Kopf. »Du bist wie all die anderen«, sagte ich
zu ihm. »Die meisten Menschen stellen sich unter Naturwissenschaft nur das vor, was sie aus dem Fernsehen kennen: Männer und
Frauen in weißen Kitteln, die ›etwas tun‹. Die Leute wissen so
wenig aus erster Hand, noch nicht einmal die einfachsten Dinge.
An über der Hälfte der High Schools in den Vereinigten Staaten
wird zum Beispiel kein einziger Physikkurs angeboten.«

»Das wußte ich nicht«, sagte Michael.

»Und Chemie wird immer noch so gelehrt, als wollten die Studenten Barmixer werden. Das alles führt dazu, daß die meisten
Leute bei uns Naturwissenschaft mit Technologie gleichsetzen.«

Michael schien leicht irritiert. »Nun, da ist doch etwas dran...«,
begann er.

»Wissenschaftler sind keine Ingenieure; letztere sind dichter
dran an der Technologie«, unterbrach ich ihn. »Die meisten Menschen setzen Wissenschaft immer noch mit materiellen Dingen

gleich, dabei ist sie in Wirklichkeit etwas ganz anderes als Technologie. Wissenschaft ist eine Ausübung der menschlichen Vorstellungskraft. Sie hat verschiedene Philosophien und kennt unterschiedliche Standpunkte. Sie ist nichts Monolithisches.«

»Trotzdem kommt am Ende immer dasselbe heraus, oder?« betonte Michael. »Zu guter Letzt wissen wir wieder ein bißchen mehr darüber, wie die Welt funktioniert, aber gleichzeitig haben wir zum Schluß auch wieder mehr Kinkerlitzchen im Sonderangebot. Denk' nur an die Klettverschlüsse, die wir jetzt überall haben, auch im Theater. Die stammen aus dem Apolloprojekt.«

»Kinkerlitzchen wie Klettverschlüsse sind genau das, was die Leute sich merken«, sagte ich. »Was aber hat denn der Durchschnittsbürger aus den Mondlandungen gelernt? Was ist denn davon in den letzten zehn Jahren durchgesickert?«

Michael schwieg. »Viel zu oft«, fuhr ich fort, »bewundern die Leute die Technologie einfach, ohne sich zu bemühen, sie auch zu verstehen. Das verleiht ihr so eine zersetzende Kraft, gegen die man manchmal opponieren muß. Wer die Technologie nicht versteht, verharrt in passiver Bewunderung und wird ihr Sklave.«

»Du unterstellst ihr doch keine Böswilligkeit, oder?« hakte Michael nach.

Ich schüttelte den Kopf. »Bis jetzt noch nicht. Ich finde nur, man kann die Ausgefuchstheit neuester Technologie durchaus bewundern, ohne sie gleich für den Gipfel menschlicher Errungenschaften halten zu müssen.« Michael schien nicht überzeugt.

»Schau, die Ingenieure leisten schon Tolles«, räumte ich ein. »Sie bauen die Welt um, und dank ihrer Apparate reichen unsere Hände, unsere Stimmen und unser Geist weiter als je zuvor. Die sozialen Auswirkungen der Technologie aber, vor allem die negativen, scheinen vorher nie bedacht zu werden.«

»Es beunruhigt dich also, daß die Wissenschaft falsch verstanden oder sogar falsch angewendet werden kann?« vermutete Michael.

»Nicht ganz«, antwortete ich. »Aber ich glaube, daß die Leute einfach zu wissenschaftsgläubig sind; immer mehr sind sie bereit, alles zu glauben, was unter wissenschaftlichem Deckmantel daherkommt, und gleichzeitig können sie immer weniger eine wissenschaftliche Behauptung kritisch einschätzen, gleich wer sie aufstellt. Es erschreckt mich, daß dadurch der Manipulation Tür und Tor geöffnet sind.«

»Sagt die Wissenschaft uns denn nicht die Wahrheit?« fragte Michael. »Ist es nicht gerade ihre Aufgabe, uns zu zeigen, wie die Welt in Wirklichkeit beschaffen ist?«

»Die Menschen glauben das, weil man an den Kinkerlitzchen nicht die Wertorientierung der Wissenschaft ablesen kann. Natürlich dreht sich in der Wissenschaft alles darum, wie die Dinge funktionieren«, stimmte ich zu, »aber sie hat auch ihre eigenen Wertvorstellungen, besonders die Wertschätzung der wissenschaftlichen Beweisführung und des logischen Schlußfolgerns. Die Wissenschaft muß ehrlich, neugierig und offen für neue Ideen sein, gleichzeitig aber skeptisch bleiben, wenn es um die Auswertung neuer Erkenntnisse geht. Ziel des Unternehmens Wissenschaft ist es, *verifizierbares* Wissen zu produzieren, mehr nicht. Soweit ich weiß, behauptet keine Wissenschaft von sich, sie bringe Wissen von absolutem Wahrheitsanspruch hervor.«

So ging es hin und her. Wir führten eine dieser lebendigen, wenn auch ergebnislosen Diskussionen, wie sie unter Freunden üblich sind. Ich fand es interessant, wie Michael seine Rollen als Untersuchungsobjekt und als mitmenschliches Gegenüber wechselte. Unglücklicherweise konnte ich ihm nichts von dem erzählen, was ich über seine Synästhesie herausgefunden hatte, weil es die Ergebnisse beeinflussen würde. Wenn er oder Victoria gewußt hätten, wie sie reagieren »sollten«, hätte das weitere Untersuchungen wertlos gemacht. Michael war bereit, auf zwei Hochzeiten zugleich zu tanzen: zum einen als mein Freund, zum anderen als Versuchskaninchen, das man absichtlich im Dunkeln ließ.

»Zurück zu Frankensteins Monster«, sagte er. »Ich mache mir ein bißchen Sorgen.«

»Darüber, daß du als Mißgeburt dastehen wirst, wenn ich vor der INS von dir berichte?«

»Ja«, sagte er. »Das führt wieder dazu, daß ich mich verrückt fühle.«

Schon früher hatte ich ihm erklärt, daß der Wert der wissenschaftlichen Methode in ihrer Befähigung zur Falsifizierung besteht. »Wir stellen die Hypothese auf, daß du genau wie alle anderen bist«, hatte ich ihm gesagt, »und versuchen, sie zu widerlegen. Gelingt uns das, hast du keinen Grund, dich verrückt zu fühlen.«

Michael wirkte bedrückt. »Und was ist, wenn uns das nicht gelingt?« fragte er.

Ich zögerte mit meiner Antwort. »Wenn die Hypothese nicht zu falsifizieren ist, dann wird unsere Arbeit nichts anderes als ein interessanter Zeitvertreib gewesen sein«, sagte ich schließlich. »Und wenn du dann immer noch etwas Besonderes sein willst, dann mußt du loslegen und den Tony Award gewinnen.«

Meine neuen Aufgaben an der George Washington University hielten mich auf Trab; darüber hinaus mußte ich mich auch noch in einen neuen Kollegenkreis sowie in die Hauptstadt selbst einleben. Rasch verging ein Jahr voll aufregender Ereignisse, zu denen nicht zuletzt der Attentatsversuch auf Präsident Reagan zählte, bei dem sein Pressesprecher, James Brady, seine Hirnverletzung erlitt. Ich war entsetzt, welch falsche Vorstellungen sich die Öffentlichkeit und seine Kollegen von der Presse machten.

In jenem Sommer schrieb ich meinen Artikel für das ›New York Times Magazine‹ und schätzte mich glücklich, zwei Tage mit seinem Herausgeber verbringen zu dürfen. Eigentlich hatte ich in der Redaktion der ›Times‹ den Duft der großen weiten Welt erwartet, doch sie kam mir eher wie ein dumpfer Wartesaal vor. Daß Leute hier arbeiteten, konnte ich mir nur mit der literarischen Reputation des Hauses erklären. Doch bald erinnerte ich mich daran, daß es ja schließlich der Wartesaal für angehende Autoren war, und freute mich mächtig.

Zu guter Letzt hatte ich auch noch ein weiteres großes Unternehmen begonnen, nämlich meine eigene Privatpraxis. Ich erlebte eine ereignisreiche, erfüllte Zeit. Und im Hintergrund drehte sich leise das Rad der akademischen Laufbahn. Mein Bericht war von der Internátional Neuropsychological Society angenommen worden, ich sollte das Referat bei ihrem nächsten Nordamerika-Treffen in Atlanta im Februar 1981 halten.

»Die synästhetische Wahrnehmung ist konkret«, trug ich meiner Zuhörerschaft vor. »Sie gleicht eher einer Empfindung als einer Vorstellung.

Um herauszufinden, ob die Assoziationen invariant sind oder vom Kontext beeinflußt werden, wurde das Experiment so angelegt, daß es die Auswahl zwischen den drei alternativen Ebenen ermöglicht, die ich hier in diesem Diagramm skizziert habe«, sagte ich und wies auf eine Diaprojektion meines Kegels.

»Jede Versuchsperson hat eine Gruppe von Stimuli Hunderte von Malen ausprobiert, und wir können erkennen, ob sich ein bestimmtes Muster herausbildet, indem wir feststellen, wie oft eine bestimmte Form oder Farbe mit jedem Stimulus assoziiert wird. Das Zuordnungsmuster beider Synästhetiker stimmt mit dem überein, was bei einer mittleren Assoziationsebene zu erwarten wäre«, betonte ich, »während alle Kontrollpersonen Zuordnungsmuster aufweisen, wie sie einer hohen Assoziationsebene entsprechen. Die Tatsache, daß die jeweiligen Assoziationen auf verschiedenen Ebenen stattfinden, falsifiziert die Hypothese, daß zwischen den Wahrnehmungen von Synästhetikern und Kontrollpersonen kein Unterschied auszumachen sei.«

Sowohl bei Michael wie bei Victoria zeigte sich das bescheidene Ausmaß kontextabhängiger Variation, das der mittleren Ebene entsprach, wenn auch die Variationen eher qualitativer als gradueller Natur waren. Bei den Zuordnungsmustern für die Töne ließ sich erkennen, daß die synästhetischen Assoziationen in einem Teilbereich des Testspektrums invariant waren, aber kontextabhängig wurden, wenn das *Gesamtspektrum* durchlaufen wurde! Michaels Reaktionen auf die verschiedenen Kombinationen von süß und sauer blieben nur im sauren Bereich des Geschmacksspektrums invariant. Seine Zuordnungen machte er nur mit dreien von den dreiundzwanzig zur Verfügung stehenden Formen; bei allen dreien handelte es sich um spitze oder eckige Formen, die konzeptionell dicht beieinander lagen.

Die sechs Kontrollpersonen benutzten verschiedene Strategien, um Töne Farben und Geschmacksrichtungen Formen zuzuordnen. Alle verteilten ihre Reaktionen auf die gesamte Bandbreite der zur Verfügung stehenden Auswahl, was recht diffuse, wenn auch nicht völlig zufällige Muster ergab. Ihre Zuordnungen waren in einem Maße kontextabhängig, wie es zu erwarten war, wenn sie auf abstrakten Qualitäten basierten. Eine Versuchsperson berichtete, daß sie absichtlich beschlossen hätte, bestimmte Formen je nachdem zu verwenden, ob der Geschmack eher süß oder eher sauer erschien, während eine andere erklärte, keinerlei rationalem Schema zu folgen: »Ich nehme einfach das, was mir gerade einfällt.« Alle Kontrollpersonen stimmten schließlich darin überein, daß sie ihre Entscheidungen bewußt trafen, und verneinten, synästhetische Wahrnehmungen zu haben.

Als sie sich ihre Tonfolgen anhörte – die tiefe und die hohe Oktave sowie die über vier Oktaven gespreizte Folge –, zeigte sich der invariante Effekt bei Victoria im Rahmen der einzelnen, hohen Oktave auf Band 3. Aus ihrem Zuordnungsmuster ergab sich, daß Töne, die sie als »hoch« wahrnahm, pink waren, während andere, die »tief« auf sie wirkten, zu blau tendierten. Diese anschauliche Polarität war eine gute Gelegenheit herauszufinden, ob bei ihren Assoziationen irgendeine Art Bedeutung mit im Spiel war. Dies untersuchte ich mit einer Prozedur, die man *semantisches Differential*[4] nennt.

»Einige von Ihnen werden sich erinnern, daß 1957 Charles Osgood an der University of Illinois vorgeschlagen hat, die Bedeutung vermittele unsere mentalen Repräsentationen der Dinge. Er hat dazu ein Meßverfahren entwickelt, bei dem eine Versuchsperson die Bedeutung eines Begriffs ›differenziert‹, indem sie sie auf einen Satz vorgegebener bipolarer Skalen einstuft.

Dieses Dia hier zeigt, wie der Begriff ›Vater‹ an Hand dreier Skalen eingestuft wird, deren Endpunkte von jeweils entgegengesetzten Adjektiven gebildet werden. Man macht seine Markierung je nachdem, wie gut oder schlecht, schnell oder langsam ›Vater‹ einem vorkommt, oder was auch immer die Einstufung sein mag.

Vater:

gut	____ :	X :	____ :	____ :	____ :	____	schlecht
schnell	____ :	____ :	____ :	X :	____ :	____	langsam
hart	____ :	____ :	____ :	____ :	____ :	X	weich

Sogar bei Menschen mit hoher sprachlicher Bildung hat sich herausgestellt, daß der Hälfte aller Variationen bei der Bedeutungseinstufung irgendeines Begriffs nur drei Faktoren zugrunde liegen«, erklärte ich. »Diese bezeichnen wir als Valenz, Potenz und Aktivität. Valenz bedeutet, daß etwas als gut oder schlecht eingeschätzt wird. Potenz bezieht sich auf die Stärke und damit zusammenhängende Qualitäten wie Größe, Gewicht oder Festigkeit. Aktivität verweist auf Merkmale wie Schnelligkeit, Erregung, Wärme, Bewegung und ähnliches. In den letzten zwanzig Jahren hat sich gezeigt, daß das semantische Differential ein universell einsetzbares Verfahren ist. Es gibt keine Standardbegriffe und keine Standardskalen. Je nachdem, was man untersucht, kann man seine eigenen entwickeln.

Zwar werden meist sprachliche Stimuli eingesetzt, doch ist das Verfahren auch erfolgreich mit den Tintenklecksen des Rorschach-Tests durchgeführt worden oder mit Gemälden, Skulpturen und sogar Schallsignalen.

Gerade weil man mit dem Verfahren eher die konnotativen Aspekte der Bedeutung einkreist als die denotativen«, schloß ich, »ist das semantische Differential auf ästhetische Zusammenhänge und Fälle wie Synästhesie anwendbar.«

Victoria differenzierte sowohl Farben wie Musiktöne anhand von fünfundzwanzig Einstufungsskalen. Zwischen pink und jenen Tönen, die sie als »hoch« wahrnahm, fand sich keine semantische Übereinstimmung, auch nicht zwischen blau und den »tief« empfundenen Tönen. Im Gegenteil, *blau* stufte sie als hoch, gut, irgendwie passiv und hinsichtlich der Potenz neutral ein. Pink wertete sie als weder hoch noch tief, weder gut noch schlecht, weder aktiv noch passiv und nur ein kleines bißchen potent.

»Was immer sie veranlaßte, hohe Noten als pink wahrzunehmen und tiefe als blau«, folgerte ich, »es war keine gemeinsame Bedeutung. Andererseits zeigte eine der Versuchspersonen, der Porträtmaler, Kontext-Effekte, wenn er hohen Tönen rot, gelb und pink zuordnete, sein semantisches Differential ließ erkennen, daß für ihn die Bedeutung all dieser Farben gut, potent, passiv und *hoch* war. Daraus kann man schließen, daß die sensorischen Assoziationen bei Nicht-Synästhetikern durch Bedeutung vermittelt werden, während dies bei Synästhesie nicht der Fall ist. Wenn wir an Aristoteles' Gemeinsinn denken, wird klar, daß wir ein Objekt anhand seines Fallgeräuschs als leicht oder schwer wahrnehmen können. Die Anzahl der Kegel, die eine Bowlingkugel umwirft, können wir anhand des Krachens abschätzen. Bei dieser Art vertrauter kreuzmodaler Assoziationen mag es sich um eine mentale Kurzschrift handeln, die es auf einfache Weise ermöglicht, wichtige sinnliche Qualitäten hervorzuheben, die verschiedenen Objekten gemeinsam sein können. Jedoch liegen Welten zwischen solchen Attribuierungen und synästhetischen Wahrnehmungen, und man darf die beiden nicht miteinander verwechseln«, mahnte ich.

Wie ein Detektiv vor dem Kreis der Verdächtigen im Salon faßte ich meine Argumente zusammen, führte meine Beweise an und zog meine Schlußfolgerungen. »Durch Abwägung all dieser Fakten«, unterrichtete ich mein Publikum, »kann ich zeigen, daß, erstens,

Synästhesie eine sensorische Wahrnehmung ist und nicht eine Ausgeburt blühender Phantasie. Zweitens, diese Wahrnehmung unterscheidet sich von den kreuzmodalen Assoziationen, die die Grundlage unserer abstrakten Fähigkeiten wie etwa Sprache darstellen und von denen wir wissen, daß sie sowohl auf einer hohen mentalen Ebene wie auch auf einer hohen Ebene des Kortex angesiedelt sind.

Drittens, die synästhetischen Assoziationen ereignen sich auf einer mittleren Ebene, auf der einem Stimulus weder strikt eine einzige noch eine Vielzahl von synästhetischen Wahrnehmungen zugeordnet ist. Die Assoziationen sind größtenteils invariant, was weiterhin ihre Lokalisierung auf einer unteren bis mittleren Ebene des Nervensystems stützt.

Und wenn ich mit einer spekulativen Bemerkung schließen darf, so möchte ich unterstellen, daß diese Umstände zugleich auch erklären, warum Synästhesie eher einer Empfindung gleicht und nicht jenen abstrakten Vorstellungen, die aus der gewöhnlichen kreuzmodalen Assoziation herrühren.«

Höflich wurde applaudiert, und ein paar Zuhörer stellten Fragen. Die Arbeitsgruppe, vor der ich mein Referat hielt, befaßte sich speziell mit außergewöhnlichen menschlichen Fähigkeiten wie etwa dem fotografischen Gedächtnis oder den Zahlengenies. »Vor dieser Arbeitsgruppe ist schon über eine ganze Reihe von ungewöhnlichen Themen gesprochen worden«, kommentierte eine Kollegin. »Ist es vernünftig, sich wieder der Erforschung subjektiver Erfahrungen zuzuwenden«, fragte sie, »und was, glauben Sie, werden Sie daraus lernen können?«

Mir war ihre Frage willkommen, aber die vielen Köpfe, die sich herumdrehten und sehen wollten, wer diese Frage stellte, zeigten mir, daß das Thema immer noch ein heikles war. »Ich denke, die heutige Debatte über objektiv und subjektiv ist ein wenig überanstrengt. Subjektive Wahrnehmungen wurden noch zu Beginn dieses Jahrhunderts durchaus respektiert«, unterstrich ich. »Wir sollten nicht davor zurückschrecken, einmal unsere Annahme zu überprüfen, daß man menschlicher Selbsteinschätzung nicht vertrauen kann, weil sie zu verschwommen oder zu komplex ist, oder daß das, was man nicht messen kann, entweder nicht existiert oder irrelevant ist.«

Nur wenige nickten. »Gerade die Neurowissenschaften müßten uns helfen können, unsere subjektiven Erfahrungen besser zu verstehen«, schlug ich vor. »Ich gebe zu, daß das ein vertracktes Gebiet ist. Wir brauchen kreative Ideen und neue Vorgehensweisen, wenn wir uns dieser Vertracktheit stellen wollen; andernfalls wird die innere Wahrnehmung immer unserem Zugriff entzogen bleiben.«

»Sie haben betont, daß Synästhesie eine Empfindung ist, aber mir scheint das nicht so ganz der Fall zu sein«, warf ein rothaariger Mann ein.

Ich überlegte einen Moment. »Ich glaube, viele der Linien, die unsere mentalen Kategorien voneinander abgrenzen, sind nicht so scharf gezogen, wie wir glauben. Nehmen wir Halluzinationen: Sie sind gleichzeitig wie eine Empfindung und wie ein Traum. Mit dem eidetischen Gedächtnis ist es genauso, teils gleicht es einer Wahrnehmung und teils einer Erinnerung. Mit unseren Kategorien wollen wir die Welt immer nur schwarz-weiß sehen. Aber so ist sie nicht«, antwortete ich.

Der Fragesteller saß bewegungslos da. »Jeder kreative Mensch weiß, daß das Leben weder schwarz noch weiß ist, sondern sich ständig zwischen den Extremen bewegt«, fuhr ich fort. »Wie zum Beispiel kann die Natur zugleich schön und abstoßend sein, zugleich erschaffen und zerstören?«, rang ich nach einem Beispiel. »Denken Sie daran, daß ältere Kaulquappen die jüngeren fressen, um zu überleben. Ist das gut oder schlecht?« fragte ich. »Ich glaube, es ist beides zugleich. In ähnlicher Weise zeigen auch Menschen viele Facetten, und ihr Geist hat mancherlei Gestalt.«

»Könnten Sie darüber noch ein wenig weiter spekulieren?«, fragte eine andere Kollegin.

»Nun«, sagte ich, ihre Einladung annehmend, »der Traum ist das bekannteste Beispiel für eine dieser Facetten. Wenn man träumt, wo geht dann zum Beispiel das ›Ich‹ hin, jene Person, die man zu sein glaubt? Im Traum lebt man manchmal ein völlig anderes Leben, aber man erwacht in dem Gefühl der Kontinuität dieser Wach-Welt, in die man zurückkehrt, als sei der Geist niemals weg gewesen. Als weitere Beispiele könnte ich plötzliche Erleuchtungen nennen oder ästhetische Empfindungen oder spirituelle Erfahrungen oder auch Weinen und Wut ohne ersichtlichen Grund. All solche Erfahrungen scheinen jenseits der Ereignisse zu liegen, wie wir sie von der Oberfläche kennen, und dennoch passieren sie ständig.

Die Idee multipler Facetten dreht sich um die Unterscheidung zwischen dem kognitiven Verstand – dem Teil des Geistes, der analysiert und nach Argumenten verlangt – und anderen Aspekten unseres mentalen Lebens, die sich nicht so vernünftig gebärden müssen, sondern eher an der Erfahrung des Lebens selbst interessiert sind. Lassen Sie mich das anhand einer Analogie erklären, nämlich dem Welle-Teilchen-Dualismus des Lichts.

Dieses Dualitätsprinzip besagt, daß das Licht einerseits aus individuellen Lichtquanten, den Photonen, besteht, andererseits zugleich eine kontinuierliche Welle darstellt. Vielfach hat die moderne Physik bewiesen, daß etwas völlig Individuelles (ein Photon) zugleich ein sich ausbreitendes Kontinuum (eine Welle) sein kann. Welle wie Teilchen sind beide real und gültige Beschreibungen dessen, was Licht ist; damit kann man den menschlichen Geist vergleichen, der ebenfalls zu verschiedenen Zeiten unterschiedliche Gestalt haben kann – oder sogar gleichzeitig.«

Mit dem Referat vor der INS war meine Arbeit zum Abschluß gelangt. In den folgenden Monaten arbeitete ich noch die Details aus, und das Ganze wurde in der Fachzeitschrift ›Brain and Cognition‹ veröffentlicht. Ich war natürlich stolz darauf, und dennoch wußte ich, daß ich in größerem Maßstab nur ein winziges Stimmchen in einem riesigen schrillen Chor war, ein Aufsatz unter Hunderttausenden, die alljährlich in der medizinischen Fachliteratur veröffentlicht werden.

Ich selbst hatte den akademischen Elfenbeinturm verlassen, um meine Privatpraxis aufzubauen, die ich »Capitol Neurology« taufte. Wir waren eine Gruppe von Kollegen, die alle auf das spezialisiert waren, was sich oberhalb des Halses befand: Erwachsenen- und Kinderneurologie, Augenheilkunde, Neurochirurgie, Hals-Nasen-Ohrenheilkunde und Psychologie. Da auch ich nur ein Produkt meiner Zeit war, hatten wir jede Menge Technik in der Praxis.

Die Zeiten, da ich die Muße hatte, über vertrackte Rätsel wie Synästhesie oder aristotelische Philosophie nachzudenken, waren vorbei. Wenn man tagtäglich mit Menschen zu tun hat, die von Schlaganfällen, Tumoren, Läsionen und Multipler Sklerose geplagt sind, schrumpfen die akademischen Belange zum Glasperlenspiel: eine mental stimulierende und sogar amüsante Freizeitbeschäftigung, die für die Alltagswelt völlig irrelevant ist.

Die beschauliche Welt der Kontemplation hatte ich hinter mir gelassen. Jetzt war ich Teil des Systems.

14. September 1983:
»Bizarre Krankheit befällt Millionen!«

»Ich dachte mir schon, daß Sie das sind; niemand sonst mit einem so unaussprechlichen Namen wie dem Ihren konnte das sein.«

Die Schlagzeile jagte mir kalte Schauer über den Rücken: »BIZARRE KRANKHEIT BEFÄLLT MILLIONEN!«

»Warten Sie nur, wenn ich das meinen Kollegen erzähle!« lachte Cecile. »Sie werden's nicht glauben, daß mein Arzt im ›National Enquirer‹ ist!«

Während ich auf die Schlagzeile starrte, lief mein bisheriges Leben wie ein Film vor mir ab. Berichte im ›National Enquirer‹ waren nicht gerade geeignet, die Karriere zu fördern. Mein Magen reagierte mit Krämpfen, als ich mir vorstellte, wie meine Kollegen vermutlich reagieren würden. »Darf ich mir davon eine Kopie machen, Cecile?« fragte ich mit zittriger Stimme.

»Ach was«, sagte sie. »Ich habe gleich zwei Exemplare gekauft, damit Sie eins behalten können.«

Cecile Bowlding war eine meiner ersten Patientinnen gewesen. Im Laufe der Jahre war sie auch eine meiner Lieblingspatientinnen geworden. Die meisten Menschen wissen nicht, daß wir Ärzte Lieblingspatienten haben: Menschen, die eine private Seite in unserem Herzen zum Schwingen bringen. Die Gründe dafür können so verschieden sein wie die Menschen selbst. Cecile zum Beispiel hatte etwas Wunderbares an sich, das nicht in Worte zu fassen ist; zugleich hatte sie schreckliche Angst vor allem, was die Medizin zu bieten hat, vor allem vor Spritzen, Rückenmarkspunktionen und großen Apparaten. Beim Gedanken an eine Computertomographie fiel sie schier in Ohnmacht. Genau das war es, glaube ich, was sie zu meiner Lieblingspatientin werden ließ: Sie verlangte nach der besten ärztlichen Betreuung bei geringstem apparativen Aufwand.

Bei den »Millionen Synästhetikern« in der Schlagzeile handelte es sich um die typische Übertreibung eines Revolverblatts. Doch die Geschichte im ›Enquirer‹ war nur eine Welle in einer sich ständig erneuernden Flut des Medieninteresses, die eine Balkenmeldung im Magazin ›Omni‹ ausgelöst hatte. Ein Reporter dieser Zeitschrift hatte das INS-Treffen besucht und gefunden, daß Synästhesie geradewegs der Stoff ist, aus dem man reißerische Schlagzeilen macht.

»Azurne Worte, minzige Dreiecke« stand als Titel über der Beschreibung, wie ich erklärte hatte, daß es sich bei Synästhesie nicht um eine Krankheit handele, sondern »um eine Art Bonus. Ihre Sinne liefern Ihnen mehr, als Sie bestellt haben.«

Von ›Omni‹ ausgehend zog das Medieninteresse an Synästhesie im Lauf des nächsten Jahrzehnts seine Kreise, nicht gerade wie ein Buschfeuer, sondern langsam und stetig, wie ein Gletscher wandert: ›Psychology Today‹, ›National Public Radio‹, ›Washington Post Magazine‹, ›Canadian National Radio‹, Talkshows in Radio und Fernsehen in den USA wie in Kanada und auch ›Voice of America‹ – alle interviewten mich, manchmal zusammen mit einem der zweiundvierzig Menschen, die ich schließlich detailliert untersucht hatte und die mir die Grundlagen für mein Lehrbuch ›Synesthesia: A Union of the Senses‹ geliefert hatten.

Ein solches Interesse hatte ich nicht vorhersehen können. Gerade Laien waren von Synästhesie fasziniert. Im Gegensatz zu meinen Medizinerkollegen sahen Laien keineswegs ihre vorgefaßten Meinungen durch Synästhesie ins Wanken gebracht. Im Gegenteil, die erste populärwissenschaftliche Erwähnung der Synästhesie seit einhundert Jahren löste eine Flut bewegter und bewegender Briefe aus, die von Menschen geschrieben waren, die wie Michael noch nicht einmal gewußt hatten, daß es für die Art und Weise, wie sie die Welt sahen, einen Namen gab. Der erste Brief, von einer Lehrerin aus Florida, war typisch für das, was in den kommenden Jahren folgen sollte.

»Lieber Doktor Cytowic: Ich fiel fast um, als ich den Artikel über Sie in ›Omni‹ sah. Ich lief hinüber zu meinem Mann und rief: ›Siehst du! Das bin ich! Ich hab' dir gesagt, daß das echt ist. Ich bin kein Hirni!‹«

»Zum ersten Mal in meinem Leben bin ich mir sicher, daß ich nicht gaga bin!« schrieb triumphierend ein Computerprogrammierer aus Arkansas. »Wenn ich als Kind anderen davon erzählte, daß ich Farben höre, schauten sie mich an, als müsse ich eingeliefert werden. Deshalb habe ich vor langer Zeit aufgehört, darüber zu sprechen.«

»Unglücklicherweise«, schrieb ein Stadtplaner aus Massachusetts, »habe ich nur das Ende der Fernsehsendung mitbekommen, aber was ich noch sehen konnte, hat mich absolut erstaunt. Ich bin jetzt achtundvierzig Jahre alt, und obwohl ich jedem, der es hören wollte, davon erzählt habe, ist mir niemals jemand begegnet, der wie ich Zahlen in lebhaften Farben sieht und die Beschaffenheit dieser Farben als Gedächtnisstütze benutzt.«

Ein kanadischer Chirurg mußte weinen, als er mich im Radio über Synästhesie berichten hörte. »Sie glauben nicht, was für eine Erleichterung es ist, einfach nur zu wissen, daß man sich das nicht einbildet«, schrieb er.

In ihren Briefen berichteten die mutmaßlichen Synästhetiker auch von ihren individuellen Assoziationen; insgesamt betrachtet, hätten sie aber als Gruppe auch ein und denselben Brief schreiben können. Ihre Geschichten ähnelten sich in bemerkenswerter Weise und zeigten eine typische Mischung von Erstaunen, Erleichterung und Ergriffenheit – vor allem Erstaunen darüber, daß es sogar einen Namen für etwas gab, das andere immer wieder als irreal abgetan hatten. Zu erfahren, daß ein Mediziner erforscht hatte, was bislang eine ganz gewöhnliche Erfahrung gewesen war, wirkte als emotionale Katharsis, nahm eine Last von den Schultern und erzeugte ein Gefühl der Freude, wenn man entdeckte, daß man etwas, was man jahrelang geheimgehalten hatte, mit anderen teilen konnte.

Wie nicht anders zu erwarten, zog so etwas Bizarres wie Synästhesie natürlich auch die Exzentriker und die Spinner an, und sie machten mich gleichermaßen ausfindig. Die Briefe der Spinner ähnelten sich ebenfalls stark, nur daß sie dramatischer, überdrehter klangen und den dringenden Wunsch der Autoren offenbarten, als etwas Besonderes zu gelten:

»In den letzten sechs Jahren bin ich zweimal wegen Halluzinationen und psychotischen Reaktionen in die Klinik eingewiesen worden, wenn ich unter extremem Streß stand. Nachdem ich die Fernsehsendung über Synästhesie gesehen habe, merkte ich, daß Sie mir mehrere tausend Dollar für Therapien hätten ersparen können!!!«

»Schon zeit meines Lebens interessiere ich mich für psychische Phänomene. Mein Mann ist Hellseher. Vor seinem inneren Auge sieht er einen stetigen Strom von Bildern...«

»Mit meinen Händen habe ich eine seltene Gabe, die weiter zu entwickeln ich der unterstützenden Hilfe bedarf. Bei verbundenen Augen plaziert ein Freund meine Hände über einer Pflanze, und ich nehme die Energiestrahlen auf. Ein langes Blatt fühlt sich an, als sei mein ganzer Arm ein Blatt; einen Nadelzweig spüre ich wie ein Stakkato von Stichen in meinen Fingerspitzen. Sie müssen wissen, ich erhole mich gerade davon, daß ich den größten Teil meines Lebens furchtbar gestreßt gewesen bin...«

Was sollte ich tun? Mein Buch über Synästhesie hatte ich abgeschlossen, und dennoch kam ich jetzt vom Regen in die Traufe mutmaßlicher neuer Fälle. Es wäre eine Schande gewesen, nichts zu unternehmen. Als ihre Zahl stetig wuchs, beschloß ich, das Material zu sammeln und so viele von ihnen wie möglich zu untersuchen.

Klinische Beobachtungen zusammenzutragen und darüber zu schreiben war mir mittlerweile zur Routine geworden. Erst kürzlich hatte ich Musikkritiken für den ›Winston-Salem Sentinel‹ geschrieben und auch eine kurze Kolumne über Restaurants für den ›Washington Blade‹ unter dem Pseudonym Richard Escoffier (der Redakteur fand, dieser Name klänge von allen, die ich vorgeschlagen hatte, »am wenigsten frei erfunden«). Ich schrieb auch Zeitschriftenartikel über Krebs-Quacksalberei, Lebensmittelzusätze, den Artikel über Maurice Ravel, einen über die Schweinepest und eine kurze medizinische Biographie Anton Tschechows (ich wußte überhaupt nicht, daß er Arzt war, bis ich eine Aufführung von ›Onkel Wanja‹ sah). Meine erste medizinische Veröffentlichung hatte sich mit anatomischen Details des Sonnenbadens am Strand befaßt und war als Leserbrief im ›New England Journal of Medicine‹ erschienen, als ich noch Medizinstudent war. Seither habe ich in diesem Organ über Geschmack, Gefühle und übersprungene Menstruationsperioden bei Frauen mit Gehirnerschütterung geschrieben (das ist kein Witz).[5] Weitere Details, die ich über Menschen mit Kopfverletzungen sammelte, wurden später Teil eines Lehrbuchs.[6]

Ich glaube, die Handvoll niedergelassener Ärzte, die veröffentlichen, tut dies eher triebhaft, und nicht, weil wir besonders gescheit wären. Forschen und Veröffentlichen gilt normalerweise als Aufgabe der Universitätsprofessoren, die die nötige Zeit und die nötigen Mittel dafür haben. Ich denke jedoch, es bedarf nur wenig von beidem, um das, was man erkannt hat, mit anderen zu teilen, es bedarf nur der Motivation und der Bereitschaft, Beobachtungen festzuhalten, die in den Hauptstrom der allgemeinen medizinischen Literatur noch keinen Einzug gehalten haben.

Zwölf verschiedene Fachzeitschriften jeden Monat zu lesen, verhalf mir zu einem ziemlich guten Überblick, was die Universitätsprofessoren so veröffentlichten. Ob die Artikel nun von bahnbre-

chender Grundlagenforschung berichteten oder nur kleinkrämeri-
sche Erbsenzählerei betrieben – so gut wie immer bedankten sich
die Autoren für großzügige Zuschüsse. Da ich durchaus Erfahrung
darin hatte, Wissenschaft sozusagen mit ein paar Groschen zu
betreiben, fragte ich mich, welchen Zwecken die Gelder möglicherweise in manchen Fällen gedient haben.

Patienten großer Klinikzentren, die eigens angereist sind, hegen
oft enorme Erwartungen; und diese können leicht erschüttert werden, wenn sie entdecken, daß einige Institutionen eher um ihrer
selbst willen existieren, statt für kranke Menschen, wie sie es sind,
da zu sein. Damit will ich sagen, nicht jeder wird gleichermaßen mit
offenen Armen willkommen geheißen, denn die großen medizinischen Zentren wollen natürlich Fälle ganz bestimmter Krankheiten
rekrutieren, die den Anforderungen ihrer mit Sponsorengeldern
unterstützten Forschungsprojekte entsprechen. Und natürlich
wird die Erwartung solcher Patienten weiter enttäuscht, wenn sie
die Standardantwort zu hören bekommen: »Mit Ihnen ist alles in
Ordnung.«

Wenn man den Patienten jedoch geduldig zuhörte, ohne sie zu
unterbrechen, und versuchte, hinter die Dinge zu schauen, die als
»unmöglich« galten, konnte man sich durchaus, fand ich, einen
Reim auf die Wahrnehmungen der Patienten machen. Noch befrie-
digender war es, wenn man anhand alter Bücher wiederentdeckte,
wie man Patienten helfen konnte, die manchmal jahrelang gelitten
hatten. Diese historische Vorgehensweise führte zu einer weiteren
Veröffentlichung, diesmal über die Behandlung chronischer
Schmerzen.[7] Meine Einstellung gegenüber medizinischen Problemen und meine Angewohnheit, wie ein Besessener zu arbeiten, hatten dreierlei zur Folge: Erstens bekam ich Fälle zu sehen, die niemals in den großen Kliniken auftauchten und daher den
Professoren so gut wie unbekannt waren; zweitens untersuchte ich
meine Patienten wesentlich umfassender, als es wohl die meisten
niedergelassenen Ärzte taten; und drittens schrieb ich wie unter
Zwang alles auf, was ich herausfand.

Mit diesen Angewohnheiten widmete ich mich auch wieder der
Synästhesie, als ich von immer mehr Menschen hörte, die möglicherweise diese seltene Gabe besaßen. Ich entwickelte einen Frage-
bogen, mit dem ich ihnen nähere Details über ihre Wahrnehmungen
entlocken konnte und bei ihnen anfragte, ob ich sie untersuchen

dürfte. Die Fragen hatte ich so formuliert, daß sie die fünf diagnostischen Kriterien widerspiegelten, die ich aufgestellt hatte, und mir unterscheiden halfen, ob die Befragten potentielle Synästhetiker waren oder einfach nur Sonderlinge. Ohne es je beabsichtigt zu haben, wurde ich zum Experten für Synästhesie.

Nicht jeder, der mir schrieb, war ein Synästhesie-Kandidat, der darauf brannte, mehr zu erfahren. Nicht-Synästhetiker schickten mir ihre Fragen oder Kommentare, und die meisten drehten sich um das Verhältnis von Synästhesie und Kunst. Über ein Dutzend Komponisten moderner, computergenerierter Musik fragten nach dem Translationsalgorithmus zwischen Sehen und Hören, weil sie herausfinden wollten, ob ihre Kompositionen »richtig« waren. Ich erwähnte ja bereits Skrjabin, der versucht hatte, in seinen Kompositionen seine Farbsynästhesie zum Ausdruck zu bringen. In meinem Lehrbuch untersuchte ich nun des weiteren, inwieweit die Gemälde David Hockneys oder die stilistisch einzigartige Musik Olivier Messiaens von ihrer Synästhesie beeinflußt waren.[8]

Meine Korrespondenz half mir abzurunden, was ich bereits historisch über unfreiwillige Synästhesie herausgefunden hatte; nun konnte ich mir auch ein deutlicheres Bild von den absichtlichen multisensorischen Kunstgriffen machen, die sich unter dem Namen »Verschmelzung der Sinne« zusammenfassen ließen. Der Ursprung der von Farben begleiteten Musik schien zum Beispiel auf eine Theorie zurückzugehen, die zur Zeit der Renaissance im Schwange war und von dem jesuitischen Mathematiker und Musiktheoretiker Athanasius Kircher (1602-1680) systematisiert worden war; ihm zufolge fand jeder musikalische Klang seine notwendige und objektive Entsprechung in einer bestimmten Farbe. Vom achtzehnten Jahrhundert an wurden dann verschiedene Tasteninstrumente zu Geräten umgebaut, die bei Betätigung einer Taste einen Ton erklingen ließen und simultan ein bestimmtes farbiges Licht projizierten.

Das waren nicht die einzigen Versuche, hinter das Geheimnis zu kommen, wie Farben und Musik synästhetisch oder künstlerisch zusammenhingen. Die Vorstellung einer Konsonanz von Farbe und Klang war zum Beispiel auch für die nachwagnerische Spätromantik typisch. So hat etwa Schönberg, der selbst kein Synästhetiker war, mit farbig unterlegter Musik in ›Die glückliche Hand‹ experimentiert, einer kurzen Oper, die gut ein Jahrzehnt nach Skrjabins ›Prometheus‹ entstand. Schönberg wollte alle Unterschiede zwischen dem Wachsein und dem Träumen zum Verschwinden bringen. Seine Partitur verlangt Farbwechsel, die die Musik begleiten und die Emotionen der handelnden Personen widerspiegeln sollen.

Obwohl die Farbenmusik nicht uninteressant ist, beruht die Vorstellung, daß Farbe und Klang ineinander überführt werden können, wie erwähnt auf einem Trugschluß. Wissenschaftlich wird das Thema der Farbenmusik in Scholes' ›Dictionary of Music‹ behandelt. Hier wie in anderen musikalischen Nachschlagewerken wird mit gewisser Skepsis der Verdacht geäußert, Synästhesie sei nichts weiter als das musikalische Äquivalent von blumiger Sprache, »nur« das Resultat psychologischer Assoziationen! Vielleicht haben die Autoren Kunstwerke, die unwillkürlichen synästhetischen Wahrnehmungen entsprangen, mit solchen verwechselt, die mit voller Absicht ausgeführt wurden. Genau aus diesem Grund müssen Neurologen bemüht sein zu zeigen, daß Synästhesie – als Sinnesbegabung und nicht als Kunst – wirklich wahrgenommen wird.

Genau wie Komponisten mit Farben experimentierten, ließen sich auch Maler von Musik motivieren. Georgia O'Keeffes Gemälde ›Music – Pink and Blue II‹ von 1919 stammt beispielsweise aus einer Reihe von Bildern, zu denen sie sich von Musik inspirieren ließ. Auch wenn betont werden muß, daß es sich hierbei um Inspiration und nicht um Synästhesie handelt, ist dennoch interessant, daß O'Keeffe von Kandinskys ›Über das Geistige in der Kunst‹ beeinflußt war. Ohne selbst synästhetische Wahrnehmungen gehabt zu haben, hat sie gewissermaßen auf Umwegen doch die noetische, nicht in Worte zu kleidende Qualität ihres Gegenstands erfaßt. Sie hatte entdeckt, daß Farben psychologische und emotionale Geisteszustände transportieren können; in einem Brief von 1930 kommt klar zum Ausdruck, daß sie von der expressiven Kraft abstrakter Kunst überzeugt war:

»Ich weiß, daß ich keine Blume malen kann. Ich kann nicht die Sonne eines strahlenden Sommermorgens in der Wüste malen, aber mittels Farbe kann ich dir vielleicht meine Wahrnehmung der Blume vermitteln beziehungsweise die Wahrnehmung, welche die Blume für mich zu einer bestimmten Zeit zu etwas Bedeutendem machte.«[9]

Das ist vielleicht ein gutes Beispiel für die unmittelbare Wahrnehmung, wie sie sowohl für Synästhesie wie für künstlerische

Visionen charakteristisch ist. In beiden Fällen ist sie nicht zu beschreiben, kann sie nicht in Worte gefaßt werden. Solche Beispiele waren es, die mich davon überzeugten, daß es sich bei Synästhesie nicht um einen vereinzelten, esoterischen Tick handelt, sondern daß einiges von ihr auf jene noetische Erkenntnis verwies, derer wir alle fähig sind. Damit meine ich die Fähigkeit, eine Sache direkt zu verstehen, ohne zu wissen, wie man sie versteht.

Als Quelle der Inspiration tauchte Synästhesie noch vielerorts auf. So hat zum Beispiel der ungarische Komponist Zoltán Kodály (1882-1967) eine Methode entwickelt, tauben Studenten mittels Handzeichen Musik zu vermitteln, wobei jeweils eine Handposition einen bestimmten Notenwert repräsentierte. Populär wurde Kodálys System – und damit die Idee, Hören und Bewegung zu verknüpfen – durch den Film ›Unheimliche Begegnung der dritten Art‹, in dem ein fremdes Raumschiff die Erde besucht. Die »Botschaft« der Außerirdischen an die Erde besteht aus einer Melodie, die von farbigem Licht begleitet wird, welches aus dem Raumschiff dringt. Die Erdenbewohner antworten, indem sie die Melodie und die Farben nachahmen, obwohl sie nicht wissen, was sie da »sagen«. Schließlich verwendet ein kluger Wissenschaftler Kodálys Formel für Klang und Handbewegung dazu, die Botschaft als Grußgeste und Händeschütteln zu entziffern.

In Wissenschaftlerkreisen ging die Vorstellung einer Einheit der Sinne vielleicht auf einen obskuren Artikel des deutschen Psychologen von Hornbostel aus dem Jahr 1926 zurück.[10] Er schrieb über einen Zustand namens »übersinnliche Wahrnehmung«; deren wesentliche Komponente bestand darin, alle Sinne »miteinander zu vereinen, mit der gesamten (sogar der nichtsinnlichen) Wahrnehmung in uns selbst und mit der ganzen Außenwelt, die der Wahrnehmung harrt.« So sehr kann ein »objektiver« Wissenschaftler wie ein symbolistischer Dichter klingen!

Von allen, die mir schrieben, waren mir die Schüler und Studenten am liebsten, die Referate über Synästhesie halten oder kleine synästhetische Experimente vorführen wollten. Sogar mein eigener Neffe war darunter. Sie hatten meine Arbeit aufregend gefunden, waren dann aber enttäuscht gewesen, daß sich in ihrer örtlichen Bücherei nichts darüber finden ließ. Ich schätzte mich glücklich, ihre drängenden Fragen hinsichtlich ihrer Referate beantworten zu können.

Mit den Jahren begannen sich auch renommierte Institutionen für meine Arbeit zu interessieren, was erkennen ließ, daß die professionellen Widerstände gegenüber subjektiven Wahrnehmungen im Schwinden begriffen waren. Vier examinierte Studenten wollten ihre Doktorarbeit über Synästhesie schreiben und baten um Rat. Sowohl die National Science Foundation wie die American Association for the Advancement of Science luden mich zu Vorlesungen ein, und ich wurde auch um einen Beitrag für die ›Encyclopedia Britannica‹ gebeten. Es sah ganz danach aus, daß sowohl die Synästhesie wie auch ich Gefahr liefen, zu guter Letzt noch einige Respektabilität zu erlangen.

15. Formkonstanten und die Erklärung unbeschreibbarer Wahrnehmungen

Während der nächsten neun Jahre brachte der Postbote mir ständig neue Überraschungen ins Haus. Völlig fremde Menschen unternahmen große Anstrengungen, um mir zu beschreiben zu versuchen, worin ihre Synästhesie bestand. Sie schickten mir fünf Seiten lange Briefe oder Zeichnungen oder Bilder, mit denen sie ihre Wahrnehmungen wiederzugeben versuchten, doch unabhängig davon baten sie allesamt um Entschuldigung, daß all diese Materialien noch nicht einmal ein Stück weit vermitteln könnten, wie ihre Wahrnehmungen »wirklich« waren. Was der Postbote mir brachte, schloß ich daraus, waren keine Reproduktionen synästhetischer Wahrnehmungen, sondern bestenfalls Repräsentationen. Eine Frau namens Rachel schrieb über das Unbeschreibbare:

»Lieber Dr. Cytowic, ich habe einen Artikel gelesen, der von Ihrer Arbeit über Synästhesie handelte. Sie können sich nicht vorstellen, wie aufregend es für mich war, zu lesen, wie ein anderer, ein völlig Fremder, Wahrnehmungen beschreibt, von denen ich niemals ganz sicher war, ob sie meiner Phantasie entsprangen oder ob ich verrückt war.

Ich sehe ganz oft Klänge als Farben, wobei ich noch einen gewissen Druck auf der Haut verspüre. Ich habe noch niemals jemanden getroffen, der auch Klänge sah. Ich weiß nicht, ob ›sehen‹ der richtige Ausdruck ist. Ich sehe sie, aber nicht mit meinen Augen, falls Sie das verstehen können. Ein Leben ohne meine Farben kann ich mir nicht vorstellen. Was ich unter anderem an meinem Mann so liebe, sind die Farben seiner Stimme und seines Lachens. Es ist ein wunderschönes Goldbraun, das an knusprigen Buttertoast erinnert. Ich weiß, das klingt verrückt, aber für mich ist es ganz real.«

Ihre Formulierung, »Ich sehe sie, aber nicht mit meinen Augen«, war der wichtige Satz. Selbst wenn Synästhesien außerhalb des eigenen Körpers empfunden werden, ist die Wahrnehmung selbst von einer anderen Welt. »Sehen« tut man weder mit den Augen noch mit dem Geist allein. Vielleicht kann man es am besten so ausdrücken, daß man es je zu einem Teil mit beiden tut. Selbstverständlich können sich Synästhetiker Dinge bildlich im Geist vorstellen wie alle anderen auch; sie beharren aber darauf, daß ihre synästhetischen Wahrnehmungen in nichts normalen Phantasien gleichen. Es ist schwer zu beschreiben, wie es sich anfühlt, in zwei Welten zugleich zu Hause zu sein, als wäre man halb wach und halb noch in einem Traum befangen.

Die Menschen, die mir schrieben, versuchten, das Unaussprechbare auszudrücken, etwas, das man per Definition nicht in Worte fassen kann. Was die »Unaussprechbarkeit« als persönliche Erfahrung bedeutet, hat meiner Ansicht nach am besten William James, der Pionier der amerikanischen Psychologie, 1901 in seinem Buch ›Die Vielfalt religiöser Erfahrung‹ definiert:

»Das Subjekt dieses Zustands sagt unmittelbar, daß ihm der Ausdruck fehlt, daß über seinen Inhalt in Worten kein angemessener Bericht gegeben werden kann. Daraus folgt, daß seine Qualität direkt erfahren werden muß; er kann andern nicht mitgeteilt oder auf sie übertragen werden.«

Genauso ist es bei Synästhesie. Der Kampf um die richtigen Worte für diese Art Wahrnehmung erscheint so aussichtslos wie der Versuch, einem Taubgeborenen zu erklären, was Hören ist. Daß man keine gemeinsamen Vergleichsmöglichkeiten hat, auf die sich die Worte beziehen könnten, stellt nur einen Teil des Problems dar, denn jede Wahrnehmung kann letztlich beschrieben werden, wenn man lang und sorgfältig genug um die richtigen Worte ringt. Unüberwindlich aber wird das Problem durch die Vorbehalte, die man in der westlichen Welt gegenüber der Erforschung inneren Wissens und gesteigerter Kreativität hegt und zu denen sich dann noch die Tendenz gesellt, autoritär zu definieren, was »normal« ist.

Wenn Synästhetiker das Erwachsenenalter erreichen, haben sie normalerweise so viele schlechte Erfahrungen gemacht, daß man seine ganze Überredungskunst anwenden muß, um sie zum Sprechen zu bringen. »Niemand versteht mich«, »Die Leute glauben, ich sei verrückt« oder »Ich will nicht als Mißgeburt gelten« bekommt man von ihnen zu hören. Da es an sich schon schwierig ist, das Unbeschreibbare in Worten auszudrücken, läßt dieses Klima der Verunsicherung Synästhetiker nur mit äußerster Zurückhaltung über ihre Wahrnehmungen sprechen. Sonderlinge hingegen haben nie Probleme, über ihre »Visionen«, »Geisteskräfte« und »seelischen Schwingungen« zu reden.

Bemerkenswerterweise geben Synästhetiker diese Zurückhaltung nur dann auf, wenn mehrere Fälle in der Familie vorkommen.

Sieben der zweiundvierzig Personen, die ich schließlich untersuchte, hatten Blutsverwandte, die ebenfalls Synästhetiker waren. Im Stammbaum einer Frau konnte ich ihre Spur über vier Generationen verfolgen.[11] Mit Freude entdeckte ich, daß der Schriftsteller Vladimir Nabokov in seiner Autobiographie ›Sprich, Erinnerung, sprich‹ vom Farbenhören berichtet, das er und seine Mutter hatten.[12]

Ich war erstaunt, wie höchst individuell die auslösenden Stimuli meistens sind; dieser Umstand könnte vielleicht erklären, warum Synästhesie von Person zu Person sich so unterschiedlich ausdrückte. Das heißt, während sie einerseits nach dem Motto »alles oder nichts« zu funktionieren scheint (man hat sie oder nicht), schienen einige Menschen sie »mehr zu haben« als andere. Eine andere Frau namens Anne sah zum Beispiel farbige Formen nur, wenn sie eine ganz bestimmte Art von Musik hörte, und nicht bei anderen Klängen:

»Ich sehe glänzende, weiße gleichschenklige Dreiecke, wie Stücke zerbrochenes Glas. Blau ist eine schärfere Farbe und hat Geraden und Winkel. Grün hat Rundungen. Der Raum über meinen Augen fühlt sich wie ein großer Bildschirm an, auf dem diese Szene spielt.«

Wie Anne ihre Dreiecke, Geraden und Rundungen, nehmen Synästhetiker eigentlich immer etwas sehr Elementares wahr. Ihre Reaktionen erscheinen nur deshalb ausgefeilter, weil ihnen die Worte fehlen und sie zu Analogien greifen, um ihre Empfindungen auszudrücken. Sie vergleichen ihre Wahrnehmungen mit etwas »Ähnlichem«, das allen vertraut ist. Man ist dann leicht versucht, unkritisch den Schluß zu ziehen, daß die parallelen Empfindungen bloß der Phantasie entspringen. Wenn wir sagen, daß rot eine »warme« Farbe ist oder daß die Milch »stichig« ist, sprechen wir in Metaphern. Niemand behauptet, die Farbe thermisch zu spüren oder die Milch taktil wahrzunehmen. Bei Synästhesie jedoch kann eine Formulierung wie »Du trägst wirklich beißende Farben« ganz wörtlich genommen werden.

Im Fall von Anne gab es nur wenige Auslöser, und ihre Synästhesie beschränkte sich auf nur einen Sinn; das entgegengesetzte Extrem sind Menschen, bei denen alles mit allem verbunden ist. Die Stimulierung des einen Sinnes löst synästhetische Wahrnehmungen in allen übrigen vier aus. Zum Beispiel:

»Ich hörte die Glocke läuten... Ein kleines rundes Objekt rollte vor meinen Augen herum... Meine Finger spürten etwas Rauhes wie ein Tau... Ich nahm den Geschmack von Salzwasser wahr... und sah etwas Weißes.«[13]

Für uns, die wir unsere Sinne säuberlich voneinander trennen können, mag eine solche Welt wie ein Alptraum wirken. Wie, fragt man sich, kann jemand noch einen klaren Gedanken fassen, wenn ihm all dieses zusätzliche Zeug im Kopf herumschwirrt? Warum werden Menschen, deren Sinne so überladen sind, nicht verrückt? Möglicherweise liegt es an der Stabilität und Konstanz der synästhetischen Wahrnehmungen, daß nicht Chaos oder Verwirrung ausbrechen. Aller Erfahrung nach verhalten sich Synästhetiker normal und sind ziemlich intelligent; es scheint bei ihnen nur wenig Gefahr zu bestehen, daß sie von all dem »zusätzlichen Zeug« irre werden.

Synästhetische Wahrnehmungen nachzuvollziehen, fällt uns sehr schwer, und unsere vorgefaßten Meinungen, was »normal« ist, legen wir auch nicht leicht ab; zusammen verleitet das leicht zu der falschen Annahme, daß Synästhesie als Last empfunden wird oder irgendwie die normalen Denkvorgänge stört. Analog dazu könnten sich blinde Menschen fragen, warum sehende Menschen keine Schwierigkeiten damit haben, ständig »alles sehen« zu müssen. Warum werden wir nicht von dem dauernd sich verändernden visuellen Durcheinander in Verwirrung gestürzt? Es sieht so aus, als könnten wir alle mit unseren subjektiven Empfindungen gut umgehen und unsere Wahrnehmungen sinnvoll nutzen, auch wenn sie sich von den subjektiven Wahrnehmungen anderer Menschen völlig unterscheiden.

Der Welt des Synästhetikers kann man sich leichter nähern, wenn man Vorurteile und Voreingenommenheiten, wie die Dinge nun einmal zu sein hätten, ablegt. Obwohl die Beschreibungen dessen, was sie sehen, fühlen und schmecken, so phantastisch klingen, erweist sich bei genauer Beobachtung, daß es *ganz einfache Dinge sind, die Synästhetiker in Wirklichkeit wahrnehmen.* Zum Beispiel sehen sie *nie* eine Landschaft, wenn sie Beethoven hören, und sie fühlen auch keine japanische Lackdose, wenn sie Muschelragout essen. Statt dessen sehen sie Kleckse, Gitter, kreuzende Linien und geometrische Formen; sie fühlen rauhe, glatte oder mit Spitzen übersäte Oberflächen; sie nehmen einen salzigen oder metallischen

Geschmack wahr. All dies sind »generische« oder Grundformen der Wahrnehmung. Es könnte gut sein, daß die einfachen Grundelemente der Synästhesie wirklich die Bausteine darstellen, aus denen sich die komplexeren menschlichen Wahrnehmungen aufbauen.

Wir haben es hier mit zwei Problemen zugleich zu tun. Das erste besteht darin, daß synästhetische Wahrnehmungen so schwer zu beschreiben sind. Da wir nur in begrenztem Umfang nachvollziehen können, was Synästhetiker empfinden, hilft uns unsere Phantasie auf die Sprünge und füllt die Leerstellen. Ja, denken wir, wir können uns eine schöne Landschaft vorstellen, wenn wir Beethoven hören. Aber was wir uns vorstellen und was Synästhetiker *wirklich wahrnehmen*, sind ganz verschiedene Dinge. Sie können an dem, was ihnen widerfährt, nichts ändern, während wir nur zusammenphantasieren, was uns widerfahren könnte.

Zweitens besteht die einzige Möglichkeit, wie Synästhetiker uns an ihren Wahrnehmungen teilhaben lassen können, darin, daß sie sie uns in Worten beschreiben; die Neurologie kennt aber viele Beispiele dafür, daß solche Beschreibungen nicht wortwörtlich genommen werden dürfen. Michael Watson zum Beispiel hat den Geschmack von Pfefferminz als »kühle Glassäulen« beschrieben. Aber was meinte er wirklich damit? Seine Worte könnten vermuten lassen, daß er sich poetisch oder metaphorisch ausdrückte. Das tat er nicht. Er lieferte eine *verbale Interpretation einer sensorischen Wahrnehmung.* Und wenn wir ihn gebeten hätten, die Interpretation sein zu lassen und sich so unvermittelt wie möglich auszudrücken?

Eines Abends bedrängte ich ihn zu beschreiben, von welcher Qualität die Berührung war, die er spürte, und zu erklären, wie er zu der Interpretation einer Glassäule gekommen war. Nachdem er eine Geschmacksprobe genommen hatte, schloß er die Augen und legte eine Pause ein. Seine rechte Hand strich vertikal durch die Luft, während er wohlig seufzte. Er rieb seine Fingerspitzen gegeneinander und bewegte seine Hand wieder durch die Luft, als tastete er ein unsichtbares Objekt ab.

»Ich fühle etwas Rundes. Da ist eine Biegung, hinter die ich greifen kann, und sie ist sehr, sehr glatt. Also muß sie aus Marmor oder Glas gemacht sein, denn was ich fühle, entspricht genau dieser seidigen Glätte. Es gibt keine Riefen und auch keine kleinen Einbuchtungen in der Oberfläche, also muß es Glas sein, denn wenn es Marmor wäre, könnte ich die Rauheit des Steins spüren, die kleinen Grübchen in der Oberfläche. Es fühlt sich kühl an, also muß es auch wegen der Temperatur eine Art Glas oder Stein sein. Das Wunderbare daran ist die absolute Glätte. Ich kann meine Hand daran hinauf- und hinabgleiten lassen, spüre aber kein Ende. Es muß immer so weitergehen. Daher kann ich dieses Gefühl nur so erklären, daß es wie eine große glatte Säule aus Glas ist. Bei Amylnitrit [eine Droge, die Synästhesie intensiviert] ist es wirklich so, als gäbe es eine ganze Reihe solcher Säulen, und ich kann meine Hand zwischen ihnen hindurchstecken und die Rückseiten betasten. Es ist wirklich ein nettes Gefühl, die Hand da hineinzustecken. Sehr, sehr angenehm.«

Michaels verbale Beschreibung einer Empfindung gleicht einer Analogie, mit der man einem blinden Menschen erklärt, was Sehen bedeutet. Bei meinen Gesprächen mit Frank Wood hatte ich die Vermutung geäußert, daß Synästhesie keinen Sonderfall von Sprache darstellt, sondern eher das Gegenteil ist. Die Menschen hätten sicherlich keine Sprache entwickelt, wenn sie nicht zuvor schon fähig gewesen wären, jene Art von kreuzmodalen Assoziationen zu bilden, die man bei Synästhesie findet. Diese Behauptung stützte sich auf unsere Diskussion kreuzmodaler Assoziationen bei Affen, die nicht in der Lage sind, zwischen zwei nichtlimbischen Sinnen eine Assoziation herzustellen. Menschen können das, und darauf gründet sich unsere Fähigkeit, den Objekten Namen zuzuschreiben und zu immer höheren Ebenen der mentalen Abstraktion fortzuschreiten.

Formkonstanten

Die Unbeschreibbarkeit subjektiver Wahrnehmungen ist nicht auf Synästhesie beschränkt. Heinrich Klüver sah sich mit derselben Schwierigkeit konfrontiert, als er in den zwanziger Jahren an der University of Chicago versuchte, halluzinatorische Wahrnehmungen zu verstehen. Klüver frustrierte die Unbestimmtheit, mit der seine Patienten ihre Wahrnehmungen beschrieben. Er glaubte, sie wären von der »Unaussprechlichkeit« ihrer Visionen überwältigt und eingeschüchtert und gäben sich unkritisch kosmischen oder religiösen Deutungen hin, statt sich der Mühe zu unterziehen,

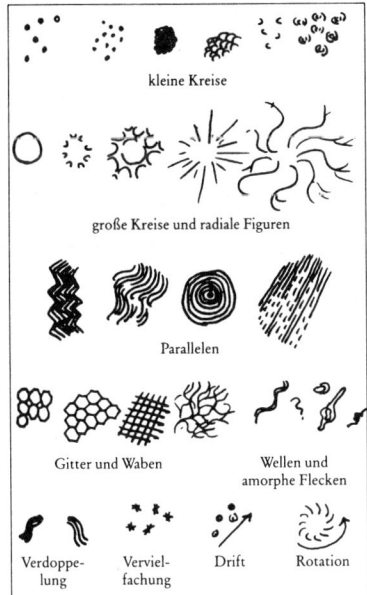

kleine Kreise

große Kreise und radiale Figuren

Parallelen

Gitter und Waben

Wellen und
amorphe Flecken

Verdoppe-
lung

Verviel-
fachung

Drift

Rotation

Abbildung 8: Grund- oder
»generische« Formen (Klüvers
»Formkonstanten«) finden sich
bei Synästhesie, Halluzinationen, Migränestörungen, geistigen Bildern und auch in primiti-
ver Kunst. Aus N. J. Horowitz:
Image Formation and Psycho-
therapy. Hillsdale, New Jersey,
1983, S. 200. Mit freundlicher
Genehmigung.

a	b	c
d	e	f
g	h	i
j	k	l

Abbildung 9: Kokaininduzierte
visuelle Bildprojektionen bei
geöffneten Augen zeigen die
typischen Gitter-, Waben- und
Linien-Konfigurationen der
Formkonstanten. Axiale und
radiale Symmetrien sind häufig.
Aus R.K. Siegel: Hallucinations.
In: Scientific American 237(4):
132-140. Copyright Scientific
American 1977. Alle Rechte
vorbehalten.

Abbildung 10, links: Die Formkonstante »Tunnel« mit einem explodierenden hellen Lichtfleck, der zur Peripherie hin ausstrahlt. Die Farben können wechseln, und es kann zu Rotation oder anderen Bewegungen kommen.

Rechts: Eine Kombination der Formkonstanten »Tunnel« und »Spirale« einschließlich Rotation und Pulsieren. Gezeichnet von einer Versuchsperson mit drogeninduzierter Halluzination. Aus R.K. Siegel und L.J. West: Hallucinations: Behaviour, Experience, and Theory. New York 1975, S. 116 f. Copyright R.K. Siegel und L.J. West.

akkurat zu beschreiben, was passiert war. Wir haben bereits gesehen, daß es auch bei Synästhesie eine vergleichbare Tendenz gibt, elementare Empfindungen metaphorisch auszugestalten, wenn Patienten salopp mit ihren Beschreibungen umgehen. Ihre poetischen Ausschmückungen kann man nur dadurch vereiteln, daß man auf einer genauen Beschreibung ihrer tatsächlichen Empfindungen insistiert.

Nachdem Klüver seine Patienten dazu gebracht hatte, bei ihren Beschreibungen auf Ausschmückungen und Interpretationen zu verzichten, erkannte er, daß es bestimmte Grundmuster der Wahrnehmung gab. Klüver nannte sie *Formkonstanten* und unterschied vier Grundtypen unveränderlicher halluzinogener Bilder: 1. Gitter und Waben, 2. Spinnweben, 3. Tunnel und Kegel und 4. Spiralen. Sie konnten je nach Farbe, Helligkeit, Bewegung, Symmetrie und Replikation variieren, was feinere Abstufungen der subjektiven

Wahrnehmung ermöglichte. Klüver vermutete, daß die Neuheit der Halluzinationen und ihre lebendige Farbigkeit die Aufmerksamkeit der Patienten gefesselt und so zu unerwünschten Ausschmückungen dessen geführt hatten, was im Grunde *elementare Merkmale* waren, *die wahrzunehmen das Nervensystem fest verdrahtet war*. Während es eine unendliche Vielfalt von Stimuli gibt, scheinen die Möglichkeiten des Gehirns, sie wahrzunehmen, begrenzt.

Mit der Zeit kam die Neurowissenschaft dahinter, daß das Gehirn in der Tat sich so entwickelt hat, daß es Grundmuster erkennt und eingebaute Filter besitzt, die solche konstanten, möglicherweise nützlichen Merkmale in dem Strom der Energien identifiziert, die rastlos auf uns einstürmen. In den Verbindungen des limbischen Systems aller lebenden Wirbeltiere gibt es bemerkenswerte Übereinstimmungen, die über alle evolutionären Entwicklungsstufen hinweg gleichgeblieben sind, und möglicherweise sind sie für die generischen, konstanten Charakteristika verantwortlich, die man bei Synästhesie und anderen veränderten Bewußtseinszuständen erkennt; im nächsten Kapitel werde ich darauf näher eingehen.

Die *Abbildungen 8 bis 10* zeigen Beispiele für Klüvers Formkonstanten. Zusätzlich gibt es auch Konstanten für Farben und Bewegungen wie etwa Pulsieren, Flackern, Drift, Rotation und perspektivische Bewegungen auf den Betrachter zu oder von ihm weg. Formkonstanten finden sich in einem weiten Bereich menschlicher Aktivitäten von subjektiven Wahrnehmungen bis hin zur Kunst, worunter hier auch das Kunsthandwerk und die Höhlenmalereien früher Kulturen zu verstehen sind.[14]

Nach und nach wurde die Idee der Formkonstanten allgemein akzeptiert und Klüvers Arbeit von anderen bestätigt und fortgesetzt.[15] Klüver hatte gezeigt, daß es eine begrenzte Anzahl von Wahrnehmungsrastern gibt, die unserem Nervensystem eingebaut zu sein scheinen und vermutlich Teil unseres genetischen Erbes sind.

»Die Analyse... hat eine Anzahl von Formen und Formelementen ergeben, die man als typisch für Meskalin-Visionen erachten muß. Unabhängig vom Ausmaß der inter- und intra-individuellen Unterschiede sind sich die Aufzeichnungen bemerkenswert ähnlich, soweit es das Aussehen der oben beschriebenen Formen und Konfigurationen betrifft. Wir können sie Formkonstanten nennen und unterstellen, daß eine gewisse Anzahl von ihnen bei fast allen Meskalin-Visionen erscheint und viele ›atypische‹ Visionen bei näherer Betrachtung sich als Variationen dieser Formkonstanten erweisen.«[16]

Mit anderen Worten, die immer wiederkehrenden Grundelemente visueller und anderer Empfindungen deuten darauf hin, daß »gewisse Beschaffenheiten« des Nervensystems selbst an Illusionen wie Halluzinationen und genauso an der gewöhnlichen Wahrnehmung beteiligt sind. Diese generischen Wahrnehmungen sind bei Synästhesie und anderen veränderten Bewußtseinszuständen *identisch*, etwa bei Migräne, Schläfenlappen-Epilepsie, sensorischer Deprivation, drogeninduzierten Zuständen, Psychosen und Fieberdelirien. Kandinsky zum Beispiel beschrieb, wie sie im Fiebertraum aussahen: »Bilder, mikroskopische Präparate oder ornamentale Figuren wurden auf den dunklen Grund des Sehfelds gezeichnet.«[17]

Wissenschaftler der University of California[18] haben 1975 tatsächlich freiwillige Versuchspersonen darauf trainiert, Form-, Farb- und Bewegungskonstanten bei drogeninduzierten Halluzinationen zu erkennen; die Versuchspersonen hatten mit einer Reihe von Farbdiapositiven geübt, die Varianten der Konstanten zeigten. Nachdem sie die Kategorisierung erst einmal beherrschten, konnten sie die Halluzinationen mittels der eingeübten Standardterminologie beschreiben, statt von der Vielzahl der neuen Eindrücke überwältigt oder eingeschüchtert zu sein und sich deshalb in vage Platitüden zu flüchten.

Menschen neigen dazu, ungewöhnlichen Erfahrungen übernatürliche Bedeutung zu unterstellen; dies rührt daher, daß das Wesen der Wahrnehmung immer in Sinnsuche besteht und sie stark emotionale Wirkungen auf uns ausübt. Doch obwohl wir Menschen so gern dem magischen Denken verhaftet bleiben, wäre es vermessen, solchen Bildern kosmische Bedeutung zu unterstellen. »Wir haben es viel eher hier mit einer Projektion eines Affekts in die Außenwelt zu tun«, berichtet ein Wissenschaftler. »Was man reaktiv zu erkennen glaubt, ist nur eine Projektion und Reflexion des eigenen geistigen Bilds.«[19]

16.　Veränderte Bewußtseinszustände

Wenn man Neues verstehen will, ist es oft hilfreich, etwas Vertrautes zu betrachten, das man bereits versteht. Denken in Analogien nennt man so etwas, und es hat etwas mit dem zweiten Hauptpfeiler der wissenschaftlichen Forschung zu tun, der Beschreibung. Synästhesie ähnelt zufällig einer Reihe anderer Wahrnehmungsweisen. Zum Beispiel gleicht sie teils einer Empfindung und teils einer Erinnerung, ohne genau wie das eine oder andere zu sein. Weil wir über das Funktionieren des Gedächtnisses viel mehr wissen als über Synästhesie, kann uns eine genauere Betrachtung etwa des fotografischen Gedächtnisses helfen, die Stelle ins Visier zu nehmen, an der das synästhetische Bindeglied physisch im Gehirn lokalisiert werden kann.

Sechs veränderte Bewußtseinszustände gibt es, die einige Ähnlichkeit zur Synästhesie aufweisen und den Neurologen wesentlich vertrauter sind als diese: 1. LSD-induzierte Synästhesie, 2. fotografisches Gedächtnis, 3. sensorische Deprivation, 4. Schläfenlappen-Epilepsie, 5. Entkoppelungs-Halluzinationen und 6. die direkte elektrische Stimulation des Kortex. Worum es sich bei all diesen Zuständen handelt, werde ich gleich erklären.

Eine genauere Betrachtung dieser Bewußtseinszustände wird zeigen, daß Synästhesie nur von der linken Gehirnhälfte abhängt, daß das sogenannte limbische System entscheidenden Anteil an ihrer Ausprägung hat, und, vielleicht die größte Überraschung, daß sie *nichts* mit dem *Kortex* zu tun hat. Indem ich Beispiele für Synästhesie mit bekannter Ursache untersuche, hoffe ich erklären zu können, wie es natürlicherweise bei Menschen wie Michael Watson zu Synästhesie kommt, auch wenn das Gehirn keinerlei pathologischen Befund zeigt.

LSD-induzierte Synästhesie

LSD erzeugt *manchmal* synästhetische Wahrnehmungen bei Menschen, die sonst nicht diese Gabe haben. Solche Wahrnehmungen sind keine unausweichliche Folge der Droge, wie viele Leute glauben, die diesen Eindruck aus der Hippie-Gegenkultur vergangener Jahrzehnte gewonnen haben. Selbst wenn LSD einmal Synästhesie hervorruft, ist es keineswegs sicher, daß das jedesmal geschieht, wenn man die Droge nimmt.

Ethische Erwägungen haben sichergestellt, daß nicht mehr – wie in den fünfziger Jahren – Forschungen über die Wirkung von LSD beim Menschen öffentlich gefördert werden. Obwohl es also keine neueren Untersuchungsergebnisse gibt, sind die älteren Erkenntnisse über die allgemeinen Auswirkungen der Droge auf das Nervensystem verläßlich.

Die subjektiven Erfahrungen von Versuchspersonen, die freiwillig LSD nahmen, ähneln jenen natürlicher Synästhetiker.[1] Die einen wie die anderen berichten von intensiven und konkreten Empfindungen, die »nicht wirklich da sind«; beide empfinden die Wahrnehmungen als emotional signifikant; und beiden bleiben sie sehr lebhaft im Gedächtnis. Darüber hinaus erfahren sowohl natürliche Synästhetiker wie Versuchspersonen unter LSD nur eine kleine Anzahl von Wahrnehmungen, ganz im Gegensatz zu den Freiwilligen bei den bereits erwähnten Experimenten zur Vorstellungskraft, die typischerweise ganze Assoziationsfluten im Bewußtseinsstrom produzieren.

Mit tief ins Gehirn eingebrachten Elektroden kann man unter LSD-Einfluß Aktivierungsmuster ausmachen, die sich von denen des normalen Bewußtseinszustands unterscheiden. Näher werde ich in Kapitel 19 darauf eingehen. Für den Moment mag es genügen, festzuhalten, daß LSD drei physiologische Auswirkungen zeigt, von denen zwei einander entgegengesetzt sind. Erstens, LSD *verstärkt* die Synapsen der unteren Ebene, wo die Signale von den Sinnesorganen auf eine Relaisstation des Hirnstamms namens Thalamus treffen; gleichzeitig aber *unterdrückt* es die synaptischen Verbindungen zwischen dieser Relaisstation und den höheren Hirnebenen, die im Gang der Sinnesverarbeitung nachgeschaltet sind. Simultan verursacht LSD eine allgemein gesteigerte Empfänglichkeit sowie eine *spezifische Verstärkung der synaptischen Pfade zum limbischen System*, dem Teil des Gehirns, der den Ereignissen Bedeutung beimißt und aufs Innigste mit Gefühl und Gedächtnis zu tun hat. Diese drei physiologischen Wirkungen entsprechen der subjektiven Erfahrung veränderter Wahrnehmungsweisen, von der die Versuchspersonen berichten.

Das alles bedeutet, daß das limbische System angeregt wird, während der Kortex, dessen Funktion es ist, zu analysieren und graduelle Unterscheidungen zu treffen, unterdrückt wird. Die neurale Ausgewogenheit der Sinnesverarbeitung wird also gestört, und das führt dazu, daß die entsprechende Person keine Unterscheidungen mehr treffen kann, aber bereitwillig emotional auf Wahrnehmungen reagiert, die viel intensiver empfunden werden als gewöhnlich. Indem der normale Strom der Nervenimpulse blockiert wird, bevor daraus eine vereinheitlichte Erfahrung entsteht, läßt LSD das Gehirn an einem Wahrnehmungsdetail »festkleben« wie eine Tonabnehmernadel, die immer wieder in dieselbe Plattenrille zurückspringt; und dies ist es, was die subjektive Wahrnehmung dominiert. Ein Mensch auf LSD-Trip kann sich zum Beispiel eine Rose anschauen und wird sich später daran erinnern, wie »der ganze Raum von einer riesigen Rosenblüte ausgefüllt« war. Auch kann das Rosenrot während der Halluzinationen nicht allein die visuelle Wahrnehmung durchtränken, sondern auch auf Hören und Schmecken abfärben.

In bezug auf Synästhesie heißt das, daß isolierte Wahrnehmungsqualitäten (etwa Farbe, Bewegung, Form, Richtung, Anzahl, Größe und so weiter) sich aus dem Sinnesstrom herauslösen und für sich allein wahrgenommen werden können. Wie sich solch ein herausgelöster Aspekt selbst an andere Sinne anhängen kann, mit denen er normalerweise nichts zu tun hat, ist eine ganz andere Frage.

Fotografisches Gedächtnis

Synästhetiker haben ein fabelhaftes Gedächtnis.[2] Ganz von sich aus kramte Michael Watson eine bestimmte Kindheitserinnerung hervor, die damit zu tun hatte, wie das Sonnenlicht auf ein paar Osterglocken fiel. Seine Erinnerung an den »besonderen Winkel«, in dem das Sonnenlicht fiel, hat sich aus einer Reihe von Beobachtungen in jährlichem Turnus herauskristallisiert. Jeden Tag schaute er nach, bis das Licht »gerade richtig« war, was nur eine kurze Zeit lang währte:

»An einem bestimmten Morgen im April, jedes Jahr konnte ich das ausmachen, schien die Sonne in ganz bestimmter Weise auf die Osterglocken neben unserer Garageneinfahrt. Sehr lebhaft erinnere ich mich dessen, und jedes Jahr freute ich mich darauf, daß es zur selben Zeit am selben Tag wieder genauso sein würde. Es bedeutete für mich, daß der Frühling begonnen hatte. Ich wußte dann, daß er da war. Ich liebte dieses Licht. Es war wunderbar. Jetzt würde es nicht mehr kalt sein. Ich konnte den Tag nicht erwarten, an dem die Sonne so schien.«

Abgesehen davon, daß sie sich so ausgezeichnet an solche Details erinnern, bleiben bei Menschen wie Michael die synästhetischen Wahrnehmungen selbst so gut wie unauslöschlich im Gedächtnis haften. Sieben Jahre nach Michaels Bemerkung, daß seine Hähnchen »zuwenig Spitzen« hätten, aßen wir zufällig wieder Brathähnchen. Ich wies ihn darauf hin, zitierte ihn aber falsch und sagte, daß sie damals zuwenig Ecken gehabt hätten. Als er mich korrigierte, behauptete Michael, sich an die ursprüngliche Empfindung zu erinnern und nicht, wie ich, an die Anekdote.

»Ich erinnere mich an den Geschmack, vor allem an die Form. Ich habe dich korrigiert, denn ich sagte, ›der Geschmack ist fast kugelförmig und braucht Spitzen‹, weil er genau so war, ganz rund. Ich erinnere mich an die *Form*, nicht an die Anekdote. Ich weiß noch, wie enttäuscht ich von den Hähnchen war. Ich habe gekostet und gedacht: ›das kann ich nicht auf den Tisch bringen‹. Ich mußte erst noch Spitzen daran tun.«

Die Lebhaftigkeit solcher Erinnerungen ähnelt denen des eidetischen Gedächtnisses, das man umgangssprachlich auch »fotografisches Gedächtnis« nennt, weil die Erinnerung so akkurat, präzise und unauslöschlich ist wie auf einem Foto. Wie eine synästhetische Wahrnehmung wird das eidetische Bild extern, quasi auf einem »Bildschirm«, wahrgenommen, und es ist so stabil, daß man noch Jahre nach der ursprünglichen »Belichtung« ganz genau Details erkennen kann.[3] Mittels eines Elektroenzephalogramms kann man erkennen, daß der Kortex eidetischer Personen während intensiv betriebener Gedächtnisleistungen unterdrückt wird. Zusammen mit anderen Hinweisen deutet dies in dieselbe Richtung wie LSD: weg vom Kortex und hin zum limbischen System.

Seit 1953 ist bekannt, daß Teile des limbischen Systems entscheidend daran beteiligt sind, neue Gedächtnisinhalte zu bilden. Wir wissen das aufgrund der Amnesie eines unglücklichen Patienten, der unter dem Namen HM[4] bekannt wurde; ihm wurden diese Teile entfernt, weil man hoffte, dadurch seine schwere Epilepsie mildern zu können. Obwohl sich seine epileptischen Anfälle dadurch erheblich reduzierten, führte der Verlust jener limbischen Strukturen dazu, daß er alltägliche Ereignisse so schnell vergaß, wie sie ihm widerfuhren. Nach seiner Operation ist nichts, was er erlebte, seinem permanenten Gedächtnis eingeschrieben worden, und er hat sich auch nie merken können, wer die Menschen waren, die sich all die Jahre um ihn kümmerten. Da er seit seiner Operation gealtert ist, kann er sich jetzt auch nicht mehr selbst auf einem neueren Foto wiedererkennen. Buchstäblich lebt er im Jahr 1950 und ist unfähig, den Gang der Ereignisse in sich aufzunehmen.

Hypermnesis – wörtlich »Übergedächtnis« – nennt man das Gegenteil von HMs Zustand. Vielleicht ist eine *Verstärkung* jener limbischen Strukturen für die detaillierten Erinnerungen verantwortlich, die man mittels des fotografischen Gedächtnisses, auf LSD-Trips und bei Synästhesie erlebt. Kortex und limbisches System stehen wechselseitig miteinander in Verbindung, und eine Möglichkeit, die limbischen Funktionen zu verstärken, besteht darin, den Kortex zu unterdrücken. Daß die relative Ausgewogenheit der limbischen und der kortikalen Stärken gestört werden kann, läßt sich aus Erfahrungen schließen, wie sie Lurias Patient S. und ein paar andere machten, bei denen die Synästhesie das Denkvermögen überwältigte. S. hatte, wie bekannt, ein ganz erstaunliches fotografisches Gedächtnis, aber weil er seine synästhetischen Wahrnehmungen nicht unterdrücken konnte, wurden sie oft so stark, daß es für ihn schwierig wurde, die bedeutungstragenden Aspekte einer Konversation zu verstehen:

»Was mir als erstes auffällt, ist die *Farbe* einer Stimme... Er hat eine krümelige, gelbe Stimme, wie eine Flamme, die ausfranst. Manchmal finde ich die Stimme so interessant, daß ich nicht verstehen kann, was gesagt wird... Wenn eine andere Stimme sich einmischt, verwischt sich alles. Die Schlieren kriechen in die Silben der Worte hinein, und ich kann nicht mehr herausfinden, was gesagt wird.«[5]

Oft fand sich S. gefangen in einem Knäuel der Empfindungen, das ihn vom in Frage stehenden Thema wegzog. »Statische Störungen«, »Qualmwolken« oder »ein bitterer Geschmack« überwältigten ihn, machten ihm das Verstehen unmöglich und brachten ihn auf nebensächliche Abschweifungen. Seine konkreten Bilder und Empfindungen leiteten sein Denken, in dem der Gedanke selbst nicht mehr das dominante Element war. Luria fand es aussichtslos, ihn zu bitten, konkrete Erlebnisse zu verallgemeinern – das ist der Prozeß, mit dem wir normalerweise unsere Welt kategorisieren, obwohl wir die konkreten Ereignisse, auf die sich die Kategorien stützen, bald vergessen.

Vielleicht hatte S. Probleme mit dem induktiven Schlußfolgern, weil die Details jeder Wahrnehmung im Grunde nicht wiederholbar sind und eine singuläre Episode in der Lebensgeschichte darstellen. Die semantischen Abstraktionen einer gemachten Erfahrung, auf die sich alle Generalisierung stützt und die sich leicht bei nachfolgenden Ereignissen wiederholen können, sind jedoch das, womit die Sprache umgeht. Also ist es gerade die begrifflich dürre, aber sinnlich reiche *konkrete* Ebene sprachlicher Kodierung, die die lebhafte und dauerhafte Erinnerung an bestimmte Episoden zu erleichtern scheint. Zufällig fügt es sich, daß die mittlere Ebene, die ich als die der synästhetischen Verbindung in Verdacht habe, ebenfalls diese Qualität der Konkretheit besitzt.

Entkoppelungs-Halluzinationen

Nehmen wir zum Beispiel das Sehen. Nach der alten Standardversion der Gehirnorganisation stellte man sich das Sehen als linearen Prozeß vor, in dessen Verlauf Form, Größe, Farbe, Kontrast, Lage im Raum und andere Merkmale nach und nach wie die Glieder einer Kette aneinandergefügt wurden. Heute hingegen glauben wir, daß sie simultan abgeleitet werden. Das heißt, die Form dessen, was wir betrachten, wird in der einen Ecke bestimmt, seine Farbe wird woanders herausgearbeitet und so weiter. Jedes Detail folgt einem eigenen Muster, und obwohl sie schon eher parallel als nacheinander abgeleitet werden, werden sie nicht alle im selben Moment verarbeitet. Daher gibt es eine sehr kurze, begrenzte Zeit, während der die einzelnen Merkmalskomponenten einer Wahrnehmung zusammengesetzt werden.

Dabei können Fehler passieren. Wird der Strom der Nervenimpulse früh blockiert, im primären Kortex, ist einfache Blindheit, Taubheit und so weiter die Folge. Wird er jedoch in einem späteren Stadium unterbrochen, hat das zur Folge, daß einige der Muster verarbeitet werden und andere nicht. Mit anderen Worten, man nimmt etwas wahr, aber es ist unvollständig. Genau das passiert bei Entkoppelungs-Halluzinationen.

Wenn der primäre kortikale Bereich, der zu jedem Sinn gehört, beschädigt ist, wird ein anderer, nachgeschalteter kortikaler Bereich von den Einflüssen des primären »entkoppelt« und kann dann eigene Signale erzeugen, ohne überhaupt irgendwelche Informationen aus der Außenwelt erhalten zu haben. Dadurch kommt es in Bereichen, die eigentlich blind, taub oder gefühllos sind, zu Wahrnehmungen.

Wenn zum Beispiel ein Mensch einen Schlaganfall im primären Sehkortex erlitten hat, ist er blind und sieht in dem Teil des Gesichtsfelds, das dem geschädigten Bereich des visuellen Kortex entspricht, nichts als schwarz. Weil der nachgeschaltete assoziative Kortex aber keine Informationen mehr bekommt und hemmungslos Impulse seiner eigenen Muster weitersenden kann, sieht solch ein Patient im »blinden« Teil seines Gesichtsfelds irgendwelche Dinge. Die Ereignisse, die solche Halluzinationen auslösen, können ganz wie bei Synästhesie höchst spezifisch sein. Immer wenn eine bestimmte Patientin zum Beispiel ein Buch las oder das Fernsehprogramm anschaute, sah sie »vier oder fünf Männer herumlaufen, einige in Geschäftsanzügen, einen in Cowboykleidung, einen mit einem karierten Hemd«. Wenn sie mit Lesen oder Fernsehen aufhörte, verschwanden diese Männer abrupt, kamen jedoch sofort wieder, wenn sie ihre Beschäftigung wiederaufnahm.[6]

Je weiter die Schädigung vom primären Kortex weg in Richtung des limbischen Systems liegt, desto weniger spezifisch und elementarer werden die ausgelösten Halluzinationen. Sie fangen wirklich an, den Formkonstanten zu gleichen. Ein Patient mit solch einer Läsion (der kein Synästhetiker war) nahm drei Arten von Halluzinationen wahr: rote und grüne senkrechte Linien, die sich auf ihn zu bewegten, stationäre rote und blaue Punkte und pulsierende weiße und schwarze Flecken.

Wie wir schon bei LSD gesehen haben, mehren sich die Beweise, daß ein individuelles Muster, welches eine *singuläre Qualität einer Wahrnehmung* repräsentiert, ganz für sich allein wahrgenommen werden kann. Des weiteren lassen Menschen mit Entkoppelungs-Halluzinationen erkennen, daß große Mengen des sensorischen Kortex überhaupt nicht nötig sind, um sensorische Wahrnehmungen zu haben! Gleich dem, was wir über den gustofazialen Reflex herausgefunden haben, läuft dies wieder einmal unseren intuitiven Annahmen zuwider; denn die Standardversion hat in uns die Vorstellung verwurzelt, daß die bewußte Wahrnehmung im Kortex stattfindet. Es liegt auf der Hand, daß wir diese Vorstellung überdenken müssen.

Sensorische Deprivation und einfache Synästhesie

Die Physiologie der Entkoppelungs-Halluzinationen wird vielleicht noch leichter verständlich, wenn man sie mit der sensorischen Deprivation vergleicht. Von all dem sensorischen Input, der ständig auf das Hirn einstürmt, ist normalerweise nur ein Teil relevant. Das meiste wird herausgefiltert. Erfahrungen mit sensorischer Deprivation – wie in John Lillys berühmtem Isolationstank – zeigen, daß die Abschottung aller sensorischen Stimuli zu Wahrnehmungsstörungen, psychotischen Gedanken und Halluzinationen führt. Bei schwächeren Formen der Sinnesreduktion (etwa grauem Star, Gehörverlust oder der Fühllosigkeit namens »periphere Neuropathie«) kommt es zu weniger ausgeprägten Effekten. Aber man kann die Daumenregel aufstellen, daß ein seines externen Inputs beraubtes Gehirn anfängt, seine eigene externe Realität zu projizieren und bereitwillig Dinge wahrnimmt, die »nicht wirklich da« sind. Zu solch einem Entzug des sensorischen Inputs kommt es öfters, als man glaubt, vor allem beim Sehen und Hören: Wenn zum Beispiel der Hörsinn vom Rauschen der Dusche überflutet wird, halluziniert man dann nicht oft, daß gerade das Telefon geläutet oder jemand nach einem gerufen hat?

Wenn man normale Menschen ihrer Sinneswahrnehmungen beraubt, entwickeln sie zunächst schwache Halluzinationen, die nach und nach stärker werden. Es beginnt mit Dingen, die den Formkonstanten gleichen (geometrische Muster, Mosaike, Linien, Punktreihen), und je länger die Isolation andauert, desto komplexere, traumgleiche Parallelwahrnehmungen bauen sich auf.

Auditiv-visuelle Synästhesie ist bei Menschen mit Verletzungen des Sehnervs gar nicht selten, wird aber kaum als solche erkannt, weil die Augenärzte mit ihrer Scheuklappenhaltung sie nicht wahrhaben wollen. Im übrigen sind solche Wahrnehmungen nur temporär und verschwinden kurz nach dem Einsetzen der Blindheit.

Ein außergewöhnlich aufmerksamer Arzt untersuchte neun Patienten, die von Klängen ausgelöste Photismen hatten.[7] Bei den Geräuschen handelte es sich um das Klicken eines Heizkörpers und das Knistern in den Wänden, wenn sie sich über Nacht abkühlten, um das Fauchen eines zündenden Heizungsbrenners oder um Hundegebell; diese Klänge lösten bei den Patienten Photismen aus, die von einfachen Lichtblitzen bis zu farbigen Formen reichten, die wie Flammen, Kleckse, pulsierende Blütenblätter, Spritzer greller Punkte und Kaleidoskopbilder aussahen. Die Patienten waren ansonsten normal, in guter geistiger Verfassung und genossen das Irreale ihrer ungewöhnlichen Wahrnehmung. Bei einer Frau mit fortschreitendem Gehörverlust kam es in ähnlicher Weise zu musikalischen und stimmlichen Halluzinationen, die nur aufgrund ihrer Monotonie die Patientin verwirrten.[8] Schon 1894 wurde zum ersten Mal die Ansicht geäußert, daß eine Reduktion des sensorischen Inputs bei gesunden Menschen Halluzinationen auslösen kann, und an dieser Ansicht hat sich im zurückliegenden Jahrhundert nichts geändert.[9]

Die Analogien in diesen Beispielen führen uns zu demselben Schluß, den wir schon zogen, als wir über die mögliche Ebene des synästhetischen Bindeglieds theoretisierten – nämlich: Die Ebene, auf der sich Synästhesie abspielt, muß oberhalb der Grundrelais im Thalamus liegen, aber unterhalb des primären sensorischen Kortex, weil der Kortex selbst bei diesen Patienten normal funktioniert. Wenn wir uns den Impulsstrom linear vorstellen, laufen wir wieder in die Falle, weil die alte Standardversion der Gehirnorganisation Thalamus und primären Kortex unmittelbar benachbart plaziert. Das heißt, es gibt keine Ebenen dazwischen! Nach der zeitgenössischen Version allerdings denken wir eher an eine Art Parallelverarbeitung und lösen das Problem der Ebenen, indem wir auf eine Struktur verweisen, in die sich alle sensorischen Impulse verzweigen. Jene Struktur ist das limbische System.

Diese Vorstellungen wurden erheblich gefördert durch den Fall eines Patienten mit auditiv-visueller Synästhesie, die von einem Tumor im linken Schläfenlappen ausgelöst wurde und wieder verschwand, nachdem der Tumor entfernt worden war.[10] Dies ließ nicht nur vermuten, daß Synästhesie asymmetrisch im Gehirn repräsentiert sein kann, sondern verweist auch auf jenen Teil des limbischen Systems, der innerhalb des Schläfenlappens sitzt.

Eine Grundeigenschaft aller Nervenzellen ist, daß sie andauernd elektrische Potentiale aufbauen, die sich dann wieder entladen. Entlädt sich eine sehr große Anzahl von Nervenzellen plötzlich und simultan, kommt es zu einem epileptischen Anfall. Wo diese schlagartige und synchrone Entladung beginnt, wie lange sie dauert und wie sie sich ausbreitet (möglicherweise über das ganze Gehirn wie beim sogenannten Grand-mal-Anfall) – all das bestimmt die klinischen Manifestationen des Anfalls. Mehr als ein Dutzend verschiedener Anfallstypen lassen sich klinisch unterscheiden. Einige haben rein physische Manifestationen, während es bei anderen entweder einzeln oder in Kombination zu mentalen, sensorischen oder emotionalen Manifestationen kommt.

Bei den Komponenten des limbischen Systems innerhalb des Schläfenlappens liegt der Schwellenwert für epileptische Anfälle zufällig sehr niedrig, so daß das Anfallsgeschehen auf das limbische System beschränkt bleiben und sowohl psychische wie motorische Manifestationen zeigen kann, ohne sich über den Rest des Gehirns auszubreiten. Diese Art Anfälle bezeichnet man als Schläfen- oder Temporallappen-Epilepsie (TLE), auch als psychomotorische oder limbische Epilepsie. *Das entscheidende Charakteristikum der Schläfenlappen-Epilepsie ist ein qualitativ veränderter Bewußtseinszustand.* In bezug auf meine These, daß der menschliche Geist vielerlei Facetten aufweist, läßt die Schläfenlappen-Epilepsie erkennen, daß es eine mentale Ebene gibt, welche dem Bewußtsein nicht zugänglich ist, aber dennoch unzweifelhaft beobachtbare Auswirkungen auf das Verhalten wie auf die subjektive Wahrnehmung hat.

In motorischer Hinsicht kommt es bei Schläfenlappen-Epilepsie zu Automatismen, das heißt, daß die Patienten eine Reihe gut koordinierter Handlungen ausführen, die auf den Beobachter rational und zweckgerichtet wirken, während der Patient sich überhaupt nicht an sie erinnern kann. Diese Handlungen laufen ohne jede Beteiligung des Bewußtseins ab. Zu den sensorischen und psychischen Manifestationen der Schläfenlappen-Epilepsie gehören Halluzinationen, besonders solche des Geruchs- und Geschmackssinns, Wahrnehmungsstörungen wie das bereits erwähnte Umgekehrt- und Verkehrtsehen oder die außerkörperliche Selbstwahrnehmung sowie subjektive Déjà-vu- und Jamais-vu-Erfahrungen und überwältigende Gefühle der religiösen Glückseligkeit, der geistigen Klarheit oder der inneren Gewißheit (das »Heureka«-Gefühl).

Bezüglich Synästhesie ist an Schläfenlappen-Epilepsie interessant, daß im Rahmen der Anfälle Riechen, Schmecken, Sehen, Tasten, Hören, Gedächtnis und Emotion verschmelzen können. In vier Prozent aller Fälle von Schläfenlappen-Epilepsie kommt es zu epileptischer Synästhesie. Ihr Spektrum reicht von komplexen Wahrnehmungen (»schöne Orte, weite Räume« sehen und gleichzeitig »schöne Musik« hören[11]) bis zu elementaren Empfindungen wie »Hitze«, »ein Geschmack« oder »Fühllosigkeit«. Bei vier verschiedenen Patienten waren die folgenden Beispiele epileptischer Synästhesien die einzigen Manifestationen der eigentlichen Anfälle:

– Geschmack von Galle, Fühllosigkeit des linken Handgelenks, Zucken des linken Mundwinkels,
– Magenschmerzen, Schaudern, bitterer Geschmack, Übelkeit,
– Kloß im Hals, Bewegungen von Mund und Zunge, Photismen oben rechts, bitterer Geschmack,
– intensives Hitzegefühl, vom Magen zum Mund aufsteigend und von unangenehmem Geschmack begleitet.

Solche Fälle wurden mit Elektroden, die man dem Gehirn implantierte, und gelegentlich auch operativ untersucht; es zeigte sich, daß es dann zu Geruchs- und Geschmacksempfindungen kommt, wenn der Anfall limbische Strukturen einschließt, die als Mandelkörper *(Corpus amygdaloideum)* und *Hippocampus* (ein einfach aufgebauter Bereich des Großhirns mit nur drei Schichten) bekannt sind. Geschmacksempfindungen werden niemals detailliert beschrieben, sondern mit allgemeinen Begriffen wie »bitter«, »unangenehm« oder bloß »ein Geschmack« ausgedrückt. Die Parallelen zu den Grundformen synästhetischer Wahrnehmung sind offensichtlich. Erst wenn der Anfall auf die komplexeren, sechslagigen Bereiche des assoziativen Kortex im Schläfenlappen übergreift, werden die Geschmacksempfindungen spezifischer (»rostiges Eisen«, »Austern« oder »Artischocken«).

Ob es zu einer einfachen Empfindung oder einer komplexen Wahrnehmung kommt, hängt also davon ab, welcher Teil des Schläfenlappens stimuliert wird. Daß der entwicklungsgeschichtlich ältere Hippocampus generische Wahrnehmungen produziert, wie man sie auch bei natürlicherweise vorkommender Synästhesie beobachtet, der jüngere temporale Kortex aber komplexere Wahrnehmungen ergibt, ist auch mit anderen Methoden nachgewiesen worden, einschließlich der direkten elektrischen Stimulation des Gehirns.

Elektrische Stimulation des Kortex

In den fünfziger Jahren hat vor allem der kanadische Arzt Wilder Penfield gezeigt, daß die elektrische Stimulation des Schläfenlappens Patienten die Vergangenheit so wiedererleben ließ, als sei sie die Gegenwart. Da lag Proust auf dem Operationstisch, elektrisch war man ›Auf der Suche nach der verlorenen Zeit‹ – die doch nicht verloren war. Die evozierten Erinnerungen gingen weit über gewöhnliche visuelle Gedächtnisinhalte hinaus. Sie wirkten wie eine umfassende, physische Neuinszenierung eines bereits gehabten Erlebnisses. Wenn die Elektrode das Gehirn berührte, kam es zu einer dynamischen, in der Zeit sich weiterentwickelnden Erinnerung, die sich völlig der Kontrolle des Patienten entzog, solange der Strom eingeschaltet blieb.

Die Patienten waren verblüfft, daß sie Gespräche wiedererlebten, Familienfeste, Klassenzimmer, längst vergessene Nachbarn, Lieder, die sie seit Jahren nicht mehr gehört hatten, Momente des Glücks und der Verzweiflung. Wie Synästhetiker konnten die Patienten unter elektrischer Schläfenlappen-Stimulation »beide Welten« nachvollziehen. Sie waren eindeutig davon überzeugt, daß sie etwas Reales wahrnahmen, ohne daß sie die Tatsache aus dem Blick verloren, daß sie auf einem Operationstisch in Montreal lagen. Ein Patient drückte es so aus: »Ich sehe die Leute in dieser Welt und zugleich auch die in jener Welt.«[13]

Penfields Arbeiten legten zum ersten Mal den Schluß nahe, daß Gedächtnisinhalte auf verschiedene Weise gespeichert wurden, obwohl er selbst dies noch nicht erkannte. Unspezifische Verallgemeinerungen unterschiedlicher Erlebnisse, die überwiegend intellektueller und nicht emotionaler Natur sind, werden in den meisten Fällen gewöhnlich als verbale Repräsentationen gespeichert. Wir nennen dies das semantische Gedächtnis. Penfield und seine Nachfolger aber zeigten, daß es auch möglich war, die ganze ursprüngliche Episode mit all ihrem lebhaften sensorischen und emotionalen Drum und Dran wiederzuerschaffen. Einzig und allein die limbische Stimulation löste dieses Wiedererleben aus.

Zusammenfassung

Fünf dieser veränderten Bewußtseinszustände weisen Ählichkeiten mit Synästhesie auf, während die Schläfenlappen-Epilepsie ihr fast völlig gleicht. In allen Fällen handelt es sich aber um pathologische Zustände mit identifizierbaren Ursachen, während dies bei der uns interessierenden Synästhesie nicht der Fall ist. Dennoch können jene Fälle, deren Ursachen feststehen, uns auf die Spur jener Gehirnmechanismen bringen, die für die natürlicherweise vorkommende Form verantwortlich sind. Sie tragen auch zur weiteren Klärung der Terminologie bei. Von *induzierter Synästhesie* sprechen wir im Fall von Patienten mit Hirnverletzungen, etwa wie in dem Beispiel, bei dem das Klicken eines Heizkörpers Farbphotismen bei einem Patienten mit Sehnervschädigung auslöste. Die von LSD verursachte Form können wir *drogeninduziert* nennen. Der Begriff *Synästhesie* ohne jedes qualifizierende Beiwort bezieht sich auf ein lebenslanges Merkmal von Menschen, deren Nervensystem keinerlei pathologischen Befund aufweist. Sie ist der Gegenstand unserer ständig weitergeführten Forschungsarbeit.

Diesen sechs Wahrnehmungszuständen ist gemeinsam, daß es zu einer Unterbrechung oder Unterdrückung abstrakterer Prozesse im Kortex und gleichzeitig zu einer Blockierung des sensorischen Inputs kommt. Sie alle legen die Vermutung nahe, daß am Schläfenlappen und dem ihm zugehörigen Teil des limbischen Systems etwas Besonderes ist, das veränderte Bewußtseinszustände erzeugen kann. Und dies war die Stelle, an der ich meine Suche nach dem Sitz der Synästhesie fortsetzte.

17.   21. Mai 1981: Unter Drogen

Für einen Wissenschaftler ist es manchmal schwierig, die Dinge einfach auf sich beruhen zu lassen, besonders wenn es um etwas geht, was es zu beweisen gilt. Da erst die Falsifizierbarkeit eine Angelegenheit zu einer wissenschaftlichen macht, fühlen sich Praktiker der Wissenschaft wohler, wenn sie ihre Lieblingshypothese mit mehreren Beweisführungen zugleich absichern können. Weil ein einziges negatives Beispiel genügt, um ein ganzes Gedankengebäude einstürzen zu lassen, kann man nie genug positive haben; dennoch kommt man schließlich an einen Punkt, wo man so viele positive Belege angehäuft hat, daß eine Falsifikation äußerst unwahrscheinlich wird und die Hypothese als bewiesen gelten kann. Bis jetzt hatte ich Synästhesie in zweierlei Hinsicht belegt, theoretisch und experimentell. Jetzt spielte ich mit dem Gedanken, sie technisch dadurch zu beweisen, daß ich die Neurotransmitter in Michaels Gehirn manipulierte.

Obwohl ich North Carolina verlassen hatte, hielt ich immer noch Kontakt zu meinen Kollegen. Eines Abends ging ich in Washington mit Frank Wood zum Essen aus. Wir führten nicht nur ein anregendes Gespräch; zugleich kam ich kostenlos in den Genuß des Schauspiels, wie Wood ein erstklassiges, blutig gebratenes Ochsenkotelett verspeiste.

»Wie Sie wissen, legen viele unserer Befunde den Schluß nahe, daß während einer synästhetischen Wahrnehmung der Kortex irgendwie ›zurückgedreht‹ wird, während das limbische System ›aufgedreht‹ wird«, erinnerte ich ihn.

»Woran denken Sie, Rick?«

»Ich glaube, daß sich die Intensität der synästhetischen Wahrnehmung verändert, wenn man die relative Stärke des Kortex gegenüber dem limbischen System manipuliert. Mit Drogen könnte man das wahrscheinlich bewerkstelligen.« Ich erinnerte ihn daran, daß eine verstärkte limbische Aktivität die wahrscheinlichste Erklärung für Hypermnesis und LSD-induzierte Synästhesie war.

»LSD ist nicht zu bekommen«, nuschelte Wood mit vollem Mund, »und die meisten anderen Drogen, die für Ihr Vorhaben in Frage kommen, stehen auf dem Index.« Er spülte den großen Bissen mit drei kräftigen Schlucken Bier hinunter. »Brauchen Sie da nicht eine Sondergenehmigung der Aufsichtsbehörde?«

»Ich dachte an etwas Einfacheres als Designer-Stoff«, sagte ich. »Michaels normaler Tagesablauf hat mich darauf gebracht.«

Michaels Synästhesien schienen einem täglichen Rhythmus zu folgen und waren abends viel lebhafter als morgens. Das Tagebuch, das er auf meine Bitte hin führte, ließ erkennen, daß er eigentlich rund um die Uhr synästhetische Wahrnehmungen hatte, diese aber tagsüber wesentlich schwächer ausgebildet waren. »Es ist dann nicht so intensiv«, hatte Michael mir erklärt. »Ich spüre kaum etwas mit den Fingerspitzen und kann es nicht fassen. Ich muß weiter hinaus greifen, weil die Formen kleiner und weiter entfernt sind.«

Bei genauerer Untersuchung zeigte sich, daß dies nichts mit einem natürlichen Tagesrhythmus zu tun hatte, sondern durch Michaels wechselnden Konsum von Koffein, Nikotin und Alkohol verursacht wurde, drei Substanzen, die alle die Gehirnfunktion beeinflussen.[14] Sein Frühstück bestand gewöhnlich aus Unmengen Kaffee und Zigaretten, die, beide, wie man seit langem weiß, den Kortex stimulieren. Ich vermutete, daß diese morgendliche Stimulation seine Synästhesie dämpfte. Im Gegensatz dazu trank Michael abends stark, und sein Tagebuch zeigte, daß seine synästhetischen Wahrnehmungen nach ein paar Cocktails lebhafter wurden.

»Sie beschreiben da ein natürliches Experiment«, staunte Frank Wood und wandte sich für einen Augenblick vom Dessertwagen ab. »Das hört sich gut an. Sie könnten ihn ein paar Tage trockenlegen und ihn dann kontrolliert Aufputsch- und Beruhigungsmitteln aussetzen.«

»Genau«, lächelte ich. »Ich behaupte, daß konventionelle Aufputschmittel seinen Kortex aufdrehen und seine Synästhesien blockieren werden, Beruhigungsmittel aber den Kortex zurückdrehen und die Synästhesien lebhafter erscheinen lassen werden.«

Als ich Michael das nächstemal traf, stimmte er zu, daß wir dieses Experiment durchführten. Wir verwendeten ein allgemein übliches medizinisches Aufputschmittel, nämlich Amphetamin, sowie zwei wohlbekannte, kortikal wirkende Beruhigungsmittel, Alkohol und Amylnitrit. Es kam darauf an, herauszufinden, ob äußere Einflüsse die subjektive Wahrnehmung seiner Synästhesie verändern konnten. Tabelle 2 zeigt, daß die Ergebnisse unseren Erwartungen entsprachen.

Tabelle 2: Auswirkungen verschiedener Drogen auf Synästhesie

Droge	Wirkung auf Kortex	Wirkung auf Synästhesie
Amphetamin	stimuliert	blockiert
Alkohol	unterdrückt	verstärkt
Amylnitrit	unterdrückt	verstärkt

Als Stimulus wählten wir bei unseren Drogenversuchen immer die Inhalation von Pfefferminzöl. Ich wußte bereits, daß Pfefferminz bei Michael eine konsistente Synästhesie hervorrief: glatte, kühle Glassäulen, die Michael abtasten konnte, indem er seine Hand an ihren rückwärtigen Rundungen entlang und in Längsrichtung der Zylinder auf- und abgleiten ließ.

Bald fand ich heraus, daß Amylnitrit wie ein Adjuvans wirkte. Mit diesem Begriff, der wörtlich »Helfendes« bedeutet, bezeichnet man in der Medizin Hilfsstoffe, die die Wirkung von etwas anderem verstärken. Wir fanden heraus, daß Amylnitrit die durch Pfefferminz ausgelöste synästhetische Wahrnehmung erheblich verstärkte. Sie war nicht nur sinnlich intensiver, vielmehr schienen sich auch die Glassäulen zu vervielfachen, und Michael fühlte »Hunderte davon. Ich kann meine Hand dazwischen stecken, ihre Oberflächen berühren und spüren. Es sind so viele, daß ich gar nicht so weit reichen kann.« Michael wollte natürlich unbedingt wissen, warum das so war, besonders weil Amylnitrit in jenen Tagen unter dem Namen »Poppers« als Entspannungsdroge verwendet wurde.

Als mein Vater noch praktizierte, galt Amylnitrit als bewährtes Arzneimittel für Patienten, die an den als Angina pectoris bekannten Herzschmerzen litten. Spätestens Ende der siebziger Jahre waren durchweg Nitroglycerinpräparate an seine Stelle getreten, aber ich bin immer der Überzeugung gewesen, daß Amylnitrit das auffälligste Arzneimittel der Medizin war. Und zwar nicht nur, weil es so laut »pop« machte, wenn man das Medikament verabreichte (indem man die kleine, stoffumhüllte Phiole zerbrach und den Patienten den flüchtigen Stoff inhalieren ließ), sondern weil Amylnitrit auch einen unvergeßlichen Geruch verströmt, der irgendwie an alte durchgeschwitzte Socken erinnert. Wenn der Gestank sich wieder einmal schnell das Haus eroberte, wußten wir, daß mein Vater das Mittel jemandem in seinem Sprechzimmer verabreicht hatte.

Michael war erstaunt, daß etwas so Äußerliches wie die Poppers seine Synästhesie beeinflussen konnte, während er selbst nicht in der Lage war, per Willenskraft auf sie einzuwirken. Obwohl er mich inständig bat, ihm die Wirkungsweise zu erklären, mußte ich schweigen, bis wir unsere Arbeit beendet hatten. Amylnitrit selbst verursachte keine Synästhesie, aber es war genau der limbische Verstärker, den ich gesucht hatte. Pharmakologisch betrachtet, bewirkt das Mittel im ganzen Körper eine Entspannung der glatten Muskulatur, wozu auch die Muskeln der Blutgefäße gehören. Deren Entspannung führt zu einer Gefäßerweiterung, was den Blutdruck stark absinken läßt. Obwohl das Herz mehr Arbeit leistet, um dies zu kompensieren, ergibt sich als Nettoeffekt für das Gehirn, daß der Blutdruck am oberen Ende des Kreislaufsystems scharf, wenn auch zeitlich begrenzt, abfällt – nämlich im Kortex. Ohne ausreichende Durchblutung vermindert sich die neurale Funktion. Indem Amylnitrit vorübergehend die Blutversorgung des Kortex drastisch kürzt, unterdrückt es dessen Aktivität, so daß sich im Verhältnis dazu diejenige des limbischen Gehirns verstärkt.

Als Entspannungsdroge waren Poppers beim Tanzen in der Disko und beim Sex sehr beliebt. Zu den klinischen Wirkungen des Mittels zählen Gefühle des In-sich-Zurückziehens, charakterliche Veränderungen, Enthemmung und eine Steigerung des emotionalen Erlebens, so daß sich beim Tanzen das »Wir«-Gefühl einer ekstatischen Menschenmenge einstellt. Beim Sex kommt es zu einem umfassenden Gefühl des Einsseins mit dem Partner, zu einer Steigerung des Orgasmus und zum Verlust der Selbstkontrolle. Übereinstimmend berichten Menschen mit entsprechenden Erfahrungen, unter dem Einfluß von Amylnitrit sexuelle Handlungen vollzogen zu haben, an denen sich zu beteiligen sie anderweitig wohl gezögert hätten.

Zusammengefaßt besteht die Wirkung des Amylnitrits darin, daß man in der Disko »wie verrückt« tanzt und sich im Bett »wie wild« aufführt. »Mehr ist nicht genug« könnte das Motto der Leute lauten, die Poppers nehmen. Den Veränderungen des Verhaltens entspricht eine bemerkenswerte Verstärkung der sinnlichen Lustgefühle, die das limbische System vermittelt, während gleichzeitig das höhere Urteilsvermögen aufgelöst wird. Als kortikales »Lösemittel« wirkt Amylnitrit innerhalb von Sekunden, und seine Wirkung hält nur Minuten an. Mit »Lösemittel« will ich sagen, daß es die Hierarchie höherer kortikaler Funktionen wie logisches Denken und soziale Hemmungen auflöst. Lange Zeit war Alkohol das bekannteste kortikale »Lösemittel«; auch er bringt die Hemmungen zum Verschwinden, was die Menschen in feuchtfröhlicher Runde redselig werden läßt. Bei steigender Menge aber wird man so enthemmt, daß man die Selbstkontrolle verliert.

Bei einer anderen Gelegenheit verabreichte ich Michael einmal eine Dosis Amphetamin; daß die Droge auch physisch wirksam war, kontrollierte ich anhand seines beschleunigten Pulses und des erhöhten Blutdrucks. Als er jetzt am Pfefferminzöl roch, überraschte es ihn sehr, daß seine Synästhesie nur noch sehr schwach ausgeprägt war.

»Es ist, als griffe ich durch ein Bullauge!«, rief er aus. »Ich nehme nur noch einen kleinen Ausschnitt wahr, bloß ein oder zwei Säulen in weiter Entfernung.« Er streckte seinen Arm aus. »Sehr schwierig zu berühren.«

Er stand einen Moment da und bewegte seine Hand leicht vor und zurück. »Das ist ganz anders«, schloß er.

»Wie das?«

»Die Empfindung kommt schneller als zuvor, aber die Säulen sind viel kleiner. Sie sind ungefähr noch so beeindruckend wie eine Miniatur im Vergleich zu einem großen Ölgemälde. Das Gefühl ist auch weniger intensiv, aber immer noch angenehm. Das Ganze ist einfach weiter weg.« Er öffnete die Augen und schaute auf seine Finger. »Ich kann das nur so in Worte fassen, daß es sich anfühlt, als schlüpfe mir die Empfindung durch meine Finger.«

»Versuchen wir es jetzt mit Amylnitrit.« Michael stand immer noch unter dem Einfluß des Amphetamins. Ich gab ihm eine Dosis Pfefferminzaroma, gefolgt von Amylnitrit als Adjuvans, um zu sehen, ob es die hemmende Wirkung des Amphetamins aufheben würde.

»Unglaublich«, sagte Michael. »Das Amylnitrit funktioniert nicht mehr!«

»Was meinst du damit, es funktioniert nicht mehr?«

»Das geht nicht mehr so durch Mark und Bein wie vorhin. Statt des intensiven Gefühls in meinen Händen, meinem Rücken, Hals und meinen Armen spüre ich nur noch etwas an den Fingerspitzen. Vorhin konnte ich meinen Tastsinn auf eine Form konzentrieren, die die ganze Zeit gegenwärtig war. Jetzt ist die Empfindung zu einer Reihe kleiner, flatternder Sinneseindrücke geworden, nur an den Fingerspitzen. Die taktile Empfindung ist viel schwächer, und ich kann die Qualität der Säule nicht mehr spüren.«

»Du meinst die Kühle, die Glätte?« fragte ich.

»Genau. Was hast du mit mir angestellt?«, verlangte er zu wissen. Michael war sichtlich erschüttert. Bei all ihrer Merkwürdigkeit war seine Synästhesie ihm doch völlig vertraut. Jetzt fühlte sie sich fremd an, nicht länger wie ein Teil seiner selbst. Er saß am Tisch und versuchte ungläubig, sein Erstaunen in Worte zu fassen. »Das gleicht irgendwie einem Modell in kleinerem Maßstab, einer Miniatur. Im ganzen ist es unglaublich anders.

Das Gefühl hält nicht an, sondern die Empfindung pulsiert wie ein Film, den man Bild für Bild betrachtet, und zeigt nicht mehr die eine, lange Form, auf die ich mich konzentrieren kann. Alles ist immer noch klein und weit weg. Das Amphetamin hält mich von den Säulen ab, und ich kann sie nicht berühren, auch nicht mit dem Amylnitrit.«

Wir probierten andere Gerüche, Aromen und sogar verschiedene Nahrungsmittel aus, während Michael immer noch unter Amphetamin stand, keines jedoch konnte die gewohnte, typische synästhetische Wahrnehmung auslösen. Trotz vieler Versuche, in diesem aufgeputschten Zustand Synästhesien auszulösen, konnte auch das Amylnitrit die Blockadewirkung des Amphetamins nicht überwinden.

Ähnliche Experimente mit Alkohol bestätigten später meine Vermutung, daß dieser die Intensität der Synästhesien verstärken würde. Eine weitere – völlig unerwartete – Bestätigung der Alkoholwirkung ergab sich Jahre später aus einem anderen »natürlichen Experiment«. Als ich Michael im Jahr 1980 kennenlernte, trank er täglich ungefähr einen Viertelliter Alkohol. Das steigerte sich auf beinahe einen Dreiviertelliter, bis er 1985 mit dem Trinken aufhörte. Mit dem Alkohol verschwand auch seine Synästhesie.

Michael erschrak darüber, daß er sie nüchtern nicht mehr hatte, und er fragte sich natürlich, ob seine Synästhesie die ganze Zeit nur alkoholbedingt gewesen war. Jedoch war sie nur scheinbar verschwunden, und auch dafür gibt es eine medizinische Erklärung.

Bei chronisch Abhängigen kommt es nach dem Alkoholentzug als Gegenreaktion zu einer verstärkten kortikalen Aktivität, die sich auf verschiedene Weise äußern kann: Schlaflosigkeit, lebhafte Träume, Alpträume, Zittern, Anfälle sowie eine gesteigerte Erregung des autonomen Nervensystems (zum Beispiel Schwitzen, Herzklopfen). Mit anderen Worten, nach dem Entzug von Alkohol, der den Kortex hemmt, kommt es im Gegenzug zu einer kortikalen Stimulierung, als hätte man dem Betreffenden eine Dosis Amphetamin verabreicht. Wer schon einmal unter einem schweren Kater gelitten hat, kennt diesen Zustand. Als mit der Zeit Michaels Entgiftung Fortschritte machte und die Entzugssyndrome nachließen, kehrte zu seiner großen Erleichterung seine Synästhesie wieder zurück.

18.   29. Juni 1981: Frankensteins Braut

»Du willst mir radioaktives Gas in den Kopf jagen?«, schrie Michael auf. »Bist du verrückt geworden?«

»Ich habe dir noch gar nicht gesagt, wozu das gut ist.«

Michael warf den Kopf zurück. »Das meinst du doch nicht ernst.«

»Zunächst einmal müssen wir dich nicht einbalsamieren, wenn du stirbst.«

Michael mußte lachen und schüttelte langsam mit dem Kopf. »Irgend etwas sagt mir, daß die Dinge hier mir über den Kopf wachsen.«

»Ehrlich gesagt, mit dem Gas habe ich ein bißchen gelogen. Die Radioaktivität durchdringt deinen ganzen Körper, ich stelle aber nur das im Kopf in Rechnung.« Er grinste mich an.

»Im Ernst«, fuhr ich fort, »es dringt wirklich überall hin, obwohl wir uns nur dafür interessieren, wie sich das Gas in deinem Gehirn verteilt. Indem wir die Verteilung der Radioaktivität aufzeichnen, können wir messen, wie aktiv die verschiedenen Gehirnregionen während der Synästhesie sind.«

Michael runzelte die Stirn. »Was heißt ›wir‹?«

»Wir, das sind du, ich und David Stump, ein Kollege. Weltweit gilt er als Spezialist für die Messung des Gehirnstoffwechsels. Als Doktorand habe ich diese Technik bei ihm erlernt. – Schau«, fuhr ich fort, »früher hast du dich beklagt, daß unsere Experimente zu langweilig wären und es für deinen Geschmack zu wenig High-Tech gäbe. Auf der ganzen Welt gibt es nur ungefähr zwanzig solcher Apparate, und zufälligerweise haben wir einen davon hier. Stump hat eingewilligt, daß wir mit seinem arbeiten.«

Michael verzog das Gesicht. »Das klingt einfach irrsinnig.«

»Jetzt hast du endlich deine große Chance, berühmt zu werden«, zog ich ihn auf. »Den Tony Award kann ich dir zwar nicht anbieten, aber ich verspreche dir, wenn wir dich voll verdrahtet haben, siehst du noch schöner aus als Frankensteins Braut.«

Michael rollte die Augen. »Der Tony wäre mir trotzdem lieber. Ich glaube, du mußt mir das besser noch mal erklären«, sagte er. »Von Anfang an.«

Ich sammelte meine Gedanken. »Ich suche nach einer Möglichkeit, die Stoffwechselaktivitäten in verschiedenen Bereichen deines Gehirns zu messen, während du eine synästhetische Wahrnehmung hast.«

»Und so etwas gibt es?« fragte Michael. »Das klingt schon nach dem verrückten Wissenschaftler. Hast du wirklich nur Spaß gemacht, als du Frankensteins Braut erwähntest?«

»Nur zum Teil. Du wirst einen Helm und eine Maske tragen, die, ehrlich gesagt, so aussehen, als kämen sie geradewegs aus einem billigen Film. Lange Sonden sind daran und eine Menge elektrischer Kabel hängen heraus, die ein paar Hunderttausend Volt über deinen Kopf transportieren. Aber davon wirst du nichts spüren. Um auf deine Frage zurückzukommen: Die Idee, den lokalen Gehirnstoffwechsel mittels eines Indikators wie radioaktivem Xenon zu messen, geht auf die fünfziger Jahre zurück. Im Lauf des letzten Jahrzehnts ist sie zu einer zuverlässigen Methode der neurologischen Forschung gereift.«

»Und warum willst du das tun?« fragte Michael.

»Aus zwei einfachen Gründen«, antwortete ich. »Erstens würde ich sehr gern herausfinden, ob sich Synästhesie lokalisieren läßt. Wir Neurologen wissen seit langem, daß die verschiedenen Hirnregionen in unterschiedlichem Maß ihren Beitrag zu den verschiedenen Gehirnfunktionen leisten.«

»Ich weiß, Lokalisierung ist dein ein und alles.«

»Und deines ist die Glitzerwelt, das ist mir klar. Aber laß mich fortfahren. Deine Erlebnisse mit dem Amylnitrit brachten mich darauf, daß es sinnvoll sein könnte, die Technik der zerebralen Blutflußmessung anzuwenden – ›CBF‹ heißt sie abgekürzt. Es ist bekannt, daß Amylnitrit den Blutdruck senkt, und wir haben erlebt, wie dramatisch es deine synästhetischen Wahrnehmungen verstärkt. Beides zusammengenommen, sollten wir also einen Schnappschuß von deinem Gehirn versuchen, während du nicht nur eine synästhetische Wahrnehmung hast, sondern auch, während diese mit Amylnitrit verstärkt wird.«

»Was für ein Schnappschuß?« fragte Michael.

»Ein lebendiger. Eine Computertomographie oder ein MRI-Scanner läßt nur den Aufbau des Gehirns erkennen; welche Teile gerade aktiv sind und welche nicht, läßt sich daraus nicht entnehmen. Mit der CBF-Technik erhält man aber wirklich einen

Schnappschuß des arbeitenden Gehirns, man erkennt die Stoffwechselaktivitäten in den verschiedenen Bereichen, während eine mentale oder körperliche Aufgabe gelöst wird.«

»Unglaublich!« rief Michael aus. »Und das kann man hier in North Carolina machen?«

»Das ist hier nicht verboten«, gab ich zurück, betrachtete die Dinge aber gleich wieder nüchtern und meinte, daß dies alles vielleicht doch noch zu sehr nach Science-fiction klang, um Michaels Gefallen finden zu können. »Vielleicht lege ich dir das besser Schritt für Schritt dar und fange damit an, wie dein Gehirn seine Arbeit verrichtet.«

»Mach das, und ich hole derweil etwas zu Trinken«, sagte Michael und schlenderte hinüber zur Hausbar. »Ich habe das Gefühl, ich kann einen Schluck gebrauchen, wenn du fertig bist.«

»Biologische Arbeit bedeutet immer Umwandlung von Energie«, fing ich an zu erklären. »Deine Skelettmuskeln zum Beispiel verrichten mechanische Arbeit, wenn sie dein Gewicht gegen die Schwerkraft stemmen, während du die Treppe hinaufgehst. Die Nieren verrichten chemische Arbeit, wenn sie das Blut osmotisch filtern und die Abfallstoffe im Urin konzentrieren. Je mehr biologische Arbeit verrichtet wird, desto mehr Energie wird dabei verbraucht. Das Gehirn ist übrigens in dieser Hinsicht ein Vielfraß. Es beansprucht fünfundzwanzig Prozent aller Energie, die im Körper verbraucht wird.«

»Ein Organ mit so einem Appetit gefällt mir«, rief Michael von der anderen Seite des Raumes.

»Dann wart' erst einmal ab, bis ich fertig bin«, antwortete ich. »Wenn man wissen will, welche Teile des Gehirns an einer bestimmten Aufgabe mitarbeiten«, fuhr ich fort, »dann muß man nachschauen, welche Teile während dieser Zeit die größten Stoffwechselaktivitäten aufweisen. Die CBF-Technik ist dafür ideal, weil man zahlreiche Hirnbereiche damit gleichzeitig, aber unabhängig voneinander untersuchen kann. Ob du einen Ball drückst, liest, dich an etwas erinnerst, Formen identifizierst, rechnest oder irgend eine andere mentale Leistung vollbringst, immer werden bestimmte Regionen deines Kortex mehr Stoffwechselaktivität aufweisen als andere, die an dem Vorgang nicht beteiligt sind. Weil das Blut den benötigten Brennstoff, Glukose und Sauerstoff, heranführt, kann uns die Messung des zerebralen Blutflusses Auskunft darüber erteilen, wie hoch die Stoffwechselaktivität an irgendeiner fraglichen Stelle des Gehirns ist. Schwer arbeitende Bereiche werden intensiver mit Blut versorgt als andere, die sich gerade ausruhen.«

Plötzlich war Michael aufgeregt. »Bedeutet das alles, daß du lokalisiert hast, wo in meinem Kopf die Synästhesie passiert?« fragte er. »Wann willst du mir endlich mal erzählen, was du herausgefunden hast?«

Zu diesem Zeitpunkt konnte ich mir erlauben, ihm meine Mutmaßungen über Synästhesie zu enthüllen, weil es keine Versuchsergebnisse mehr beeinflussen würde, wenn Michael darum wußte. Die Experimente, bei denen er »blind« sein mußte, hatten wir abgeschlossen. Ich erklärte ihm meine Vorstellung von den verschiedenen Ebenen und warum ich vermutete, daß der Kortex bei synästhetischen Wahrnehmungen keine größere Rolle spielt.

»Vielleicht ist das eine dumme Frage«, sagte Michael, nachdem ich ihn in Kenntnis gesetzt hatte, »aber du sagtest, daß man mit der CBF-Technik vor allem die Aktivitäten im Kortex beobachtet. Wenn du aber nicht glaubst, daß der Kortex irgend etwas mit Synästhesie zu tun hat, warum benutzen wir dann diese Maschine?«

»Gute Frage«, sagte ich und nickte leicht. »Logischerweise scheint das nichts miteinander zu tun zu haben, aber in der Praxis ist es nun einmal so, daß wir nur diese Maschine haben. Sie ist der am weitesten entwickelte High-Tech-Apparat, den es zur Erforschung *lebender* Gehirne gibt, und sie ist nun einmal hauptsächlich auf den Kortex gerichtet. Zum andern erwarte ich nicht, daß dein Kortex völlig abgeschaltet ist, wenn dir Synästhesie widerfährt«, erzählte ich Michael. »Ich sage nur, daß der Kortex nicht der Brennpunkt der Aktivität sein wird. Ich erwarte, eine Verteilung der Gesamtaktivität zu sehen zu bekommen, die sich von der des Ruhezustands unterscheidet, und aus dieser Verteilung sollten wir ein paar sinnvolle Schlüsse ziehen können.«

Michael verharrte einen Moment regungslos. »Und wie willst du mich davon überzeugen, daß ich mich dieser Tortur unterziehen soll?« fragte er.

»Liegst du bequem?« fragte ich. Michael war auf einer Liege festgeschnallt, sein Kopf steckte in einem Helm, aus dem elektrische Vorrichtungen einen halben Meter weit in alle Richtungen ragten. Tonnen nuklearen, elektronischen und Computer-Geräts summten um ihn herum in dem abgedunkelten Raum. Er sah wirklich wie ein Cyborg aus. Ich spannte den Riemen der schwarzen Anästhesie-Maske, die sein Gesicht bedeckte.

Unter dem Helm hervor blinzelte er mich an. »Ich weiß nicht genau, wie ich aussehe«, nuschelte Michael durch die Maske, »aber du hattest recht. Ich *fühle* mich wie Frankensteins Braut.«

Mit Hilfe der Maske war Michael in das System eingekoppelt. Durch sie atmete er Xenon^{-133}, ein natürlicherweise vorkommendes radioaktives Isotop dieses Edelgases. Es geht sofort ins Blut über, da es aber chemisch inaktiv ist, zeigt es keinerlei physische Folgen. In dem Helm waren Strahlungsdetektoren montiert, die den Xenon-gesättigten Blutstrom in sechzehn verschiedenen Gehirnregionen gleichzeitig aufzeichneten, während die Versuchsperson die fragliche Aufgabe bewältigte – in Michaels Fall eine synästhetische Wahrnehmung.

Solche Blutfluß-Messungen bedürfen der sorgfältigen Planung, weil nur eine bestimmte Menge radioaktiven Materials in einem gegebenen Zeitraum verabreicht werden darf. Wir hatten uns zu einer Sitzung mit drei Durchgängen entschlossen. Im ersten wollten wir die *Basiswerte* in Ruhe ermitteln, mit denen wir die beiden sich anschließenden *Aktivierungszustände* vergleichen wollten. Die Basiswerte werden im Ruhezustand gemessen, das heißt, der Patient liegt ruhig, hält die Augen geschlossen und hört nur das stetige Summen der Maschinen um sich herum. Natürlich ist das Gehirn nicht völlig untätig, denn ständig macht sich der Geist irgendwelche Gedanken; dennoch ist diese Art von Ruhezustand weltweit als Standard anerkannt. Normalerweise sollte der zerebrale Blutfluß in Ruhe ziemlich gleichmäßig verteilt sein, so daß kein Gehirnbereich sich in besonderem Maß hervortut.[15]

Die Messung von Michaels Ruhezustand ging reibungslos. Schließlich mußte er nichts weiter tun, als einfach dazuliegen. David Stump und ich verfolgten eifrig die riesigen Datenmengen, die zunächst von einem im selben Raum installierten Computer gesammelt wurden, bevor dieser sie an den Großrechner irgendwo anders weitergab. Die mathematische Datenaufbereitung war äußerst komplex und brauchte viel Zeit; was Michaels Wahrnehmungen bedeuteten, würden wir erst nach gut einer Stunde entziffern können, wenn wir unsere drei Inhalations-Durchgänge schon längst abgeschlossen haben würden.

Ich begann mit dem ersten Aktivierungs-Versuch. Ruhig und konzentriert verrichteten wir drei unsere Arbeit. Ungefähr acht Minuten lang mußte Michael im Zustand der Synästhesie gehalten werden; so lange brauchten die Geräte für den »Schnappschuß«. Eineinhalb Jahre Arbeit waren diesem Moment vorausgegangen, und ich hatte nur diese eine Chance, die Sache zu einem guten Abschluß zu bringen. Michael und ich hatten im voraus verabredet, welche Art Stimuli wir verwenden wollten und wie er, ohne zu sprechen, mir signalisieren würde, daß er noch mehr brauchte. Der CBF-Apparat und die Maske boten sich geradezu an, Duftaromen als Stimuli zu verwenden. Wir hatten zuvor bereits festgestellt, daß er einen beinahe konstanten Zustand von Synästhesie über mehr als acht Minuten ohne Erlahmung aufrechterhalten konnte. Sprache, Bewegung und andere sensorische Stimulationen mußten allerdings vermieden werden, damit nicht die falschen Gehirnbereiche sich meldeten und die Ergebnisse zunichte machten.

So gut wie jede physische oder mentale Aufgabe, sogar die Verabreichung einer Droge, können bei der CBF-Untersuchung als Aktivierung benutzt werden. Je nach Art der Aktivierung kann man mit einiger Überlegung manchmal vermuten, welche Teile des Gehirns im Vergleich zu den Basiswerten »aufleuchten«, also aktiver sein werden. Im allgemeinen ist mit einer *Zunahme um mindestens zehn Prozent* in jenen Bereichen zu rechnen, die an der Aktivierungsaufgabe beteiligt sind; zwanzig bis fünfzig Prozent Zunahme sind nicht ungewöhnlich. Trotz meines langen und gründlichen Nachdenkens über Synästhesie war ich verdrießlich, weil ich jetzt keine klare Vorstellung davon hatte, was mich erwartete. Ich machte mich auf Überraschungen gefaßt, wenn wir endlich die Untersuchungsergebnisse sehen würden.

Im dritten und letzten Durchgang verstärkten wir Michaels Synästhesie mit Amylnitrit; auch er verlief reibungslos. Der ganze Raum lag im Halbdunkel, nur das leise Summen war zu hören, alle überflüssige Aktivität verboten. Die Besonnenheit und Zielgerichtetheit unseres Arbeitens verstärkten die Spannung. Einen Moment lang trat ich zurück und schaute zu. Wenn das, was wir taten, nicht so ernst und risikobeladen gewesen wäre, hätte es schon komisch gewirkt, wie angespannt wir arbeiteten. Ich mußte schmunzeln. Wie merkwürdig, unheimlich und spannend das doch war, ganz wie in diesen alten Horrorfilmen. Einmal mehr war die Wirklichkeit merkwürdiger, wenn nicht noch etwas ganz anderes, als alles, was die Phantasie sich auszudenken vermag.

»Wie fühlst du dich? War es gut?« Eilends löste ich Michaels Kabel und befreite ihn aus der Maschine; ich war froh, daß wir nach einer Stunde des Schweigens endlich wieder miteinander sprechen konnten. David Stump hatte das Licht angeknipst.

Michael setzte sich langsam auf. »Es war so friedvoll da drin«, sagte er, offensichtlich überrascht. »Ganz seltsam.«

»Wie war die Synästhesie?«

»Oh, intensiv, keine Sorge. Und praktisch konstant, ganz wie wir es geübt haben.«

»Hat das Amylnitrit funktioniert?«

»Wie früher schon. Nur, daß es diesmal so extrem war«, bemerkte Mike und ergriff meinen Arm. »Da im Dunkeln gab es nichts anderes, was meine Aufmerksamkeit erregen konnte. Ich war so auf das konzentriert, was ich fühlte. Es war wunderbar. Ich danke dir vielmals.«

Den ersten Teil unserer Aufgabe hatten wir gut bewältigt. David Stump und ich hatten ständig die Rohdaten im Blick behalten und wußten, daß wir uns auf sie verlassen konnten. David schob eine Datenkassette in das Computer-Terminal. Der Großrechner hatte Unmassen von Daten aufbereitet. Jetzt würden wir entziffern können, was sie uns zu sagen hatten. »Der erste Durchgang kommt über die Leitung«, verkündete David. »Kommt, schaut euch das an.«

Kurven und Zahlentabellen wanderten über den Computerbildschirm, während der Drucker sie aufs Papier zirpte. »Gewöhnlich fahren wir unsere Patienten hier auf der Bahre hinaus«, scherzte David mit Michael. »Die sind nicht so jung wie Sie. Soweit ich mich erinnern kann, sind Sie der erste, der diesen Teil der Arbeit mitbekommt.«

»Was ist das?«, fragte Michael und deutete auf den Bildschirm.

»Ihre Basiswerte«, antwortete David. »Sie zeigen den Ruhezustand Ihres Gehirnstoffwechsels, wenn Sie auf der Couch liegen und nichts tun. Damit vergleichen wir die beiden Synästhesie-Durchgänge.«

David Stump war einst mein Lehrer gewesen. Zusammen hatten wir schon viele solcher Dateien durchforstet. Den Fachjargon beherrschten wir fließend, vorwärts wie rückwärts; wir redeten von initialen Steigungskoeffizienten, Doppelkammer-Flußdiagrammen, Standardabweichungen und verschiedenen Eliminationskurven, während Michael geduldig abwartete. Doch die Botschaft unseres aufgeregten Hin und Her blieb ihm nicht verborgen.

»Da stimmt etwas nicht, oder?«, sagte Michael schließlich.

»Ja«, antwortete ich langsam. »Ich kann es nicht glauben. Du bist normal, und gleichzeitig wieder nicht.«

Michael drehte sich um und sah mir ins Gesicht. »Könntest du dich ein bißchen präziser ausdrücken?«

David Stump versuchte ihn zu beruhigen, damit er unsere Diskussion nicht mißverstand. »Das ist nicht in negativem Sinn unnormal, Michael«, sagte er, »es ist nur seltsam. Bemerkenswert an Ihnen ist, wie stark Ihr Blutfluß von Bereich zu Bereich variiert. Normalerweise ist im Ruhezustand die Hirnlandschaft ziemlich homogen. Auch ist für jemanden in Ihrem Alter der Durchschnittswert im gesamten Gehirn niedrig. Einige Sonden registrierten, pathologisch betrachtet, wirklich einen so niedrigen Wert, daß die Maschine an die Grenze kommt, wo sie überhaupt noch eine Blutzirkulation ausmachen kann.«

»Im Klartext«, warf ich ein, »will David damit sagen, daß einige Teile deines Kortex so wenig Aktivität aufweisen, daß sie wie tot wirken. Offensichtlich kann dem nicht so sein, weil die Ergebnisse deiner neurologischen Untersuchungen völlig normal sind. So betrachtet, ist die Schlußfolgerung absurd. Vielleicht werden die Ergebnisse der Aktivierungs-Durchgänge dieses Rätsel lösen.«

»Hoffentlich«, sagte Michael. »Mir zuliebe«, fügte er mit gedämpfter Stimme hinzu.

Neurologisch betrachtet, wirkte Michael äußerlich vollkommen normal, und dennoch lief er da mit einer bizarren Stoffwechsel-Landschaft in seinem Gehirn herum. Während ich mich noch fragte, was die Synästhesie-Durchgänge wohl erbringen würden, erschien die Antwort auf dem Bildschirm.

»Das kann einfach nicht stimmen!«, rief David aus, nachdem er sich die Daten angesehen hatte.[16]

»Ich weiß, aber so ist es!«, schrie ich fast. »Schau dir diese Kopf- und Atemluft-Kurven an. Das ist wirklich so!«

Wir beiden Wissenschaftler wollten es einfach nicht wahrhaben, daß während der Synästhesie der durchschnittliche Blutfluß in Michaels linker Hemisphäre auf einen Wert fiel, der dreimal so niedrig war wie der untere Grenzwert einer durchschnittlichen Vergleichsperson! An einigen Stellen hatte Michael absolute Werte, wie weder David noch ich sie jemals bei irgendeinem Menschen ohne offensichtliche neurologische Symptome beobachtet hatten. Die Werte für Michaels linke Hemisphäre waren um *achtzehn Prozent niedriger als die Basiswerte.*[17] Und dennoch zeigte er, abgesehen von seiner Synästhesie, keinerlei subjektiven oder objektiven Befund.

»Was für Symptome müßte ich denn haben?«, fragte Michael, nachdem ich ihm das erklärt hatte.

»Nun, du müßtest blind sein oder gelähmt, die üblichen neurologischen Symptome eben. Wir können kaum abschätzen, was dies bedeutet«, unterstrich ich, »so außergewöhnlich sind deine Ergebnisse.«

»Warum?« fragte er.

»Während der Aktivierungs-Durchgänge solcher Untersuchungen kommt es typischerweise *niemals* zu einer Gesamtabnahme«, erklärte ich. »Wenn wir jetzt jemanden von der Straße hereinbäten, wäre es uns unmöglich, bei ihm eine solche Abnahme der Durchblutung zu wiederholen – und damit eine solche Abnahme der Stoffwechselaktivität des Kortex –, wie du sie während der Synästhesie erlebst.«

»Damit hat er recht«, schaltete David sich ein. »So gut wie alles *verstärkt* den Blutfluß. Ich kenne nur zwei Drogen, die ihn überhaupt reduzieren, und auch dann nur um höchstens zehn Prozent. Für mich weisen Ihre Ergebnisse eine ganze Reihe interessanter technischer Details auf, Michael; das Wichtigste aber ist, daß Ihr Gehirn statt einer *Steigerung* des Stoffwechsels, wie ich sie bei jeder Art von Aktivierung erwarten würde, eine *erhebliche Abnahme* des kortikalen Stoffwechsels während der Synästhesie aufweist. Auch gehen alle diese Veränderungen ausschließlich in der linken Hemisphäre vor sich. Dasselbe Bild zeigte sich, als wir Ihnen Amylnitrit als Adjuvans gaben. Offen gesagt, ich mache das jetzt seit fünfzehn Jahren, und mir ist noch niemals jemand untergekommen, der auch nur entfernt Ihnen vergleichbar wäre. Ich bin verblüfft, daß ein Geruch, eine kleine, alltägliche Empfindung, eine so massive Umverteilung des Stoffwechsels in Ihrem Gehirn verursachen kann, daß Ihr Kortex praktisch abgeschaltet wird.« David zuckte die Achseln. »Daß Sie keine neurologischen Symptome haben, stürzt mich in Verwirrung.«

»So ist es. Die Werte sind einfach verblüffend. Zweifellos ist dein Gehirn in faszinierender Weise anders«, sagte ich zu Michael. »Wenn du noch einen objektiven Beweis brauchst, daß Synästhesie etwas Reales ist – hier ist er. Realer als das könnte er gar nicht sein.«

»Aber was bedeutet das alles?«

»Ohne jeden Zweifel bedeutet das, daß die Synästhesie nicht im Kortex stattfindet«, sagte ich. »Meine theoretischen Überlegungen waren richtig. Die Größenordnung ist jedoch erstaunlich. Die Blut-fluß-Daten sind unstrittig. Wenn du synästhetische Wahrnehmungen hast, stellt dein Kortex in einem Maß die Arbeit ein, wie ich es für unmöglich gehalten habe. Weltweit haben Forscher mit dieser Technik Menschen untersucht, sowohl kranke wie gesunde. Dein Gehirn unterscheidet sich in dramatischer Weise von allen, die unseres Wissens jemals mit dieser Technik untersucht worden sind.«

»Also bist du gescheitert«, sagte Michael ruhig. »Wenn der Kortex die Arbeit einstellt, bedeutet das, daß du unmöglich die Synästhesie lokalisieren kannst, nicht wahr?«

»Um Himmels willen! Überhaupt nicht«, sagte ich. »Wir haben sie vollkommen richtig lokalisiert. All die interessanten Veränderungen spielen sich in der linken Hemisphäre ab, allerdings nicht im Kortex.«

»Die Strahlenmeßwerte zeigen, daß der Gehirnstoffwechsel als ganzes sich steigert«, fügte David hinzu. »Definitiv gibt es Stoff-wechselaktivitäten, wenn Sie synästhetisch Formen wahrnehmen.«

»Das begreife ich nicht«, sagte Michael. »Wenn der Gehirnstoff-wechsel insgesamt zunimmt, der Kortex aber zu arbeiten aufhört«, fragte Michael, »wo geht dann die Energie hin? Wo passiert die Synästhesie?«

»Im limbischen System«, lächelte ich.

An Michaels Untersuchung läßt sich erkennen, wie kontraproduktiv es manchmal in der Wissenschaft zugeht. Dank der Standardversion, wie das Gehirn funktioniert, ist bei uns die Vorstellung tief verwurzelt, daß alle mentalen Ereignisse im Kortex repräsentiert sind. Populärwissenschaftliche Veröffentlichungen haben das ihre zu dieser Glorifizierung der Hirnrinde beigetragen. Und darüber vergißt man, daß der größte Teil des Gehirns *nicht* aus Kortex besteht, sondern aus anderem Hirngewebe. Normalerweise meint man, daß der Rest des Gehirns nur dazu da sei, die Oberfläche des Kortex zu tragen. Analog dazu müßte man erwarten, daß ein prächtiger Hochzeitskuchen überhaupt nicht aus Kuchenteig besteht, sondern nur aus reichverziertem Zuckerguß, der von Pappkartons und Aluminiumfolie getragen wird.

Das menschliche Gehirn aber besteht nicht nur aus Kortex und einer inaktiven Stützkonstruktion. Um im Bild zu bleiben: Der »Zuckerguß« der grauen Substanz, der sichtbare Teil an der Oberfläche, ist nur ein bis zwei Millimeter dick und macht einen Bruchteil des gesamten Hirnvolumens aus. Darunter aber befindet sich jede Menge »Kuchen«. Das subkortikale Gewebe ist nicht einfach dazu da, diese Oberfläche abzustützen; eine riesige Menge biochemischer Arbeit wird hier verrichtet, die sich größtenteils der bewußten Wahrnehmung entzieht. Weiter oben erwähnte ich schon den gustofazialen Reflex, der erkennen läßt, daß sogar anenzephalische (ohne Großhirn geborene) Kinder zwischen verschiedenen Empfindungen unterscheiden können. Vergleichende neurologische Untersuchungen haben ergeben, daß auch Tiere ohne nennenswerten Kortex (etwa Vögel) ein erstaunlich komplexes Verhalten zeigen. Als man bei Affen durch Absaugung den Kortex entfernte, waren die Tiere hinterher dennoch kaum von ihren Käfiggenossen zu unterscheiden. Und es gibt noch viel mehr Anzeichen dafür, daß der Kortex mit seinem feineren Unterscheidungsvermögen lediglich jenen Gehirnbereichen zuarbeitet, die letztendlich über unser Verhalten gebieten.

Dieser Gebieter unserer selbst ist niemand anderes als das limbische System, das tief im Innern des Schläfenlappens verborgen ist. Es liegt so gut versteckt, daß seine Stoffwechselaktivität nicht mehr mit der CBF-Technik gemessen werden kann. Doch die verblüffende Reduzierung der Kortexaktivität deutete zusammen mit den vielen anderen Anzeichen, die ich im Lauf der Jahre gesammelt hatte, auf das limbische System als den Sitz der Synästhesie.

19. Wie das Gehirn arbeitet: Die neue Version

Die Astronomen der Renaissance türmten Epizykel auf Epizykel, um die scheinbaren Schleifenbewegungen zu erklären, die der Mars bei seinem Umlauf zu vollziehen schien; schließlich war ihre Lehre von den Planetenbewegungen zu einem Flickenteppich geworden, der nicht länger zusammenhielt. Erst mit Keplers Paradigmenwechsel von Kreis- zu elliptischen Umlaufbahnen konnten die gemachten Beobachtungen viel besser erklärt werden, ohne daß man eine Fülle von Ausnahmeregelungen brauchte.

In ähnlicher Weise stürzte die Standardversion der Gehirnorganisation in sich zusammen: Der Lawine neuer Beobachtungen, die man in jüngster Zeit gemacht hatte, konnte sie nicht länger standhalten. Die Standardversion, wie ich sie im vierten Kapitel umrissen habe, ist ein Produkt des neunzehnten Jahrhunderts gewesen. Wir wissen heute, daß ihre modellhaften, allgemeinen Aussagen zutreffend sind, bestimmte spezifische Schlußfolgerungen aber falsch.

Die Bedeutung des emotionalen Geschehens wurde von der Neurowissenschaft erst kürzlich erkannt. Dem Kortex und dem rationalen Verstand derartig das Feld zu überlassen, war sicherlich übertrieben gewesen. »Beachtet den Mann hinter dem Vorhang einfach nicht!«, rief der Zauberer von Oos, und genau so haben der Verstand und sein Komplize namens Bewußtsein uns zu dem Glauben verleitet, daß sie es sind, die die Fäden ziehen. Wir werden jedoch bald erkennen, daß die Emotionalität und kognitive Vorgänge, die normalerweise dem Bewußtsein nicht zugänglich sind, allzeit das Sagen haben. Ein paar wundervolle Entdeckungen stehen uns bevor.

Zunächst aber will ich kurz daran erinnern, was es mit der Standardversion und dem dreieinigen Gehirn auf sich hatte.

Noch einmal: Die Standardversion

Die drei Hauptpunkte waren: 1. der Strom der Nervenimpulse ist linear und hierarchisch; 2. physische und mentale Funktionen sind in unterschiedlichen Bereichen des Kortex zu lokalisieren; 3. die hierarchische Anordnung impliziert, daß der Kortex alles andere beherrscht. Aus diesen drei Prinzipien wurde die Schlußfolgerung gezogen, daß der Kortex der Sitz des menschlichen Geistes ist. Fälle wie der von Phineas Gage schienen zu belegen, daß hier Bewußtsein und Verstand zu lokalisieren sind.

Nach der Standardversion hätte die Synästhesie im Kortex angesiedelt sein müssen, höchstwahrscheinlich im tertiären assoziativen Bereich des Scheitellappens, wo die drei Wahrnehmungsweisen des Sehens, Tastens und Hörens zusammenkommen. (Riechen und Schmecken wurden, wie gesagt, als nebensächlich beiseitegeschoben.) Wir gingen an die Synästhesie historisch, deskriptiv und experimentell heran: Die kumulierten Ergebnisse legten die Vermutung nahe, daß diese Erklärung der Synästhesie falsch sein muß; und die Ergebnisse der CBF-Messungen haben sie endgültig vom Tisch gewischt. Die Frage, wie Synästhesie wirklich funktioniert, ließ sich so nicht beantworten: Alle auf der Hand liegenden Möglichkeiten waren falsch, weil die Standardversion der Gehirnorganisation falsch war.

Wie der Strom der Sinneswahrnehmungen tatsächlich von der Außenwelt in die mentale Welt in unserem Inneren vordringt, ist etwas ganz anderes als jene populärwissenschaftlichen Zusammenfassungen, »wie das Gehirn arbeitet«, die auf der Standardversion basieren. Nach ihr war der Kortex die höchste Instanz. Wie ich in Kürze zeigen werde, weist die neue Sicht des Gehirns dem Kortex nicht eine Rolle an der Spitze einer Hierarchie zu, sondern eher eine mittlere im Rahmen mannigfaltiger, paralleler und rekursiver Bahnen. Den Kortex *oben* anzusiedeln, hat keinerlei Bedeutung. Der Kortex ist nur einer von verschiedenen Gewebstypen, die das Gehirn aufweist. Nach Jahrzehnten der Mißachtung interessieren sich die Neurowissenschaftler erst in jüngster Zeit, dafür um so intensiver, für die Emotionalität und das Bewußtsein, und sie sind zu dem Schluß gekommen, daß das limbische System, nicht der Kortex, den größeren Einfluß ausübt.

Noch einmal: Das dreieinige Gehirn

Paul MacLeans dreieiniges Gehirn (vgl. *Abbildung 3*) hat sich in den vergangenen vierzig Jahren aus verschiedenen Gründen großer Beliebtheit erfreut, hauptsächlich wohl, weil es so leicht zu verstehen ist. Heute wissen wir, daß es teilweise falsch ist und daß man es als hilfreiche Metapher, nicht als exaktes Modell des Gehirnaufbaus betrachten sollte.

Die Vorstellung des dreieinigen Gehirns veranschaulicht gut, daß spezifische Verhaltenskategorien sich verschiedenen Arten von Gehirngewebe zuordnen lassen, die in der Evolution ihre jeweils eigene Geschichte haben. Vor allem aber läßt sich daran erkennen, daß das Gewebe *unterhalb des Kortex* nicht bloß inaktives Füllmaterial ist, das man vernachlässigen kann, sondern daß das subkortikale Gewebe von enormer Bedeutung für Verhaltensweisen ist, die man nicht einfach als bloß »instinktiv« beiseite tun kann (Reproduktion, Nahrungssuche, Fluchtreaktionen zum Beispiel). Zu den fraglichen Verhaltensweisen gehören: Vorräte horten, Verteidigung des Territoriums, Putzen, Routineverhalten und ritualisiertes Verhalten, Täuschen, Balzen, Unterwerfen, Aggression, Gruppenverhalten, Nachahmung und viele andere menschliche Neigungen. [18]

1952 prägte MacLean den Begriff »limbisches System«, weil die Gebilde unterhalb des Kortex in so vielfältiger Beziehung zu einer *Lobus limbicus* genannten Windung des Gehirns stehen. Strukturell hatte Broca 1878 den *Lobus limbicus* als den inneren Saum *(limbus)* definiert, mit dem die beiden Gehirnhälften sich um den Hirnstamm schmiegen. Mit umfangreichen Experimenten konnte MacLean nachweisen, daß ein Teil des limbischen Systems sich um die Arterhaltung kümmert (Sexualität, Zeugung, Sozialverhalten), während ein anderer Teil mit der Selbsterhaltung beschäftigt ist (Nahrungssuche, Furcht, Verteidigung). Ein drittes Segment identifizierte er als Steuerzentrale für das Säugen, elterliche Fürsorge, audiovokale Kommunikation und Spiel – Verhaltensweisen, die für Säugetiere charakteristisch sind.

Unglücklicherweise zeigte MacLeans schematische Zeichnung des dreieinigen Gehirns eine unbeabsichtigte Wirkung. Weil er das Neu-Säugetier-Hirn (den Kortex) so gezeichnet hatte, daß es alles andere umfaßte, maß man ihm immer noch zu viel Bedeutung zu. MacLean wollte zwar den subkortikalen Strukturen (als Paläokortex und Reptil-Hirn dargestellt) eine wichtigere Rolle zuweisen, seine Absicht aber hatte er mit seiner Zeichnung unfreiwillig unterlaufen. Die Leute hielten an der hierarchischen Vorstellung fest, daß der Kortex noch immer der Boß war.

Ob eine neurale Struktur sichtbar an der Oberfläche liegt oder gut versteckt weggepackt ist, hat keinerlei Bedeutung für die Hierarchie und sagt nichts darüber aus, ob diese Struktur gesteuert wird oder etwas steuert. Allein die Funktion zählt. Wie unsere neue Version klarstellen wird, sind die komplexen anatomischen Verbindungen zwischen Kortex und den subkortikalen Gebilden reziprok, die beiden Bereiche stehen also in wechselseitiger Abhängigkeit.

Die neue Version

Die neue Version gliedert sich in fünf Hauptpunkte, die ich nacheinander behandeln will. Zusammengefaßt lauten sie:

1. Der Strom der Nervenimpulse fließt nicht linear, sondern in mannigfacher Weise parallel, wozu auch Informationsübermittlungen gehören, die sich nicht entlang von Nervenbahnen ausbreiten. Also macht es keinen Sinn, von einer Hierarchie zu sprechen.

2. Wir sprechen nicht länger von einer eindeutigen Lokalisierung der Funktionen, sondern von einem verteilten System: Ein bestimmtes Stück Gehirngewebe dient mehreren Funktionen zugleich, und umgekehrt kann eine gegebene Funktion nicht strikt eingegrenzt werden, sondern ist über mehr als eine Stelle verteilt.

3. Während der Kortex unser Abbild der Wirklichkeit enthält und analysiert, was außerhalb von uns vor sich geht, ist es das limbische System, das die Bewertung dieser Information vornimmt.

4. Deswegen wird unser Verhalten letztlich von einer emotionalen Bewertung, nicht von einer rationalen bestimmt.

5. In gleicher Weise sind alle Analogien, die den Geist mit einer Maschine vergleichen, unangemessen, denn *es ist das Gefühl, und nicht so sehr der Verstand, was unser Menschsein ausmacht.*

Nichtlinearer Informationsfluß und »inneres Wissen«

Was ist von dieser Behauptung zu halten: Sie wissen mehr, als Sie rational und verbal gelernt haben, obwohl Ihnen höchstwahrscheinlich nicht bewußt ist, daß Sie es wissen. Gewöhnlich umschreiben Geisteswissenschaftler und Spiritualisten mit solchen Aussagen etwas, das man auch »inneres Wissen« nennen kann. Wer sich selbst für objektiv hält, wird vielleicht Schwierigkeiten damit haben, diese These ohne wissenschaftlichen Beweis zu akzeptieren. Doch die Humanneurologie verleiht dieser Aussage einige Glaubwürdigkeit, denn im Nervensystem wird die Information tatsächlich auf viel mehr Weisen umgewandelt, als die meisten Menschen sich vorstellen können. Zusätzlich zu dem, was wir gewöhnlich über Nerven, Synapsen und die vertrauten Schaltkreise der klassischen Neuroanatomie wissen, gibt es eine Vielzahl weiterer Kommunikationskanäle. Dieses Übermaß von Alternativrouten wird auch »Multiplizität« genannt.

Diese multiplen Möglichkeiten, Informationen im Gehirn weiterzuleiten, sind nicht hierarchisch organisiert, wie es im Fall eines einfachen, geradlinigen Informationsstroms sein müßte; vielmehr handelt es sich um parallele und rekursive Verbindungen, und auch Rückkoppelungen sowie Voraus-Verknüpfungen gehören dazu. Es gibt eine Menge Moleküle, etwa Hormone und Peptide, die ebenfalls als Informationsüberträger arbeiten. Über fünfzig solcher Stoffe sind bis jetzt bekannt, und jedes Jahr werden nicht nur im Gehirn, sondern im gesamten Körper weitere entdeckt. Information kann daher überall im Körper nicht nur von Neuronen und Axonen (den langen Fortsätzen der Nervenzellen) übertragen werden, sondern auch durch die Flüssigkeit zwischen den Zellen, die das ganze System umgibt. Diese Methode des Informationsaustauschs, auch *Volumenübertragung* genannt, ist bereits Thema mehrerer Bücher.[19] Die elektrische Signalübertragung entlang der Nerven kann man sich als einen Zug vorstellen, der auf seinem Gleis fährt; die Volumenübertragung ist dann ein Zug, der sein Gleis verläßt. Die Informationsübertragung mittels molekularer Boten kann sehr schnell (bis zu einhundertzwanzig Meter pro Sekunde in der Axonenflüssigkeit) oder sehr langsam vonstatten gehen (zum Beispiel als Diffusion von Peptiden in der Gehirn-Rückenmarks-Flüssigkeit); diese Erkenntnis hat uns die Augen dafür geöffnet, daß das menschliche Gehirn über Systeme verfügt, die viel komplexer sind als je angenommen und mit ganz unterschiedlichen Geschwindigkeiten, Reichweiten und Methoden kommunizieren.

Daß in den letzten Jahren alle Versuche scheiterten, künstliche Intelligenz (KI) zu verwirklichen, liegt daran, daß die Forscher versucht haben, nur die Logik und die Schaltungen des Kortex zu imitieren. Sie haben nicht in Rechnung gestellt, daß biologische Gehirne viele verschiedene Möglichkeiten haben, Informationen zu verarbeiten. KI müßte, soll sie funktionieren, eine Art Regulierungssystem eingebaut haben, das all die unterschiedlichen Mittel des Informationstransfers aufeinander abstimmt.

Im menschlichen Gehirn ist es das limbische System, das diese Regulierungsaufgabe wahrnimmt. Erst seit 1985 steht dies als Tatsache fest. Man mag sich fragen, warum es so lange gedauert hat, etwas herauszufinden, was von so fundamentaler Bedeutung zu sein scheint. Der Grund liegt einfach darin, daß wir erst seit jüngster Zeit über die anatomischen Techniken verfügen, mit denen wir die Neurotransmitter-Moleküle farblich markieren und unter dem Mikroskop beobachten können. So kann man jetzt den Weg verfolgen, den die Neurotransmitter sowohl durch die Nervenfasern wie durch den Raum zwischen den Zellen nehmen, in dem die Volumenübertragung erfolgt. Mit der klassischen Neuroanatomie hatten wir allgemein die Schaltkreise des Gehirns entschlüsselt, jetzt aber erkennen wir zum ersten Mal akkurat die *Richtung* des Informationsflusses und genauso den präzisen Ursprung wie die Ziele der verschiedenen Neurotransmitter – und das hat uns gezwungen, unsere Vorstellungen zu revidieren. Es hat sich herausgestellt, daß sämtliche Bereiche des Gehirns zwischen den Stirnlappen und dem Rückenmark Komponenten des limbischen Systems enthalten. Mit anderen Worten, das limbische System bildet den *emotionalen Kern* des menschlichen Nervensystems. [20]

Die diffuse Lokalisierung der Funktion

Die Vorstellung, daß Kreisläufe für unsere Gefühlsäußerungen verantwortlich sind und nicht irgendwelche »Steuerzentralen«, wurde zum ersten Mal von James Papez 1937 geäußert. Die größeren Einheiten dessen, was wir heute limbisches System nennen, waren dabei zum sogenannten Papez-Kreis verknüpft, durch den sich alle Aspekte der Emotionalität manifestierten. Das war von erheblicher Bedeutung für die Neurologen, die ja gewohnheitsmäßig nach Lokalisierungen suchen: Das Gefühlsleben wurde nicht länger von einem festumrissenen Zentrum gesteuert, sondern verteilte sich über die Bahnen des Papez-Kreises. Natürlich mußten diese Bahnen irgendwo zu finden sein, und so war ein gewisses Maß von Lokalisierung möglich. Qualitativ war diese Lokalisierung aber viel diffuser als jene der Standardversion.

Bis zum Ende der siebziger Jahre hatte dieser Ansatz unsere Vorstellung, wie die Information im Gehirn weitergegeben wird, gründlich und dauerhaft verändert, obwohl diese neue Sichtweise noch nicht zu einem größeren Publikum durchgedrungen war. Die Idee eines linearen Fließbands mit unterschiedlichen Arbeitsplätzen wich dem Konzept multipler Verarbeitung, demzufolge das Gehirn mit einer Vielzahl von Kommunikationskanälen Informationen an vielen Stellen zugleich verarbeitet.

Multiple Informationsverarbeitung wird dadurch möglich, daß ein Input mit mehreren Outputs verknüpft wird. Sobald Nervenimpulse von einem Sinnesorgan an den jeweiligen primären sensorischen Kortex über die Synapsen weitergeleitet werden, verzweigen sie sich simultan in Richtung *multipler* Bereiche des assoziativen Kortex, um dort weiterverarbeitet zu werden; dabei befaßt sich jeder Bereich mit einer *unterschiedlichen* Facette der Wahrnehmung. Beim Sehen zum Beispiel sind es rund *zwei Dutzend* Bereiche, die jeweils verschiedene Aspekte des Sehens behandeln. An einer Stelle wird etwa das analysiert, was uns eine Farbe wahrnehmen läßt. Die vielen Aspekte, die eine Form ausmachen und zum Erkennen eines Objekts führen, oder auch die Orientierung dieses Objekts im Raum werden woanders behandelt. Das kleine Bildchen auf unserer Netzhaut wird in seine Einzelteile zerlegt, und die Welt wird in multipler Weise in unserem Gehirn verkartet, wobei in jedem der mehreren Sinnesbereiche eine eigene Karte angelegt wird. Zusätzlich sorgen Seitenverzweigungen für rekursive Rückkopplungen, und andere Schaltungen verknüpfen die einzelnen Prozesse zu massiver Parallelverarbeitung.

Die Fähigkeit einer bestimmten Gehirnregion, mehrere *jeweils unterschiedliche Karten* der Welt zu verarbeiten, beruht zum einen auf der Komplexität der Eingangssignale und den internen Verknüpfungen in dem jeweiligen Bereich der Gehirnarchitektur, zum andern auf der Verknüpfung dieser Informationsverarbeitung mit *mehreren* Outputs. So etwas nennen wir ein verteiltes System, was bedeutet, daß die vielen Aspekte komplexer Funktionen (zum Beispiel Sehen, Hören, Gedächtnis oder Gefühl) nicht starr in einem bestimmten Segment lokalisiert sind, sondern eher in dem dominanten Prozeß, der jederzeit in den Kreisbahnen selbst abläuft. Zehn bis dreißig unterschiedliche Gehirnbereiche sind es, die jeweils mit anderen kortikalen Regionen Informationen wechselseitig austauschen. Offensichtlich erreicht die Komplexität hier exponentielle Ausmaße und geht weit über das hinaus, was nach dem Fließband-Modell der Standardversion möglich war.

Die Überlegenheit des Gefühls

Die Komplexität der multiplen Informationsverarbeitung ist mit ein Grund, warum wir uns den Kortex so vorstellen, daß er die externe Welt analysiert und uns ein Modell der Realität liefert. Es ist jedoch das limbische System, das über die Fragen der Bewertung und der Bedeutung entscheidet und so bestimmt, wie wir uns auf der Grundlage der uns zur Verfügung stehenden Informationen verhalten. Ein emotionales Kalkül, nicht ein logisches, erfüllt uns mit Leben. Die Entwicklungsgeschichte des Säugetier-Hirns läßt erkennen, warum das so ist.

Jahrhundertelang haben wir das Gefühl als etwas Primitives angesehen und den Verstand für die überlegene Entwicklung gehalten. Suchen wir nach möglichen physischen Gründen für diese Annahme.

Umwelt- und Kultureinflüsse wirken nicht direkt auf die Richtung der Evolution ein. Mit anderen Worten, erworbene Merkmale wie die Beherrschung einer Fremdsprache oder auch eine gebrochene Nase werden nicht mit den Genen an unsere Nachkommen weitergegeben. Umweltveränderungen sorgen jedoch dafür, daß verschiedene ökologische Nischen entstehen, die einer bestimmten Anpassung bedürfen; und diese Nischen füllen sich mit der natürlichen Auswahl von Organismen, deren genetische Mutationen günstige Voraussetzungen dafür bieten. Bis zum Auftauchen des Menschen mit seinem großen Gehirn kam es nur durch die langsam, über Äonen wirkenden Kräfte der Evolution zu Veränderungen. Doch nachdem das Gehirn eine Art Organisationssystem für das Gedächtnis entwickelt hatte, konnte es auch auf gegenwärtige und vor allem zukünftige Handlungen Einfluß nehmen, und von diesem Moment an hatten wir die Gemächlichkeit der genetischen Mutation überwunden, die die physische Evolution als einzige zuläßt. Denn es sind die kulturellen Veränderungen, die rasch kumulieren und an andere weitergegeben werden können, weil sie nicht genetisch, sondern kulturell vermittelt werden (zum Beispiel indem man, wie Sie jetzt, ein Buch liest).

Dies wird oft als Beispiel dafür zitiert, warum ein hochentwickeltes Gehirn so vorteilhaft ist und warum Menschen in kultureller und technologischer Hinsicht so viel im Vergleich zu den Wirbeltieren erreicht haben. Vor allem wird dies unseren großen Stirnlappen zugute gehalten. Da der Kortex sich im Verhältnis zum darunterliegenden Gehirngewebe offensichtlich weit überproportional entwickelt hat, verweisen wir meistens auf ihn, wenn wir sagen: »Das ist es, was uns von den weniger entwickelten Arten unterscheidet.« Die Kehrseite dieser Ansicht besteht jedoch genau darin, daß wir aus demselben Grund Emotionen für primitiv halten.

Die allgemeine Überzeugung, daß der hochentwickelte Kortex uns Menschen zu etwas Einzigartigem macht, unterstellt zugleich, daß die limbischen Strukturen des Menschen sich nicht von jenen anderer Säugetiere unterscheiden. Wenn dem so wäre, müßten menschliche Emotionen wirklich verhältnismäßig primitiv sein. Gründliche anatomische Forschungen, wie ich sie weiter oben erwähnt habe, zeigen jedoch, daß das limbische System keineswegs von der Evolution vernachlässigt wurde. Die limbischen und die kortikalen Strukturen des Menschen haben sich zusammen entwickelt, und so sind Verstand und Gefühl als Tandem gemeinsam aus der Evolution hervorgegangen.

Das Gehirn der Wirbeltiere hat sich zunächst bei den Reptilien herausgebildet. Doch mit dem Aufkommen der ersten Säugetiere durchlief das limbische System eine Reihe erheblicher Veränderungen. Heute ist es ein gemeinsames Merkmal aller Säugetiere, und keine andere Klasse von Tieren unterhalb der Säuger weist es in dieser *entwickelten* Form auf. Seine Robustheit ist beim Menschen am ausgeprägtesten, und *das emotionale Erleben* des Menschen ist mächtiger als das anderer Säugetiere. Zugleich unterscheidet sich die Verarbeitung emotionaler Information qualitativ von der Verarbeitung anderer Information. Liegt es da nicht auf der Hand, daß das Gefühl eine größere Rolle in unserem Leben spielt, als wir bislang geglaubt haben?

Es gibt keinen Zweifel daran, daß Kortex und limbisches System reziprok miteinander verbunden sind und daß die beiden Systeme sich gegenseitig beeinflussen. Die entscheidende Frage aber ist: Wiegt der Einfluß des einen schwerer als der des anderen? Das Los des australischen Ameisenigels kann helfen, etwas Licht auf dieses entscheidende Problem zu werfen.

Der australische Ameisenigel, *Echidna*, steht auf der Entwicklungsleiter der Säugetiere ziemlich weit unten. Sein riesig ausgebildeter frontaler Kortex ist weit größer als jener der Primaten, unserer nächsten Verwandten und uns. Wenn wir im Verhältnis zu unserer Körpergröße Stirnlappen von den Ausmaßen jener des Ameisenigels hätten, müßten wir sie in übergroßen Schubkarren vor uns herschieben. Ein verhältnismäßig riesiger frontaler Kortex bei einem recht einfachen Tier ist ein Widerspruch, der darauf schließen läßt, daß hier eine evolutionäre Entwicklungslinie in eine Sackgasse geraten ist. Mehr Platz für Analysen und Berechnungen zu haben, macht allein noch kein effizientes Gehirn aus – und auch kein besonders kluges.

Offensichtlich träumt der australische Ameisenigel auch nicht, was einmal mehr das allgemeine Prinzip belegt, daß für jeden Gewinn an anderer Stelle ein Verlust entsteht. Es ist, als müsse der Ameisenigel für seine gewaltigen Stirnlappen dadurch bezahlen, daß er die limbischen Funktionen einbüßt. Die folgenden Anzeichen sprechen dafür. Alle anderen Säugetiere träumen; wir tun das in der sogenannten REM-Phase des Schlafes, in der wir ein elektroenzephalographisches Signal aussenden, das Theta-Rhythmus genannt wird und besonders deutlich im Hippocampus des limbischen Systems zutage tritt; der Ameisenigel weist keinen Theta-Rhythmus auf und träumt folglich vermutlich nicht. Wenn ein sensorisches Signal den menschlichen Kortex erreicht, wird der Theta-Rhythmus des Hippocampus aktiv, solang der Stimulus als relevant bewertet wird und man ihm seine Aufmerksamkeit schenkt. Ich habe bereits erwähnt, daß diese Art von Bewertung eine überaus wichtige limbische Funktion darstellt. Im Strom der Sinneseindrücke erhalten bestimmte Stimuli eine »herausragende«

Bedeutung, und dadurch fesseln sie unsere Aufmerksamkeit. Daß der Hippocampus und das limbische System das Tor oder das Regulierventil unserer Wahrnehmung darstellen, ist ein entscheidender Punkt, den ich im zweiten Teil des Buches im Essai über das Bewußtsein als Emotion weiter vertiefen werde.

Mit ihren neuentwickelten Methoden haben die Neuroanatomen sowohl die Strömungsrichtung der Impulse wie die Bandbreite der Verbindungen untersucht und dadurch festgestellt, daß der Hippocampus ein Bereich ist, in dem alles zusammenläuft. Alle sensorischen Signale, externe wie die unserer internen Wahrnehmung, müssen durch das emotionale, limbische Gehirn hindurch, bevor sie an den Kortex zur Analyse verteilt werden; danach werden sie wieder an das limbische System zurückgeleitet, damit bestimmt werden kann, ob die hochverdichtete, multisensorische Information wichtig ist oder nicht. Wenn ja, werden wir wahrscheinlich darauf reagieren; wenn nein, werden wir sie ignorieren, wie wir es mit dem größten Teil des irrelevanten Energieflusses machen, der ständig auf unser Nervensystem einströmt. Indem das emotionale Gehirn die Bewertung festlegt, agiert es in etwa wie ein Regelmechanismus, der entscheidet, was unsere Aufmerksamkeit erlangt und was nicht.

Es hat sich herausgestellt, daß die jüngste und umfangreichste Entwicklung des Gehirns, der Kortex, mehr Input vom limbischen System erhält als dieses in Gegenrichtung vom Kortex. *Die funktionale Bedeutung dieser Verbindungen erwies sich als das Gegenteil dessen, was wir jahrzehntelang angenommen hatten.* Natürlich ist die Beziehung zwischen Kortex und limbischem System reziprok, so daß beide sich wechselseitig regulieren und schließlich unser mentales Erleben beeinflussen. Anzahl und Art der rekursiven Rückkopplungskreise stellen jedoch sicher, daß der Einfluß des limbischen Systems größer ist.

Beschließen will ich dieses Kapitel mit zwei klinischen Beispielen für die Überlegenheit des Gefühls über den Verstand. Nehmen wir als erstes Patienten im Koma: Während sie allmählich wieder daraus erwachen, kehren zunächst die Automatismen zurück, dann die willentlichen Bewegungen und die Sprache, die zunächst, wie das Verhalten, kindlich wirkt. Wenn die Genesung fortschreitet, verändert sich das Verhalten allmählich so, daß wir es als rational oder erwachsen beschreiben würden. Dieser Genesungsverlauf zeigt, daß erst die Emotionalität wiederhergestellt sein muß, bevor der Intellekt zurückkehren kann.

Als ich von den Schläfenlappen-Epilepsien berichtete, die ihren Ursprung im limbischen System haben, erwähnte ich bereits, daß diese Automatismen (unwillkürliche Bewegungen) auslösen können, die zielgerichtet erscheinen, dem Patienten aber nicht bewußt sind und an die er sich auch nicht erinnern kann. Bei Schläfenlappen-Epilepsie kommt es auch zu Zwangsvorstellungen, lebhaften Psychosen und Episoden, in denen man nicht zwischen Traum und Realität unterscheiden kann. Die Übereinstimmung von Schläfenlappen-Epilepsie und psychotischen Störungen ist verblüffend: Fünfzig Prozent der Patienten mit Schläfenlappen-Epilepsie zeigen psychotische Symptome, während es bei anderen Arten von Epilepsie nur zehn Prozent sind. Folglich ist das emotionale Gehirn physiologisch in der Lage, die Rationalität des Kortex zu überwältigen.

Aus all dem können wir schließen, daß unsere Emotionen eine wichtige Rolle in unserem Leben spielen, vielleicht sogar eine wichtigere als unser Verstand.

20. Die Implikationen der Synästhesie

Unsere Versuche, das Rätsel der Synästhesie zu lösen, haben uns zu der Einsicht gebracht, daß Verstand und Gefühl sich gemeinsam entwickelt haben. Der starke Gegensatz, den man gewöhnlich zwischen Gefühl und Verstand wahrzunehmen meint, wird dadurch gemildert. Und es folgt daraus, daß das Gefühl »einer eigenen Logik folgt« und nur in spezifischer Weise verstanden werden kann.

Als Michael Watson, David Stump und ich im CBF-Labor beisammen standen, kamen wir zu dem Schluß, daß Synästhesie im limbischen System der linken Gehirnhälfte zu lokalisieren ist. Das ist an sich schon eine interessante Erkenntnis, meinem Dafürhalten nach aber noch eine unvollständige. Gehen wir also zwei Fragen noch einmal ganz genau nach: 1. Wie funktioniert Synästhesie? 2. Welche Schlüsse können wir daraus ziehen?

Wie funktioniert Synästhesie?

Ganz einfach ausgedrückt: Teile des Gehirns werden voneinander abgekoppelt (wie im Fall der Entkoppelungs-Halluzinationen), wodurch normale Prozesse des limbischen Systems freigesetzt, dem Bewußtsein zugänglich und als Synästhesie wahrgenommen werden. Mit anderen Worten, ein Stimulus verursacht eine Umgewichtung lokalen Stoffwechsels. Diese Erklärung gleicht der für die gewöhnliche Migräne, doch ehe ich darauf eingehe, will ich zunächst das eben Gesagte erläutern.

Erstens: sensorische Stimuli können große Veränderungen im Gehirnstoffwechsel hervorrufen. Dies weiß man aus zahlreichen Untersuchungen, die die Hirnfunktion messen, zum Beispiel EEG, CBF oder Positronen-Scans. Solche Untersuchungen bestätigen einfach, daß je nach gestellter physischer oder mentaler Aufgabe bestimmte Teile des Gehirns aktiver sind als andere. Zweitens: Veränderungen des Gehirnstoffwechsels wirken sich notwendigerweise auf die relativen Stärken der Verbindungen zwischen den verschiedenen Einheiten des Gehirns aus, wobei einige verstärkt, andere reduziert werden.

Diese ersten beiden Thesen über die Funktionsweise der Synästhesie stimmen mit unseren Standard-Erkenntnissen der Gehirnphysiologie überein. Bei den Entkoppelungs-Halluzinationen haben wir gesehen, wie die Funktion einer Einheit dem Einfluß einer anderen dadurch entzogen wurde, daß die Verbindungen zerstört wurden; eine Veränderung der Verbindungsstärke kann zum gleichen Ergebnis führen. In solch einem Fall wird die Entkoppelung – wie bei Synästhesie – vorübergehend sein.

Das bestätigte sich eindrücklich während Michael Watsons CBF-Untersuchung. Seine höchst ungewöhnliche Blutfluß-Verteilung stellte klar, daß Synästhesie keine kortikale Funktion ist. Jedoch war das zugleich eine Warnung, daß mit seinem Gehirn etwas ernsthaft nicht in Ordnung war, und ich hielt es für medizinisch geboten, ihn mit einer Röntgen-Angiographie daraufhin zu untersuchen, ob er eine Mißbildung, einen Tumor oder ein anderes Problem mit den Blutgefäßen in seinem Gehirn hatte.

Sein Angiogramm war völlig normal, und dieses Ergebnis vergrößerte die Rätselhaftigkeit seiner Synästhesie noch. Während dieser Untersuchung ergab sich jedoch ein wertvoller Hinweis. Damit Blutgefäße von den Röntgenstrahlen erfaßt werden können, wird ein inaktives Kontrastmittel in sie injiziert. Normalerweise transportiert das Blut Sauerstoff und Glukose ins Gehirn. Wenn man das Blut durch ein Kontrastmittel ersetzt, erhält das Gehirn etwa zehn Sekunden lang keines von beiden. Üblicherweise empfinden die Patienten eine Hitzewallung, wenn das Kontrastmittel in ihre Arterien dringt, zeigen aber sonst keine Symptome. Das heißt, ihr Gehirn toleriert diese momentane Unterversorgung. Michaels Gehirn konnte dies jedoch nicht aushalten. Ich war platt, als er nach der Injektion des Kontrastmittels von visuellen, auditiven und taktilen Wahrnehmungen berichtete. Das bedeutete, daß die Energieversorgung seines Kortex so prekär ausbalanciert war, daß er keinerlei Reserve mehr hatte, wenn Geschmacks- und Geruchsstimuli drastisch seine zerebrale Durchblutung änderten, was zu einer Entkoppelung der Einheiten führte und sein Bewußtsein eine Synästhesie erfahren ließ.[21]

In Übereinstimmung mit den Resultaten der CBF-Untersuchung traten solche Wahrnehmungen nur auf, wenn das Mittel in die *linke* Hälfte von Michaels Gehirn injiziert wurde. Zum Beispiel sah er »ein intensives Pink und das schwärzeste Schwarz, das ich jemals gesehen habe, wie Blitze flackerte es«. Ein Geräusch in seinem linken Ohr beschrieb er als »ein ganz hohes Heulen, höher als eine Sirene«. Er spürte qualvolle »Knochenschmerzen, wie Zahnschmerzen« im Genick und im Hinterkopf. Die Episode endete mit einem Bild sich überlappender geometrischer Würfel »wie Art Deco«, die rasch zwischen schwarz und weiß wechselten, sich vervielfachten und »wie Kristalle wuchsen«. Die Hunderttausende von Patienten, die alljährlich sich einer Angiographie des Gehirns unterziehen müssen, erleben solche Dinge niemals.

Ich sagte bereits, daß meine Erklärung der Synästhesie der für Migräne gliche. Unglücklicherweise ist der Begriff »Migräne« in der Umgangssprache dahingehend verallgemeinert worden, daß man unkorrekterweise jeden schweren Kopfschmerz damit bezeichnet. Neurologen beziehen sich mit dem Ausdruck präzise auf das Syndrom der klassischen Migräne als eine Aura sensorischer Verzerrungen, der rasch ein quälender, einseitiger Kopfschmerz folgt. Die sensorische Aura ist meistens visuell und besteht aus Photismen, die denen bei Synästhesie oder den Formkonstanten gleichen. Wahrnehmungen des Tastsinns, des Gehörs oder Geschmacks und körpereigene Empfindungen sind seltener.

Die Lehrbücher erklären die sensorischen Manifestationen der Migräne damit, daß sowohl in der Durchblutung des Gehirns wie in seinem elektrischen Feld (die beiden sind miteinander gekoppelt) ein wandernder Druck- und Spannungsabfall sich wie eine Kreiswelle auf einer Wasseroberfläche ausbreitet. Seit Mitte des neunzehnten Jahrhunderts ist dies die Standarderklärung, obwohl noch niemand eine überzeugende Antwort gefunden hat, warum es bei den fraglichen Personen zu so etwas kommt. Und da diese Erklärung in zahllosen Lehrbüchern zu finden ist, hat noch nie jemand dagegen Einspruch erhoben, daß man Migräne nicht besser erklären kann. Die gültige Erklärung findet Anklang, ist einfach und Studenten wie Patienten leicht zu vermitteln.

Ich behaupte nicht, daß Migräne und Synästhesie sich physiologisch gleichen, sie sind nur analog. Ich vergleiche sie miteinander, um denen entgegenzutreten, die einwenden könnten, daß meine Erklärung der Synästhesie unzureichend ist. Darauf kann ich nur antworten, daß sie ebensogut ist, wie unsere Lehrbuch-Erklärung der Migräne. Die Analogie besteht im folgenden: Synästhesien werden von einem Stimulus ausgelöst, und genauso findet sich bei einigen Patienten ein bestimmter Auslöser (zum Beispiel Nahrungs-mittel, Düfte) für Migräne. Wir akzeptieren als Tatsache, daß es während eines Migräneanfalls aus keinem offensichtlichen Grund zu Veränderungen des Stoffwechsels und der Durchblutung kommt, die aus ebenso unerfindlichen Gründen nach einer bestimmten Zeit wieder verschwinden. Wie Synästhesie kann auch Migräne mit Drogen beeinflußt werden. Obwohl Migräne eines der häufigsten Krankheitsbilder der Neurologie ist und wir über ihre zerebrale Physiologie gut unterrichtet sind, verstehen wir genauso-wenig wie bei der Synästhesie, warum es dazu kommt.

Wenn wir also fragen: »Warum haben nur einige Menschen synästhetische Wahrnehmungen?«, könnten wir genausogut fra-gen: »Warum haben nur einige Menschen Migräne?« oder irgendein anderes Krankheitsbild. Ich denke, die eigentliche Frage muß lau-ten: »Warum sind sich nur einige Menschen ihrer synästhetischen Wahrnehmungen bewußt?« Ich greife zu dieser Formulierung, weil ich nach über einem Jahrzehnt der Erforschung dieses wunderba-ren Phänomens zu der Überzeugung gekommen bin, daß Synästhe-sie ein fundamentales Merkmal aller Säugetiere ist. *Ich glaube, daß Synästhesie in Wirklichkeit eine normale Gehirnfunktion von uns allen ist, daß aber nur bei einer Handvoll Menschen ihr Wirken bewußt wahrnehmbar ist.* Das hat nichts mit der Intensität oder dem Grad der Synästhesie bei einem bestimmten Menschen zu tun. Viel-mehr ist es so, daß die meisten Gehirnprozesse unterhalb der Bewußtseinsschwelle ablaufen. Bei Synästhetikern wird ein Gehirnprozeß, der normalerweise unbewußt ist, dem Bewußtsein offenbart, so daß Synästhetiker wissen, daß sie synästhetisieren, alle anderen aber nicht.

Im Zusammenhang mit meinen Ausführungen zum verteilten System des Gehirns und seinen multiplen Kommunikationsweisen habe ich den Hippocampus als das Hauptzentrum identifiziert, das Synästhesie ermöglicht. Der Hippocampus ist eine wichtige Kom-ponente des limbischen Systems und liegt innerhalb des Schläfen-lappens gut versteckt nahe am Hirnstamm unter den Kortex gefal-tet. Das limbische System selbst ist entwicklungsgeschichtlich sehr alt und mit so gut wie allem anderen im Gehirn verbunden. Einen Eindruck von seiner Ausdehnung und seiner Bedeutung kann man erhalten, wenn man in meinem neurologischen Lieblingsatlas nachschaut, in dem ihm vierundzwanzig Seiten Illustrationen mit den wichtigsten physischen Merkmalen und dreiundvierzig Seiten Texterläuterungen gewidmet sind.[22]

Bereits meine Übersicht über die sechs veränderten Bewußtseinszustände legte den Schluß nahe, daß der Hippocampus an der Wahrnehmung subjektiver Erfahrungen beteiligt ist. Daß er von entscheidender Bedeutung für synästhetische Wahrnehmungen ist, läßt sich unmittelbarer an Patienten aufzeigen, die im Hippocampus einen Schlaganfall erlitten haben und synästhetische Wahrnehmungen machen, die sich zu jenem Schlaganfall in Beziehung setzen lassen, ohne daß die Patienten anderweitig Synästhetiker wären.[23]

Das deutlichste Argument zugunsten des Hippocampus ist aber ein anatomisches: Nur hier ist es möglich, Informationen zusammenzubringen, die in funktional wie topographisch unterschiedlichen Bereichen des Gehirns verarbeitet wurden. All diese Signale sammeln sich in einer einzigartigen Struktur, die auch über das Körperinnere Bescheid weiß und die fundamentalen Triebkräfte des Organismus kennt. Der Hippocampus kann auch auf so gut wie jede andere Hirnstruktur antworten, die ihn zuvor mit Informationen versorgt hat, auch auf die autonomen Einheiten, die die Vorgänge im Körperinneren steuern. Hier an dieser Stelle könnten solche autonomen Reaktionen das Lustgefühl hinzufügen, das Synästhetiker während ihrer multisensorischen Wahrnehmungen empfinden.

Welche Schlüsse können wir daraus ziehen?

Synästhesie ist ein bewußter, flüchtiger Blick auf neurale Prozesse, die jederzeit bei jedem ablaufen. Im limbischen System, besonders im Hippocampus, läuft all die hochverdichtete Information zusammen, die die Sinnesorgane über die Welt gesammelt haben: eine *multisensorische Auswertung der Welt.*

Ich bezeichne Synästhetiker als *kognitive Fossilien,* denn sie haben das Glück, sich ein Bewußtsein, wie gering auch immer, von etwas erhalten zu haben, das ganz fundamental mit der Frage zusammenhängt, was uns nicht nur als Menschen, sondern als Säugetiere von anderen Arten unterscheidet.

Könnten wir uns möglicherweise zu einer Spezies von Synästhetikern weiterentwickeln, die über dieses zusätzliche menschliche Vermögen verfügt? Die Antwort lautet, daß wir dies bereits getan haben, wir wissen es nur nicht. Synästhesie ist nichts, was irgendwann hinzugefügt worden ist, vielmehr hat es sie schon immer gegeben. Die multisensorische Wahrnehmung ist etwas, das bei der Mehrheit der Menschen *als bewußte Wahrnehmung verlorengegangen* ist, was mich einmal mehr auf den Gedanken bringt, Synästhetiker als kognitive Fossilien zu betrachten.

Wir wissen mehr, als wir zu wissen glauben. Die multisensorische, synästhetische Sicht der Realität ist nur eine Fähigkeit, die unserem Bewußtsein verlorengegangen ist. Es könnte noch viel mehr geben. Wenn Sie ein wenig von diesem tieferen Wissen wiedererlangen wollen, möchte ich vorschlagen, daß Sie mit den Emotionen anfangen, denn für mich sitzen sie an der Schnittstelle zwischen jenem Teil Ihres Selbst, der dem Bewußtsein zugänglich ist, und jenem Teil, der es nicht ist.

Bei Säugetier-Hirnen lassen sich zwei voneinander unabhängige evolutionäre Entwicklungstrends ausmachen, die mit der Erweiterung des Oberflächen-Kortex einerseits und des subkortikalen limbischen Gewebes andererseits zu tun haben, wobei die verschiedenen Arten entweder in die eine oder in die andere Richtung tendieren. Bei Affen zum Beispiel hat sich der Kortex substantiell weiterentwickelt, während das limbische System sich nur wenig vergrößerte; bei Kaninchen läßt sich die entgegengesetzte Entwicklung beobachten. Menschen sind insofern einzigartig, als sie sowohl die limbischen wie die kortikalen Dimensionen erweitert haben. Ich habe bereits dargelegt, daß die limbischen Strukturen keineswegs von der Evolution vernachlässigt wurden, als der Kortex sich ausdehnte. Beide haben sich gemeinsam weiterentwickelt. Tatsächlich sind unsere limbischen Nervenverbindungen sowohl stärker wie auch zahlreicher als andere Nervenfasern. Zum Beispiel haben Menschen in einem einzigen limbischen Faserbündel, *Fornix* genannt, mehr Nervenfasern als in den beiden Sehnerven, die die visuellen Informationen über die Außenwelt ins Gehirn transportieren. Es ist gerade das limbische System, und nicht so sehr der Kortex, das bei Menschen am weitesten entwickelt ist. Zufällig ist es auch am engsten mit jenen emotionalen und subjektiven Merkmalen assoziiert, die wir als spezifisch menschlich ansehen.

Die Grundstrukturen des limbischen Systems sind während all der evolutionären Ausgestaltungen gleichgeblieben. Bei allen heute noch lebenden Wirbeltierarten stimmen seine Komponenten und Kreisläufe in bemerkenswerter Weise überein. Obwohl es, wie andere Gehirnkomponenten auch, evolutionäre Veränderungen durchlaufen hat, bleibt das limbische Gehirn der zentrale Umschlagplatz der Informationsverarbeitung, wo automatische, gewohnheitsmäßige Reaktionen zugunsten neuer Alternativen unterdrückt werden, wenn Unerwartetes sich ereignet. Das limbische System mißt den Ereignissen ihre Bedeutung bei, so daß wir sie entweder als alltäglich beziehungsweise unwichtig ignorieren oder sie bemerken und reagieren können. Hier ist es auch, wo Wertigkeiten, Zwecke und Bedürfnisse gewichtet werden; diesen Prozeß bezeichnet man auch als die Zuweisung von negativer oder positiver »Valenz«.

Diese Zuweisung von Valenz hätte evolutionsgeschichtlich zwei verschiedene Entwicklungswege einschlagen können. Zum einen hätte der Kortex sie sich aneignen können, so daß Fragen der Bedeutung und Zweckhaftigkeit von einem analytischeren und vermutlich leidenschaftsloseren Organ bewertet würden (was man »objektiv« nennt). Der andere Entwicklungsweg war der, der tatsächlich eingeschlagen wurde, und das ist oft mißverstanden worden. Das limbische Gehirn übt nach wie vor die Funktion der Valenzzuweisung aus. Der Kortex aber hat sich dahingehend entwickelt, daß er das Geschehen in der Außenwelt detaillierter analysiert, so daß das limbische Gehirn besser entscheiden kann, was wichtig und was zu tun ist. Die Wahlmöglichkeiten verdichten sich zu den fundamentalen Gegebenheiten, die für alle Lebewesen gelten.

Ich behaupte nicht, daß Individuen, die ihre Entscheidungen »emotional« treffen, mehr Menschsein für sich beanspruchen können als jene, die sich rational zu verhalten behaupten. Da bei uns die motivierenden Kräfte des limbischen Gehirns und die analytischen des Kortex nun einmal am besten integriert sind, erscheint es angemessener zu sagen, daß Menschen, die Verstand und Gefühl gegeneinander aufwiegen, ihr Menschsein am weitesten entwickelt haben, denn sie bedienen sich *beider* Systeme, die gemeinsam erst in vollem Umfang die neurologische Befindlichkeit des Menschen ausmachen.

Meiner Ansicht nach wären die meisten Menschen gut beraten, wenn sie ihrem Intellekt nur erlaubten, über die Wahlmöglichkeiten zu informieren, nicht aber die emotionale Entscheidung zu überrumpeln. Ich behaupte, daß wir die Bedeutung der Emotionalität in unserem Leben grob vernachlässigt haben. Doch gerade auch mit dem Verstand kann man darauf kommen, daß es eine Logik des Gefühls gibt, und den Schluß daraus ziehen, daß es die Hauptkraft darstellt, die das Denken und Handeln bestimmt.

Der trügerische Schein des Bewußtseins

Wer nach »objektiven« Beweisen für das trügerische Wesen des analytischen Bewußtseins verlangt und auch meine Behauptung belegt sehen will, daß eine andere Entität als unser »Selbst« unseren Geist beherrscht, den möchte ich auf die Arbeiten Kornhübers verweisen.

Vielleicht ist es schwierig, sich davon zu überzeugen, daß man eher emotional als logisch ist; und vielleicht ist es noch schwieriger, die Behauptung zu akzeptieren, daß jene Entität, die man als sein Selbst bezeichnet, eben nicht für das geistige Geschehen verantwortlich ist und die Richtung des Lebenswegs bestimmt. Ich kann nur auf die umfangreiche philosophische, neurowissenschaftliche und kognitionswissenschaftliche Literatur verweisen, die diesen Standpunkt unterminiert. Zwischen Verstand und Gefühl zu unterscheiden, scheint auf den ersten Blick eine Frage des Bewußtseins zu sein. Aber es hängt mehr damit zusammen als nur die binäre Wahl zwischen bewußt und unbewußt. Vielleicht hilft uns ein physischer Vergleich weiter.

Als Körperorgan hat das Gehirn keine sensorischen Nerven und weiß nichts von seiner eigenen physischen Substanz. Man kann es mechanisch mit einem Stab stupsen oder es mit einer elektrischen Spannung oder einem starken Magnetfeld stimulieren. Unabhängig davon, was für eine Art physikalischer Energie man darauf einwirken läßt, sagt der Patient nicht, »Ich spüre, daß Sie mein Gehirn berühren«, sondern berichtet vielmehr von einer Empfindung in einem peripheren Körperteil. Auch Körperbewegungen kann man dadurch hervorrufen, daß man die motorischen Bereiche des Gehirns stimuliert. Dies zeigt zugleich, daß *zwischen der tatsächli-*

*chen Stimulierung der Neuronen und der räumlichen Lokalisierung
der daraus resultierenden subjektiven Wahrnehmungen keine Identität herzustellen ist.* Gehirnoperationen an Patienten bei vollem
Bewußtsein belegen vielfältig, daß das Gehirn immer auf etwas
Äußerliches verweist.

Menschen, deren Gehirn auf diese Weise stimuliert wird, nehmen
Dinge wahr, von denen sie behaupten, »sie« hätten sie nicht ausgelöst. Rational wissen sie, daß die Wahrnehmung von ihnen ausgeht, obwohl sie sich nicht so anfühlt. Es ist, als bekäme man von
irgendwo einen Eindruck – und gleichzeitig von nirgendwo. Statt
sich seiner eigenen Substantialität bewußt zu sein, ist sich das
Gehirn einer Realität bewußt, die es außerhalb seiner selbst
erschafft. Bei dieser Welt des Nicht-Selbst scheint es sich um eine
unabhängige Welt von Objekten, Raum und Zeit zu handeln. Vergleichsweise mag man sich eine Holographie vorstellen, die ein reales, dreidimensionales Bild hervorbringt, das außerhalb des Films
und des Laserstrahls existiert, von denen es erzeugt wird.

Der trügerische Schein des Bewußtseins wurde zum ersten Mal
von Kornhüber 1965 demonstriert.[24] Seine Forschungen über das,
was er das »Bereitschaftspotential« nannte, zeigen, daß es mit dem
Bewußtsein mehr auf sich hat, als mittels Introspektion oder Beobachtung zu erkennen ist. Man bittet eine Versuchsperson, einen
Finger zu bewegen, wann immer er oder sie sich danach fühlt. Mit
entsprechenden Geräten mißt man genau den Zeitpunkt der Fingerbewegung und auch die elektrischen Gehirnpotentiale unmittelbar vor und nach der Fingerbewegung. Mit einer speziellen Uhr
kann die Versuchsperson genau den Zeitpunkt festhalten, zu dem
sie sich bewußt zur Fingerbewegung entschlossen hat. Verfolgt
man den ganzen Ablauf analytisch zurück, stellt sich heraus, daß
sich zunächst eine Gehirnaktivität aufbaut, eben das Bereitschaftspotential, das die auszuführende Handlung vorbereitet. Dies
geschieht im Gehirn fast eine Sekunde eher, als subjektiv die
bewußte Entscheidung fällt, den Finger zu bewegen. Eine Sekunde
ist nach dem Maßstab physiologischer Ereignisse eine lange Zeit,
viel länger, als der elektrische Impuls braucht, die Nervenbahnen
zwischen motorischem Output und den Fingermuskeln zu durchlaufen. Mit anderen Worten, das Bereitschaftspotential geht der
Entscheidung der Person, den Finger zu bewegen, bei weitem voraus.

Andere Forscher haben Kornhübers Untersuchungen wiederholt und ausgeweitet.[25] Ihnen zufolge fallen wir einer Illusion anheim, wenn wir glauben, jeder von uns sei ein frei Handelnder, der sich für eine bestimmte Tat entscheiden kann oder auch nicht. Dies »Entscheidung« zu nennen ist nur eine Interpretation eines Verhaltens, das anderswo von einem anderen Teil unseres Selbst in Gang gesetzt wird, *bevor* wir uns bewußt werden, daß wir überhaupt eine Entscheidung treffen. Mit anderen Worten, die Entscheidung ist bereits gefallen, ehe wir bewußt auch nur auf den Gedanken kommen, eine Entscheidung zu treffen. Wenn »wir« nicht die Fäden in der Hand halten, wer oder was tut es dann? Die Antwort lautet: ein unbekannter Teil unseres Selbst, der sich mittels Introspektion nicht ausloten läßt.

Kornhübers Experiment kann auch in umgekehrter Richtung durchgeführt werden. Reizt man die Haut mit einem Nadelstich, erreicht der Stimulus das Gehirn in zehn Tausendsteln Sekunden ($10/1000$ s); doch bis wir den Nadelstich bewußt wahrnehmen, besteht schon über eine halbe Sekunde lang ein Bereitschaftspotential dazu. Im Geist der Versuchsperson scheinen jedoch paradoxerweise die Wahrnehmung des Stichs und die physische Stimulation ohne zeitliche Verzögerung zusammenzufallen. Benjamin Libet, Physiologe und Bewußtseinsforscher, hat dazu die Hypothese aufgestellt, daß das Eingangssignal im Kortex, das nur zehn Tausendstel Sekunden nach dem Stich eintrifft, als zeitliche Markierung fungiert. Eine halbe Sekunde lang ($500/1000$ s) wird neuronal alles aufgebaut, was zur Vermittlung einer bewußten Wahrnehmung nötig ist, und diese Wahrnehmung wird zurück auf die zeitliche Markierung bezogen. Im Geist nimmt die Versuchsperson also keine zeitliche Verzögerung wahr. Unsere persönliche Erfahrung sagt uns, daß die Welt bruchlos erscheint, daß Bild, Ton, Geruch, Geschmack und taktile Wahrnehmung eines Ereignisses zusammenfallen. Libet ist der Ansicht, daß die beunruhigende zeitliche Disparität zwischen bewußter Wahrnehmung und neuralem Ereignis notwendig ist, um die subjektive Synchronizität zwischen den Empfindungen aufrechtzuerhalten. Auf den Punkt gebracht, weicht die zeitliche Basis der subjektiven Wahrnehmung von der neuronalen Aktivität ab, die sie hervorbringt.[26]

Unser bewußtes Selbst ist nur die Spitze eines Eisbergs. Arbeiten wie die von Kornhüber und Libet legen Zeugnis davon ab, daß ein

Teil von uns dem Selbst unzugänglich ist. Die Ergebnisse ihrer Untersuchungen stimmen mit den Erkenntnissen überein, die man anhand der Patienten mit durchtrenntem Hirnbalken gewonnen hat. So ist zum Beispiel die »bewußte«, sprechende Gehirnhälfte solcher Patienten darüber überrascht, was die andere Hälfte weiß und wie sie agiert. Besonders deutlich wird dies, wenn es zu Konflikten zwischen den beiden Hemisphären kommt, wenn etwa die linke Hand eine Handlung rückgängig macht, die die rechte gerade abgeschlossen hat, oder wenn der linke Fuß in die eine Richtung geht, während der Rest des Körpers in eine andere will.

Solche Einblicke in den Geist lassen erkennen, daß wir mehr wissen, als wir zu wissen glauben. Dennoch sind wir immer wieder überrascht, wenn wir entdecken, daß wir es wissen. Ist das nicht interessant? Verblüffen wir uns im alltäglichen Leben nicht selbst mit unserer Intuition, Kreativität, künstlerischen Inspiration, mit unseren plötzlichen Erkenntnissen und anderen Manifestationen des inneren Wissens? Unglücklicherweise vertrauen die Leute diesem inneren Wissen kaum, weil uns ständig gesagt wird, daß wir uns statt dessen nur auf objektive Fakten verlassen sollten.

Ich habe die Mutmaßung geäußert, daß Synästhesie ein normaler Gehirnprozeß ist, der allerdings nur einer Handvoll der fünfeinhalb Milliarden Menschen auf diesem Planeten bewußt wird. Desgleichen vermute ich, daß die veränderten Bewußtseinszustände, die ich dargelegt habe, in Wirklichkeit Momente sein können, in denen unser »wahres Ich« an die Oberfläche kommt. Vieles scheinen nicht »wir« zu tun, sondern »es« scheint uns statt dessen zu »passieren«, etwa Gefühle, Intuitionen, plötzliche Erkenntnisse oder das Gefühl der inneren Gewißheit; sie alle werden von einer Facette unseres Geistes hervorgebracht, die tiefer reicht als jene, die sich über die Welt informiert zeigt.

Was wir für absichtsvolles Handeln halten, das von unserem freien Willen in Gang gesetzt wird, ist in Wirklichkeit von einem anderen Teil unseres Selbst angestiftet worden. Teile von uns sind *unserer bewußten Selbstwahrnehmung unzugänglich;* letztere zeigt nur die Spitze des Eisbergs, wer und was wir wirklich sind. Das »Ich« ist eine oberflächliche Selbstwahrnehmung, die in unauslotbaren Tiefen erzeugt wird. Mit anderen Worten, wir alle tragen Masken.

»Martinis oder Manhattans?« fragte Clark.

»Manhattans hatten wir das letztemal«, erinnerte ich ihn. »Mach Martinis.« Ich mußte Clark nicht sagen, daß er in meinen sowohl Oliven wie Silberzwiebeln tun sollte. Er wußte, wie ich ihn mochte. Manchmal glaubte ich sogar, daß er mehr über mich wußte als ich selbst.

Hochwürden Clark A. Thompson und ich kannten uns, seit ich vor über zwölf Jahren in das Duke College eingetreten war. Wir hatten uns auf einer Silvesterparty kennengelernt und uns auf den ersten Blick gemocht. Er war intelligent, konnte sich tiefschürfend über nahezu jedes Thema unterhalten und liebte es, wenn es hoch herging – einen Kirchenmann hatte ich mir so eigentlich nicht vorgestellt. Über die Jahre verfolgte Clark die Entwicklung meines analytischen Denkens, was, wie ich vermute, auf seine pädagogischen Neigungen zurückzuführen war, denn schließlich war er Starbuck-Professor für Religion und Philosophie am Salem College und zugleich Geistlicher im Rang eines Dekans.[27] Von Berufs wegen also widmete er sich der Erziehung des Denkens und des Geistes. Mir aber war er eher ein Freund und Vertrauter. Als ich nach Winston-Salem zog, um am dortigen Klinikzentrum meine Ausbildung fortzusetzen, wurden Clark und ich fast Nachbarn. Sonntagsnachmittagsbesuche mit Cocktails und tiefschürfenden Gesprächen sowie Spaziergänge durch unser Viertel wurden uns zum angenehmen und unumstößlichen Ritual.

Jetzt war ich wieder in North Carolina, zu Besuch bei Clark. Unser Ritual von Cocktails und Gesprächen setzten wir einfach fort, als hätte es während meiner Abwesenheit nie eine Unterbrechung gegeben. Praktisch von Anfang an hatte ich Clark auf dem laufenden gehalten, wie es mit meiner Arbeit über Synästhesie voranging, und gerade hatte ich ihm erzählt, daß ich einen Vertrag für ein Buch darüber unterschrieben hätte.

»Eine analytische Orgie gibt das«, sagte er und schenkte uns ein. »Ich kann jetzt schon deinen Verstand wirbeln sehen.«

»Ach, hör auf«, protestierte ich. »Glaub mir, das gibt keinen kopflastigen Rundumschlag. Das Exposé gibt mir Gelegenheit, von

Synästhesie ausgehend eine ganze Reihe von Themen zu behandeln.«

»Die wären?«

»Etwa Philosophie, Geschichte, Kunst, Kreativität – solche Dinge. Für mich ist es eine gute Gelegenheit, das ganze Spektrum subjektiver Wahrnehmungen zu erkunden und vielleicht auch ein paar Sachen zu sagen, denen die Wissenschaft sonst ablehnend gegenübersteht.«

Clark hob sein Glas und grinste. »Du hast's geschafft.«

Clark kannte mich seit langem, und er kannte mich gut, wollte er damit sagen. Der Pädagoge in ihm hatte rasch herausgefunden, daß ich vollkommen »kopflastig« war. Schlimmer noch, mein angeborenes analytisches Wesen war von zwanzig Jahren wissenschaftlicher und medizinischer Ausbildung nur noch verstärkt worden. Reflexhaft analysierte ich, was immer mir über den Weg kam, und felsenfest war ich der Überzeugung, daß Intellekt und Verstand allein alles meistern könnten.

»Du brauchst ein Gegenmittel zu deinem unablässigen Intellektualisieren«, hatte Clark einmal vorgeschlagen, »etwas, das dich mit der irrationalen Seite deines Geistes vertraut macht.«

So etwas war meiner üblichen Denkweise vollkommen fremd.

Clark schlug mir Zen-Meditation vor, auch als Technik der »Selbstversenkung« bekannt; damit sollte ich versuchen, den inneren Dialog im eigenen Geist vorübergehend zum Schweigen zu bringen. Dieser gesellige Prediger war doch tatsächlich in die Berge gereist, um bei Rōshi Jiyu-Kennett in die Lehre zu gehen, dem geistigen Führer der Sōtō Zen Church in Amerika.[28] Clark interessierte sich mehr für Religionen, die das Individuum betonten und es persönlich ansprachen, und nicht so sehr für jene, die eine rigide Unterwerfung unter Doktrin und Regeln verlangten. Neugierig hatte ich zugehört, als er von seinem Zen-Abenteuer berichtete, aber als er meinte, daß mir solche Meditationen guttun würden, blockte ich zunächst ab.

Jung und naiv wie ich war, hatte ich niemals daran gedacht, daß am menschlichen Geist mehr dran sein könnte als nur die rationale Seite, die mir vertraut war. Niemals war mir in den Sinn gekommen, daß es etwas geben könnte, was ein Gegengewicht zur Rationalität darstellt, ganz zu schweigen davon, daß es ein normaler Bestandteil der menschlichen Psyche sein könnte. Doch daß Clark Zen-Meditationen als »Gegenmittel« zum analytischen Denken bezeichnete, fand ich schon faszinierend. Von der Vorstellung, in diesen unbekannten, verbotenen und irrationalen Ozean einzutauchen, fühlte ich mich irgendwie angezogen; doch der Umgang mit kniffligen Komplexitäten war mir so vertraut, daß die Einfachheit dieser Methode mich schlicht verblüffte: Ich sollte mit offenen Augen vor einer weißen Wand sitzen und nichts tun! »Versuch nicht zu denken, und versuch auch nicht, nicht zu denken«, instruierte mich Clark. »Wenn das Gegenteil auftaucht, geht der Buddha-Geist verloren. Ohne jeden absichtlichen Gedanken einfach dazusitzen, ist der Hauptaspekt des *Zazen*.[29] Der innere Dialog wird aufhören.«

Daran gewöhnt, alles unter Kontrolle zu haben (wobei die medizinische Ausbildung diesen Wesenszug noch verstärkt hatte), protestierte ich, daß es physiologisch unmöglich sei, daß ›nichts‹ im Geist vor sich geht. Clark ignorierte meine Ausflüchte und meine logischen Argumente, warum es unmöglich sei, den Intellekt zum Schweigen zu bringen.

»Das ist nichts, was du hinterfragen kannst«, sagte er schließlich, »weil es darauf keine rationale Antwort gibt. Es ist einfach etwas, was du tust. Also tu es, wenn du willst. Oder laß es, wenn du es nicht willst.«

Meine eigenen religiösen Erfahrungen beschränkten sich auf die mit einigen Karmeliternonnen in der Grundschule; davon waren ein bitterer Nachgeschmack und ein Mißtrauen gegenüber allem Religiösen zurückgeblieben. Mit Clark konnte ich jedoch offen über solche Dinge und andere innere Erfahrungen sprechen, weil er nicht in das Klischee paßte, das ich mir von gläubigen Menschen gemacht hatte. Wäre es anders gewesen, hätte ich es niemals zugelassen, daß er mein Vertrauen in den rationalen Verstand zu erschüttern versuchte.

Clark war ganz von dieser Welt, er akzeptierte die Dinge, wie sie waren, und unterwarf sie nicht einer idealisierten, aber falschen Ansicht, wie die Dinge zu sein hätten. Viele der Baptisten und anderen christlichen Fundamentalisten um mich herum isolierten und distanzierten sich von allem, was nicht in ihr Weltbild paßte. Clark hingegen nahm die Existenz des Bösen als gegeben hin und tauchte ein in diese Welt, deren Unvollkommenheit er akzeptierte. Wenn man mit ihm als Intellektuellen sprach, war es unmöglich, nicht gleichzeitig seine tiefgreifende Spiritualität mitschwingen zu spüren. So betrachtet, war er eine lebende Verkörperung des alten Dilemmas, wie ein rationaler Mensch glauben, also Irrationales denken kann. Clarks Fähigkeit, seine eigenen rationalen und irrationalen Wesenszüge im Gleichgewicht halten zu können, stiftete ein Vertrauen, vor dessen Hintergrund ich meine eigenen Widerstände aufgeben und meine Verankerung im Intellektuellen loslassen konnte.

Ein Teil von mir muß intuitiv gespürt haben, welcher Reichtum auf mich wartete, denn nach langem, beharrlichem Ausdauern vor der weißen Wand erreichte ich schließlich den Punkt der Ruhe. Kognitiv war ich erstaunt, daß der innere Dialog tatsächlich gestoppt werden konnte, während der Rest von mir die Atmosphäre der Ruhe genoß, die dieses Kunststück begleitete. Es ist ein Gefühl, das man erfahren haben muß, um es zu verstehen, man kann es nicht beschreiben oder erklären.

Clarks Ausgangspunkt war ein ganz einfacher gewesen: Zuviel analytisches Denken führt zu Unausgeglichenheit. Glücklicherweise trieben mich seine Freundschaft und unsere tiefschürfenden Gespräche dazu, daß ich mich einem minderen Martyrium unterzog, durch das meine eigene unmittelbare Erfahrung mir die Existenz einer anderen Seite des menschlichen Geistes bewies. Auch lernte ich dabei, diese Seite zu schätzen. Jahre später sprach dann ich wie ein Guru von innerem Wissen und veränderten Bewußtseinszuständen. Ich hatte es wirklich geschafft.

»Warum bezeichnest du Synästhetiker als kognitive Fossilien?« fragte Clark. »Was genau meinst du damit?«

»Ich weiß, daß es reichlich romantisch klingt, es so auszudrücken«, räumte ich ein, »aber ich will damit einfach betonen, daß Synästhesie eine fundamentale, ganz elementare Fähigkeit darstellt.«

»Also verkörpern Synästhetiker nicht nur eine wesentliche Grundbefindlichkeit unseres Menschseins, sondern, in weiterem Sinn, eine Grundbefindlichkeit aller Säugetiere?«

»Genau. Ich will damit nicht sagen, daß Synästhesie primitiv ist oder daß die Frühmenschen möglicherweise die ganze Welt synästhetisch wahrgenommen haben«, sagte ich. »Die Leute scheinen das immer falsch zu verstehen. Ich meine damit, daß sie unseren biologischen Wurzeln näher ist als unsere übliche Wahrnehmungsweise.

Laß mich das am Beispiel des Fernsehens verdeutlichen«, bot ich ihm an. »Wir alle sehen auf dem Fernsehschirm ein Bild. Nun stell dir vor, jemand wäre in der Lage, die Fernsehsignale wahrzunehmen und sich einen Reim darauf zu machen, bevor sie zu dem fertigen Bild auf dem Schirm zusammengesetzt werden. Dieser Mensch gliche einem Synästhetiker. Synästhetiker sind in fundamentaler Weise dichter am Grund unserer Empfindungsfähigkeit, unseres Lebendigseins!«

»Was für eine gewaltige Analogie!«

»Ich weiß, sie ist übertrieben«, sagte ich mit einer wegwerfenden Handbewegung, »aber ich will einen umfassenderen Blick auf die Frage werfen, wer oder was wir eigentlich sind. Wenn man das schafft, fallen so viele unserer Grundannahmen weg. Wir sind mehr, als wir zu sein scheinen, und wir wissen mehr, als wir zu wissen glauben.«

Clark lachte. »Ich weiß, daß ich dazu ermutigt hatte, auch nichtrationale Denkweisen in Betracht zu ziehen, Rick, aber jetzt klingst du beinahe wie ein Mystiker.«

»Oh, das glaube ich nicht«, protestierte ich. »Mein Standpunkt ist doch ganz einfach. Wir müssen genauso mit unseren irrationalen und emotionalen Wesenszügen vertraut sein wie mit unseren rationalen. Ich meine das nicht im Sinne Rousseaus, sondern im Sinn eines D.H. Lawrence oder eines E.M. Forster; daß das moderne Leben die Menschen aus dem Gleichgewicht bringt, haben diese Schriftsteller in wunderbaren Szenen klargemacht, etwa jener, wo Menschen des Nachts nackt durch den Wald laufen und sich mit bloßer Haut an den Kiefern reiben, und solche Sachen. Das Nacktsein ist dabei eine Metapher dafür, nicht wahr, daß wir die Fesseln des Verstands ablegen müssen, damit wir wieder mehr unmittelbare Erfahrungen machen können. Dieselbe Botschaft findest du bei den Indianern und bei primitiven Kulturen, wo sie noch deutlicher zum Ausdruck kommt. Aber sicherlich sage ich dir damit nichts Neues, oder?«

»Nein«, stimmte Clark zu. »Die Religion zeigt mit vielfältiger Symbolik, daß man Äußerlichkeiten ablegen muß, um innere Wahrheit zu finden. Unglücklicherweise wird diese Sicht der Dinge so oft von den Verfechtern der Objektivität, der Technologie und der wissenschaftlichen Methode zunichte gemacht, als könnte nichts als bekannt oder wahr akzeptiert werden, solange es nicht mit einem Instrument gemessen wird, das nicht wie unsere Sinne ›lügen‹ kann. Immer wird darauf insistiert, daß Wahrnehmungen mit den Instrumenten der Wissenschaft verifiziert werden müssen, weil der Geist zu wenig verläßlich sei, um zur Wahrheit zu gelangen.«

»Die Technologie weist unmittelbare Erfahrungen zugunsten abstrakter Ideen zurück«, stimmte ich zu. »Nimm zum Beispiel die Zeit. Es ist noch nicht allzu lange her, daß die Menschen nach den biologischen und natürlichen Zeitrhythmen lebten. Sie aßen, wenn sie hungrig waren, und gingen schlafen, wenn es dunkel wurde, und nicht, wenn ein abstraktes Zeitmodell einen bestimmten Zustand erreichte, wie wir es heute tun, wenn die Zeiger der Uhr in einer bestimmten Position stehen. Sie richteten sich nach der Sonne, nach dem Stand des Getreides, nach dem Verhalten der Tiere und nach ihrem eigenen Körper. Die Erfindung der Uhr ersetzte die unmittelbare Erfahrung durch eine körperlose Maschine. Früher nahmen die Menschen die Zeit als etwas Persönliches und Unmittelbares wahr, als Kreislauf wiederkehrender Ereignisse, nicht als Abfolge abstrakter Momente, wie wir es heute dank der Wissenschaft als gegeben hinnehmen.«[30]

»Und was hat das alles mit Synästhetikern als kognitiven Fossilien zu tun?« fragte Clark.

»Nun, Synästhesie ist die unmittelbarste und direkteste Erfahrung, die mir jemals begegnet ist. Sie ist sinnlich und konkret, nicht irgendein bedeutungsschwangerer intellektueller Begriff. Sie drückt limbische Prozesse aus, die ins Bewußtsein durchbrechen. Sie hat etwas mit Fühlen und Sein zu tun, sie ist viel unmittelbarer als das Analysieren der Ereignisse und das Reden darüber. Ihre Einfachheit und Unmittelbarkeit gehen direkt ins Herz der Dinge.«

Clark dachte darüber nach. »Synästhesie scheint viel mit dem ›Heureka‹-Moment der Erleuchtung gemeinsam zu haben, oder mit mystischen Erfahrungen und religiösen Verzückungen, mit noetischen Erkenntnissen. Du scheinst da auf etwas Interessantes gestoßen zu sein, Rick.«

»Wie das?« fragte ich.

»In Religion und Philosophie gibt es seit langem das Argument, daß die Vernunft nicht den einzigen Weg zur Wahrheit darstellt. Die Wirklichkeit besteht nicht nur aus dem, was die Sinneswahrnehmung wiedergibt. Es wäre schön, solche Dinge einmal aus dem Mund eines Naturwissenschaftlers zu hören«, sagte er und lächelte mich an. »Im Grunde bestätigst du die alte Vorstellung, daß das Bewußtsein nicht der Herr und Meister des Geistes ist.«

Ich hielt ihm mein leeres Glas hin. »Und ich glaube, mein Unterbewußtsein verlangt nach noch einem Martini«, sagte ich. »Und nach mehr Oliven.«

»Gute Idee«, grinste Clark. Er stand auf und sammelte unsere Gläser ein. Mit der Dämmerung war es im Zimmer düster geworden. »Warum gehen wir nicht auf die Veranda hinaus?« schlug er vor. »Es wird ein milder Abend.«

Clark klapperte in der Küche herum, wo er unsere Gläser auffüllte und ein paar Hors d'œuvres bereitstellte. Ich ging hinaus und setzte mich gerade rechtzeitig in die Gartenschaukel, um noch den Abendhimmel genießen zu können, den die letzten Sonnenstrahlen in ein surreales Orange getaucht hatten. Zwei blonde Mädchen kamen auf ihren Fahrrädern vorbei und riefen sich etwas zu.

»Warte, ich krieg dich, Sally Anne!«, rief das kleinere Mädchen und trampelte wie wild hinter der Anstifterin her. »Warte, du! Du sollst warten!«, brüllte sie, als sie vorbeifuhren. Kleine Südstaaten-Mädchen können fürchterlich wütend werden, dachte ich. Ich wünschte, ich könnte am Ziel stehen und sehen, wie Sally Anne sich aus der Affäre ziehen würde.

Die schrillen Schreie des kleinen Fräuleins wurden leiser und verschmolzen mit den Geräuschen des Abends, während sie mit ihrer Schwester die Straße hinunter entschwand. Was für eine erstaunliche Fähigkeit Fahrradfahren doch ist. Ich mußte an meine eigenen Versuche, Stürze und Frustrationen denken, und daß ich heute ganz selbstverständlich Fahrrad fuhr, wie ich so vieles andere einfach verrichtete, das zu beherrschen ich einst mühsam erlernen mußte. Wenn wir eine Fähigkeit erst einmal erworben haben, müssen wir bewußt nicht mehr darüber nachdenken. Das ist ein Grundgesetz menschlichen Lernens. »Motorisches Gedächtnis« lautet der neurologische Fachausdruck für ein Verhalten, das automatisch abläuft, wenn es erst einmal erlernt ist. Jederzeit kann man beobachten, daß irgendeine Verrichtung – etwa Tennis oder Klavier spielen, sogar eine Rede halten – erschwert oder behindert wird, wenn man darüber nachdenkt. Das Nachdenken über das eigene Tun vermindert die Fähigkeit, es zu tun.

Genau das sagte 1948 der Psychologe Karl Lashley beim berühmten Hixon-Symposium am California Institute of Technology.[31] Zu dieser Zeit bedienten sich die am Geist interessierten Wissenschaftler am liebsten der Introspektion, also der Methode der bewußten Selbstreflexion. Die vorherrschende Gehirn-Theorie stützte sich auf die Grundannahme des Behaviorismus: eine lineare Kette zwischen einem Stimulus und der von ihm ausgelösten Reaktion. Lashley erschütterte beide Ansätze, indem er darauf hinwies, daß bei komplexen Fähigkeiten wie sprechen, Tennis spielen oder Jazz improvisieren die Handlungssequenzen sich so rasch entfalten, daß keine Zeit mehr für Rückkopplung bleibt und damit keine Möglichkeit besteht, daß der nächste Schritt in der angenommenen »Kette« auf dem vorangegangenen beruhen kann. Und doch können Millionen Menschen wunderbar Jazz improvisieren oder Klavier spielen.

Lashley meinte, daß das Verhalten als Ganzes nicht von äußeren Stimuli auferlegt, sondern von inneren Prozessen organisiert wird. Die Vorstellung, daß Handlungssequenzen (auf denen alle solche Fähigkeiten beruhen) im voraus geplant und organisiert werden, erinnert sehr an die späteren Arbeiten von Kornhüber und seinen Nachfolgern. Was wir als unser bewußtes, rationales Selbst kennen, steuert diese Dinge nicht; ein anderer Teil von uns tut das. Mehr noch, dieser unauslotbare Teil kann wirklich große Taten vollbringen – all diese wunderbaren, irrationalen und interessanten Dinge, die Menschen tun. KI-Forscher haben versucht, den menschlichen Geist auf die mathematischen Aussagen der formalen Logik zu reduzieren, und offensichtlich dabei die Tatsache vergessen, daß formale Probleme nur einen winzigen Teil dessen ausmachen, was uns Menschen jeden Tag widerfährt. Und auch dann sind formale Probleme meist nur für Mathematiker, Physiker und Ingenieure interessant – genau die Leute, die KI-Computer zu bauen versuchen –, und nicht für durchschnittliche Menschen wie etwa lebhafte kleine Mädchen, die Fahrrad fahren.

Gewöhnliche Menschen sind jeden Tag mit allen möglichen neuen Problemen konfrontiert, mit Situationen, die Unordnung in ihr Leben bringen. Ohne zu wissen wie, schaffen sie es, Probleme zu bewältigen, die ihnen noch niemals zuvor begegnet sind, und irgendwie bringen sie dabei kreative Lösungen so zur Anwendung, daß eine zuvor chaotische Situation wieder in Ordnung gebracht wird. In diesen Momenten greifen Menschen nicht auf rationale Regeln zurück. Sie handeln einfach. Dies zeigt, daß die *Vorstellungen*, die wir uns von unseren Alltagserfahrungen machen, nur das Treibgut auf der Oberfläche unserer *tatsächlichen Erfahrungen* sind.

Wenn wir zum Beispiel die Grammatik einer Sprache erklären wollten, würden wir bald feststellen, daß ein sechsjähriges Kind mehr Grammatik in seinem Kopf hat als alle Regeln, die wir möglicherweise niederschreiben könnten. Der Linguist Noam Chomsky hat gezeigt, daß natürliche Sprachen eingebaute komplexe verborgene Strukturen haben, die in dem Moment zu zerreißen beginnen, wenn man bewußt über sie nachzudenken beginnt.

Schulkindern brachte man einst bei, wie man grammatisch Sätze zerlegt und analysiert. Deswegen dachten Experten in den sechziger Jahren, daß man einem Computer einfach nur ein Wörterbuch und einen »Parser«, ein Programm zur grammatischen Analyse, eingeben müsse, und schon könnte er fix Sätze von einer Sprache in die andere übersetzen. Wie hatten sie sich getäuscht! Sprache erwies sich als viel komplexer, als all die Grammatik in den Lehrbüchern vermuten ließ. Und dennoch läßt sie sich mit dem, was sechsjährige Kinder im Kopf haben, ganz selbstverständlich bewältigen.

Objektive Weltbilder begünstigen immer Abstraktionen und weisen die unmittelbare Erfahrung zurück. Und doch zeigt gerade unsere Alltagserfahrung, daß die objektive Weltsicht nur Trugbilder liefert. Gingen wir unseren normalen Verrichtungen mit reiner Vernunft nach, würde oft nichts mehr klappen. Mit rationaler Logik kann man keinem Kind die Windeln wechseln, nicht die verlegte Akte wiederfinden und nicht zur Arbeit fahren.

Clark zwängte sich mit einem großen Tablett durch die Tür. Er stellte die Teller auf den Rattantisch. »Du scheinst in Gedanken verloren«, sagte er und reichte mir ein Glas.

»Es mag seltsam klingen, da ich ja meine ganze Karriere auf das analytische Denken gegründet habe«, räumte ich ein, »aber ich bin ironischerweise zu dem Schluß gekommen, daß die Rationalität überschätzt wird. Andere davon zu überzeugen, vor allem meine Kollegen, ist nicht leicht, aber mir ist mittlerweile klargeworden, daß Menschen vor allem emotionale Wesen sind.«

»Das ist eine radikale These«, sagte Clark und zog sich einen Rattansessel heran. »Wie willst du sie belegen?«

»Die Narreteien der Menschheit belegen sie ganz von allein«, sagte sich. »Menschen, die sich rational zu verhalten glauben, sind Experten darin, sich selbst etwas vorzumachen. In Wirklichkeit tun sie nichts anderes, als ihre Gefühle zu rationalisieren. Die Ereignisse der Gegenwart sind uns psychisch so nahe, daß wir dieser Realität gegenüber blind sind; im Rückblick, also anhand der Geschichte, kann man besser erkennen, daß Irrationalität die Menschen antreibt. Hat sich der ›edle Wilde‹ der Aufklärung nicht eher als wild denn als edel erwiesen?« fragte ich. »Kann man angesichts der Greueltaten religiöser und ethnischer Kriege noch die gegenstandslose Behauptung aufrechterhalten, daß solche Auseinandersetzungen auf rationale Fakten gegründet seien?«

»Die Verhältnisse im Nahen Osten und in Osteuropa sind sehr vielschichtig«, warf Clark ein.

»Da hast du recht. Aber diese Vielschichtigkeit geht zurück auf all die intellektuellen Purzelbäume und all die politischen Winkelzüge, die notwendig sind, um den tiefen Haß zu rationalisieren. Kannst du dir vorstellen, daß ein Politiker sagt: ›Wir hassen euch, und deshalb werden wir euch umbringen‹? Statt dessen werfen sie mit Abstraktionen um sich, reden von Diplomatie, ethnischen Mehrheitsverhältnissen und verhandeln über materielle Bedingungen; doch all dies sind nur Verdrängungen des tieferliegenden Hasses.«

»Politiker verschwenden ihre Kraft an Dinge, die mir unergründlich sind«, sagte Clark, »aber ich kann nicht glauben, daß man alles politische Verhalten am besten mit Egoismus, Gier und Machtgelüsten erklären kann.«

»Doppelzüngigkeit kennzeichnet alle Regierungen«, entgegnete ich. »Einem Kongreßabgeordneten soll einmal die Idee gekommen sein, einfach das Richtige zu tun, und nicht das, was von ihm erwartet wurde – er hat es für einen Alptraum gehalten.«

»Soll ich dich noch ernstnehmen?«

»Natürlich. Also: Wenn schon Politiker und Regierungen nicht rational sind, wie ist es dann mit Unternehmern, Juristen, Bankiers oder sogar mit dem Klerus?« fuhr ich fort. »Was motiviert Journalisten und Fernsehprogramm-Macher? Kannst du mir sagen, wer überhaupt als rationales Wesen gelten kann?«

»Ich verstehe, was du meinst«, sagte Clark.

Ich wußte, daß Clark ein Seminar über veränderte Bewußtseinszustände gehalten hatte, in dem sowohl die religiösen wie die psychologischen Aspekte behandelt worden waren. Und auch die Arbeiten über Menschen mit durchtrenntem Hirnbalken waren ihm vertraut. »Kannst du dich noch an den Aufruhr erinnern, als es hieß, unsere Schulen hätten versäumt, die rechte Gehirnhälfte unserer Kinder auszubilden?« fragte ich.

»Oh, ja, der Kampf um das Schmuse-Curriculum!« rief Clark aus. »Daran erinnere ich mich gut.«

Kurz nachdem die Erkenntnisse hinsichtlich der Funktionen der beiden Gehirnhälften an die Öffentlichkeit gedrungen waren, schwappte die Ausbildung der rechten Hemisphäre als Modewelle über das Land. Eltern, Erzieher und Institutionen wollten die Schulen auf den Kopf stellen, denn sie warfen ihnen vor, die ganzheitlichen, intuitiven und künstlerischen Aspekte der rechten Gehirnhemisphäre generationenlang systematisch vernachlässigt und sich engstirnig nur auf die verbalen, logischen und analytischen Fähigkeiten der linken Hemisphäre konzentriert zu haben. In allem Ernst glaubten die Menschen, das klassische Dreigestirn von Lesen, Schreiben und Rechnen sei ein tragischer Fehler gewesen.

»Die Kritiker behaupteten, die traditionelle Bildung habe unsere Kinder zu gefühllosen, analytischen Automaten gemacht«, betonte ich. »An einigen weiterführenden Schulen plante man weitreichende Veränderungen des Lehrplans, obwohl dieses Argument offensichtlich absurd war.«[32]

»Die ganze Sache war ein Fiasko«, sagte Clark, »aber ich bin mir nicht sicher, ob der Ausgangspunkt so absurd war.«

»Ich behaupte, daß er das war«, beharrte ich. »Die Forschungsergebnisse waren zu stark vereinfacht und falsch verstanden worden, und darauf stützte sich die ganze Debatte. Wenn etwas Wahres daran sein sollte, müßten wir doch ein Land voll unterkühlter Mister Spocks sein, die sich alle rein verbal, logisch und analytisch verhalten. Doch wohin man blickt, findet man das Land von Menschen bevölkert, die alles andere als verbal, logisch und analytisch sind.«

»Nur wir beide sind natürlich eine Ausnahme«, scherzte Clark.

»Ich bleibe bei meiner Meinung«, antwortete ich. »Mehr als ein Jahrzehnt lang haben amerikanische Studenten bei internationalen

Vergleichstests in Mathematik, Geographie, Naturwissenschaft, Weltpolitik, logischem Denken und Lesefähigkeit schlecht abgeschnitten. Solch ein beklagenswertes Ergebnis sollte man doch wohl kaum erwarten, wenn wir Generationen einseitig analytisch gedrillter Studenten produziert hätten. Nein, die damalige Kritik gründete sich selbst auf eine irrationale, emotionale Reaktion auf neue Erkenntnisse«, argumentierte ich. »Zu behaupten, Menschen seien rational, ist genauso unsinnig wie die Ansicht, wir hätten die Erziehung der rechten Gehirnhälfte vernachlässigt. Die Leute wissen gar nicht, was sie da sagen.«

Clark leerte sein Glas. »Warum ist man dann weit und breit der Überzeugung, daß Vernunft es ist, was das Menschsein prägt?«

»Weil unsere heutigen Vorstellungen, wie das Gehirn funktioniert, noch nicht ins Bewußtsein der Öffentlichkeit gedrungen sind. Im Gegensatz zur Raumfahrt oder zur Quantenphysik werden darüber keine Bücher geschrieben. Unsere derzeitigen biologischen und anatomischen Erkenntnisse zeigen, daß die Beziehung zwischen Kortex und limbischem System gerade das Gegenteil dessen sind, was wir immer angenommen haben. Weißt du, Clark, manchmal muß man sich auf den Kopf stellen, um die Dinge richtig zu sehen.«

»Und das muß man auch hinsichtlich der Rationalität tun?«

»Ja. Ich will, daß die Menschen erkennen, welch eine große Rolle nichtrationale Prozesse in ihrem Leben spielen.« Ich seufzte und hielt inne, um mir einen Happen von den Hors d'œuvres zu nehmen. »Meine Kollegen wollten von solchen Sachen natürlich noch nicht einmal etwas hören, also mach' ich mir keine Illusionen, daß es schwierig werden wird, andere davon zu überzeugen.«

»Egal, auf welchem Gebiet man arbeitet, Rick, überall stößt man auf taube Ohren; und wenn man gegen den Strom schwimmt, fühlt man immer Widerstand. An den Reaktionen deiner Kollegen war nichts Besonderes«, versicherte mir Clark.

»Warum fühlten sie sich so bedroht?« fragte ich.

»Alle Menschen mit einer engstirnigen Weltsicht fühlen sich von Veränderungen bedroht. Du fragst, warum wir gewohnheitsmäßig unmittelbare Erfahrungen ablehnen und uns weigern, die Dinge so zu sehen, wie sie sind. Du sagst, daß wir mehr sind als Individuen mit vielen Facetten; vielleicht verfügen wir über einen multiplen Geist. Was erwartest du, wie phantasielose Leute darauf reagieren?«

»Ich finde es wichtig, diese Sache voranzubringen«, antwortete ich. »Ich bin verblüfft, wie oft sich die Vorstellungen, die wir uns normalerweise von den Dingen machen, als falsch, ja, sogar als das Gegenteil erweisen. Vorgefaßte Meinungen muß man manchmal ins Gegenteil verkehren, damit sie wieder Sinn ergeben. Das meine ich, wenn ich sage, daß man sich auf den Kopf stellen muß.«

Zwischen uns herrschte einvernehmliche Stille. Ich wiegte mich leicht in der Schaukel, gerade genug, daß die Ketten leise quietschten. »So gut wie mein ganzes Leben lang habe ich darauf bestanden, daß man alles, was es gibt, objektiv beschreiben, erklären und mittels wissenschaftlicher Methoden beherrschen kann«, sagte ich nach einer Weile. »Vielleicht bin ich desillusioniert, weil ich jetzt so klar erkenne, wie beschränkt unser analytisches Denken ist.«

»Das bezweifle ich«, entgegnete Clark entschieden.

Ich hielt mit dem Schaukeln inne. »Wie meinst du das?«

»Ich meine, du wirst das tun, was du immer getan hast«, antwortete Clark ruhig. »Du wirst einen Weg finden, wie du das, was du gelernt hast, integrieren kannst.«

Clarks Gabe, den Nagel auf den Kopf zu treffen, war ebenso erhellend wie unheimlich. »Die Tatsache, das Synästhesie nur dem kleinsten Teil der Menschheit bekannt ist, bedeutet nicht, daß sie unwichtig ist«, sagte ich. »Ich selbst habe niemals eine solche Erfahrung gemacht, aber dennoch kann ich mich darüber wundern, zu was mein Gehirn alles in der Lage ist. Und ich muß davon ausgehen, daß es viel mehr kann, als mir vertraut ist. Ich würde gern ergründen, ob alle Menschen in der Lage sind, sich ihre eigenen spektakulären Universen zu schaffen.«

Es war Nacht geworden. Still saßen wir auf der Veranda und hörten den Grillen zu. Nach einer langen Weile sagte Clark: »Das ist geradezu eine Vision, Rick. Mit weitreichenden Folgen. Die meisten veränderten Bewußtseinszustände verlangen der Realität ab, daß sie auch uns anderen in neuer Perspektive erscheint. Alles, was die Menschen dazu bringt, ihr inneres Erleben zu erforschen und es hoffentlich zu vertiefen, ist meiner Ansicht nach von Wert.«

»Glaubst du?«

»Religion zu lehren und sie als Geistlicher auszuüben hat mich erkennen lassen, daß die Menschen immer von der Möglichkeit fasziniert sind, in eine andere, größere Welt einzutreten, die die ganze Zeit auf sie gewartet hat. Normalerweise wollen sie darüber nicht sprechen. Über ihre innere Befindlichkeit zu sprechen ist vor allem bei solchen Menschen tabu, die entweder in jungen Jahren unangenehme religiöse Erfahrungen machten oder die sich selbst für analytisch und objektiv halten. Oft brauchen die Menschen erst eine Art Erlaubnis, um die verschiedenen Aspekte ihres Lebens erforschen zu können. Ein objektiver Arzt, der Synästhesie erklärt, wird ihnen vielleicht Mut machen, ihr eigenes inneres Erleben zu erforschen.«

Zweiter Teil
Der Vorrang des Gefühls

Vorbemerkung

In den folgenden Essais vertiefe ich mein Thema, daß nicht unser sogenanntes Bewußtsein darüber entscheidet, was wahr und wirklich ist. Es ist noch nicht einmal der Agent im Führerstand, den wir, ohne nachzudenken, das »Selbst« nennen.

Dieser Gedanke ist nicht neu. In seinem Buch ›Minimal Rationality‹ kommt zum Beispiel der Philosoph Christopher Cherniak zu dem Schluß, daß Menschen zwar ein bißchen rational sind, aber nicht allzu sehr. »Der stillschweigend angenommene und alles beherrschende Begriff der Rationalität ist in der Philosophie so idealisiert, daß er sich nicht in sinnvoller Weise auf wirkliche Menschen anwenden läßt.«[1]

Clark hätte es einfacher ausgedrückt: Wir brauchen ein Gegenmittel.

Der Jahrmarktmagier, der der Zauberer von Oos zu sein vorgab, rief: »Beachtet den Mann hinter dem Vorhang einfach nicht!« Er wollte alle Aufmerksamkeit auf sein eigenes Wirken lenken. In ähnlicher Weise identifizieren sich die abendländischen Kulturen mit dem scheinbar machtvollen, nach außen projizierten rationalen Geist. In Wahrheit jedoch ist der irrationale Teil unseres Selbst – unser emotionaler, heuristischer Geist – der Mann hinter dem Vorhang, der in Wirklichkeit die Fäden zieht.

Die folgenden Aufsätze entwickeln diese Idee weiter in ein paar Verästelungen hinein. Es handelt sich um Essais im ursprünglichen Sinn des Wortes: Versuche. Sie sollen den Leser anregen, seine Gedanken und Gefühle provozieren, und sie stellen nicht das letzte Wort zu den behandelten Themen dar.

1. Das anthropische Prinzip

Einst war das Bewußtsein die exklusive Domäne der Philosophie. Während ihre Versuche, den flüchtigen Geist mit dem stofflichen Gehirn in Verbindung zu bringen, bis in die Antike zurückreichen, beschäftigen sich die Biologen erst seit dem neunzehnten Jahrhundert ernsthaft mit diesem Problem. Indem sie vom Koma als einem Beispiel für Nicht-Bewußtsein ausgingen, haben sie den philosophischen Wirrwarr vereinfacht und das Bewußtsein mit Wachsein und Selbstwahrnehmung gleichgesetzt. Statt zu fragen, »Was ist Bewußtsein?«, interessierten sie sich mehr für die Anatomie und fragten: »Wo ist das Bewußtsein?« Im zwanzigsten Jahrhundert vertiefte sich dann eine kleine Gruppe abstrakter Denker in das Konzept einer Bewußtseinsmaschine: die Idee der Künstlichen Intelligenz.

Heute möchten alle bei dem Bewußtseins-Spiel mitmachen. Damit meine ich Naturwissenschaftler, nicht New-Age-Anhänger. Selbst Wissenschaftler nicht-biologischer Disziplinen, die früher nie daran gedacht hätten, sind heutzutage leidenschaftlich am Bewußtsein interessiert und messen ihm allergrößte Bedeutung bei. Der Nobelpreisträger und Immunologe Gerald Edelman zum Beispiel hat drei Bücher über das Bewußtsein geschrieben, und der Mathematiker Roger Penrose landete einen großen Erfolg mit ›Computerdenken – Des Kaisers neue Kleider‹.[2]

Eine neuere These, das »anthropische kosmische Prinzip«, besagt, daß der Geist – wie die Materie – eine fundamentale Eigenschaft des Universums ist. Solch eine Behauptung rührt an Kardinalfragen hinsichtlich des Wesens der Realität und konfrontiert uns mit einem alten, im wesentlichen spirituellen Thema. Anhänger des sogenannten »schwachen« anthropischen Prinzips halten an der Überlegenheit des Menschen fest und glauben, daß das Universum so ist, wie es ist, weil es uns gibt. Weil wir als denkende Wesen darin existieren, müssen die physikalischen Eigenschaften des Kosmos so beschaffen sein, daß unsere Art sich in ihm entwickeln konnte. Die Evolution des Lebens bis hin zu Gehirnen und dem bewußten Geist ist Teil des schwachen anthropischen Prinzips. Deshalb kommt uns hinsichtlich der Erschaffung und Entfaltung des Universums eine wesentliche Rolle zu. Vielleicht ist unser Wille sogar seine zentrale Kraft. Das »starke« anthropische Prinzip besagt andererseits, daß Bewußtsein dem Kosmos inhärent ist und der Geist der Menschen nur ein einzelnes Beispiel für seine vielen Manifestationen ist.

Gegenwärtig können wir weder die eine noch die andere Position beweisen, also bleiben beide eine Frage des Glaubens. Je nachdem, welcher Position man anhängt, ergeben sich aber verschiedene Konsequenzen. Ins Extrem getrieben, folgt aus dem schwachen anthropischen Prinzip, daß Menschen nicht im Einklang mit der Natur leben, sondern sie erobern sollten. Verfechter des schwachen anthropischen Prinzips gehen davon aus, daß Menschen den Gipfel der Evolution darstellen und deswegen, wie Martin Buber es ausgedrückt hätte, eine Ich-Es-Beziehung zwischen dem Selbst und allem anderen unterhalten. Werkzeuge sind eine Objektivierung dieser Ich-Es-Beziehung. Sowohl das aus einem Feuerstein geschlagene Messer des Neanderthalers wie die Raumfähren unserer Tage sind Werkzeuge, Instrumente, die per Definition Natur erobern, um sie dem Menschen dienstbar zu machen. Wie radikal sich das Ich gegenüber dem Es verhält, variiert natürlich von Mensch zu Mensch, wobei die Extremisten sich berechtigt fühlen, Wälder abzuholzen, Tier- und Pflanzenarten auszurotten und natürliche Ressourcen zu verschwenden, denn sie glauben ja, daß das Universum allein um ihretwillen existiert.

Anhänger des starken anthropischen Prinzips glauben hingegen, daß Bewußtsein nicht einzig und allein uns zu eigen ist. Andere Planetenbewohner und sogar das Universum selbst haben möglicherweise eine Seele, sagen sie. Der Jesuit und Paläontologe Pierre Teilhard de Chardin hat die Vermutung geäußert, daß ein geistiges Prinzip, eine spirituelle Unvermeidlichkeit den Prozeß der Evolution bestimmt: Ihm zufolge haben wir Gehirne, die der geistigen Wahrnehmung fähig sind, weil in ihnen der Geist des Universums selbst zum Bewußtsein kommt. Verfechter des starken anthropischen Prinzips unterhalten eine Ich-Du-Beziehung zwischen dem Selbst und dem Nicht-Selbst und sind offen für die Frage, wie sich ihre Handlungsweisen auf Mitgeschöpfe und die Umwelt als Ganzes auswirken.[3]

Wenn der Kosmos Bewußtsein *hat,* dann kommt unser wissenschaftlicher Begriff der objektiven Realität in direkten Kontakt mit Dimensionen jenseits dessen, was wir als faktisch verstehen. Dies ist das Reich des Glaubens. Einigen Menschen ist bei dem Gedanken an diesen Konflikt nicht ganz wohl, obwohl der kleinste gemeinsame Nenner aller Religionen wohl in der Überzeugung besteht, daß es mehr gibt als das, was wir faktisch mit unseren Sinnen wahrnehmen. Weil der Glaube sich auf das bezieht, was wir nicht direkt und nicht mit Technologie verifizieren können, haben wir Wissenschaft und Religion lange Zeit für unvereinbar gehalten. Heute verstehen wir besser, daß einige Fragen sich mit der wissenschaftlichen Methode einfach nicht beantworten lassen.

Wir sind an einem Punkt der Menschheitsgeschichte angekommen, wo die Menschen zunehmend ihre Selbstzentriertheit zugunsten einer Empfänglichkeit für das Andere aufgeben. Wir haben einen Respekt vor der Natur wiedererlangt, der in gewisser Weise an die ursprünglichen Kulturen erinnert, die sich noch nicht so weit von unmittelbarer Erfahrung entfernt hatten wie wir heute. Zunehmend erkennen wir die Intelligenz anderer Arten von Ameisen bis zu Walen an, obwohl deren Intelligenz sich von unserer qualitativ unterscheidet. Die Technologie erlaubt uns, unbekannte Welten ganz komfortabel vom Wohnzimmer aus zu erforschen. Bilder vom Grund des Meeres wie von den Rändern unseres Sonnensystems lassen uns erkennen, daß der Kosmos wunderbarer ist als alles, was wir uns vorstellen können. Ironischerweise war es vielleicht die Technologie, die doch unablässig Natur erobert, die uns Zuschauer für die Möglichkeit sensibilisiert hat, daß wir ein Teil der Natur sind, nicht ihr Gegenteil. Was wir dem vielfältigen Gespinst des Lebens antun, das tun wir uns selbst an.

Diese Haltung kommt zum Beispiel auch im Gaia-Prinzip zum Ausdruck, das unseren Planeten an sich als bewußten, sich selbst regulierenden Makroorganismus sieht. Gelegentlich wird das Gaia-Prinzip als New-Age-Unsinn kritisiert, doch lassen wir die Frage seiner Plausibilität hier einmal beiseite; bemerkenswert daran finde ich vielmehr, daß sich die Menschen in Themen zu vertiefen beginnen, die weiter reichen als das eigene Sein. Solche globalen Einstellungen lassen erkennen, daß immer mehr Menschen sich nach dem starken anthropischen Prinzip ausrichten. Aber warum?

Ich habe die Behauptung aufgestellt, daß die Quintessenz[4] des Menschseins in subjektiver Wahrnehmung und Emotionalität besteht. Vielleicht spüren Menschen intuitiv, daß sie das Richtige tun. Eine gesteigerte Sensibilität gegenüber dem Anderen und der

Glaube an Dimensionen, die über das eigene Selbst hinausgehen, sind keine rationalen Haltungen, die Menschen absichtlich wählen oder einnehmen. Es sind emotionale Einstellungen.

2. Phantasie kostet nichts

Das limbische System des Menschen steigert kortikale Prozesse und als Folge davon rationale Denkvorgänge, weil es so überraschend effizient mit der Energie umgeht. Seine Fähigkeit, Entropie* zu reduzieren, mit unvollständiger Information umzugehen und Ordnung aus einem kontinuierlichen, aber inkohärenten Sinnesstrom zu schaffen – das ist es, was uns unsere ästhetische Kapazität verleiht. Ohne Gefühl wäre unser Verhalten vollständig vorhersagbar und uninspiriert. Man kann zum Beispiel zeigen, daß die limbische Aktivität des menschlichen Gehirns abfällt, wenn eine neu erlernte Handlungsweise zur bloßen Angewohnheit wird.

Bis zu den Reptilien entwickelten sich die Gehirne zu zunehmend komplexeren neuralen Systemen, die jedoch immer noch fest verdrahtet waren und so trotz ihrer Komplexität ein völlig vorhersagbares Verhalten zur Folge hatten. Das limbische System, das zum ersten Mal bei den frühen Säugetieren auftauchte, hat beim Menschen den größten Reichtum an Redundanz. Weil es für so verschiedene Funktionen wie Aufmerksamkeit, Gedächtnis, Emotion und Bewußtsein gemeinsame Strukturen und Bahnen verwendet, ist es in der Lage, auch mit unvollständiger Information umzugehen. Seine Fähigkeit, den Wahrnehmungen Wert und Bedeutung beizumessen, führt zu einem flexibleren und intelligenteren Wesen, dessen Verhalten nicht vorhersagbar und kreativ ist.

* Entropie ist das Maß für jenen Teil der Gesamtenergie eines Systems, der nicht zur Verrichtung von Arbeit zur Verfügung steht. Allgemeiner ausgedrückt, ist Entropie das Maß an Unordnung. Ein zerbrochenes Glas oder ein Rührei haben zum Beispiel mehr Entropie als ihre intakten Ausgangsstadien.

Überläßt man die Dinge sich selbst, nimmt die Entropie zu. (Man muß nur eine Woche lang die Wohnung nicht aufräumen, und schon hat man den Beweis.) Aus Unordnung kann man aber Ordnung schaffen (zum Beispiel die Wohnung aufräumen), indem man Energie aufwendet. Damit vermindert man jedoch die Gesamtmenge der zur Verfügung stehenden geordneten Energie. Dies folgt aus dem Zweiten Hauptsatz der Thermodynamik, der da lautet: Die Entropie irreversibler Prozesse (Gläser zerbrechen oder Eier verrühren) nimmt in geschlossenen Systemen immer zu.

Daß das limbische System für verschiedene Funktionen gemeinsame Strukturen innerhalb *desselben Systems* benutzt, ist kein Zufall, sondern die optimale Weiterentwicklung von Verfahrensweisen, unvollständige Informationen auszuwerten und Handlungen zu geringstmöglichen Energiekosten auszulösen. Weiter oben habe ich gezeigt, daß die Regel »größer ist besser« nicht greift, wenn man menschliche Gehirne mit jenen anderer Arten vergleicht. Was an unserem Gehirn einzigartig zu sein scheint, ist die Verknüpfung von hohem Energieverbrauch mit einer phantastischen Effizienz bei der Verrichtung der mentalen Arbeit. Die Gehirne von Ratten und Hunden verbrauchen zum Beispiel fünf Prozent der gesamten Körperenergie, bei Affen sind es zehn Prozent, und menschliche Gehirne verprassen satte fünfundzwanzig Prozent, viel mehr, als von ihrer relativen Größe her zu erwarten wäre.

Fachleute auf dem Gebiet des Gehirnstoffwechsels haben herausgefunden, daß bemerkenswerterweise dabei kaum Energie für die eigentliche geistige Arbeit aufgewandt wird. Statt dessen wird fast die ganze Energie darauf verwandt, den Betrieb in Gang zu halten, nämlich das Natrium herbeizupumpen, mittels dessen die elektrischen Ladungen innerhalb der Nervenzellen aufrechterhalten werden. Der Energieverbrauch der eigentlichen geistigen Arbeit ist verschwindend gering im Vergleich zu jenem, der die physikalischen Grundbedingungen gewährleistet. So viel für praktisch nichts zu bekommen, läßt die geistige Arbeit fast zur einzigen kostenlosen Dreingabe des Universums werden.

Kognitive Prozesse, die wesentlich mehr zusätzliche Energie erforderten, ergäben ein Gehirn, das einen so großen Anteil der körpereigenen Brennstoffe konsumierte, daß der Organismus als Ganzes vermutlich nicht lebensfähig wäre. Es liegt an der Organisationsweise unserer Emotionalität, daß unsere kognitiven Prozesse ablaufen können, ohne daß wesentlich mehr Energie erforderlich ist, als zur Aufrechterhaltung der physikalischen Strukturen des Gehirns ohnehin benötigt wird. So unwahrscheinlich diese kostenlose Dreingabe auch klingt, sie stimmt völlig mit Plancks Prinzips des geringsten Widerstands überein. 1922 hatte Max Planck, Nobelpreisträger für Physik, eine Regel formuliert, nach der man vorhersagen kann, welchen von mehreren alternativen Verläufen ein gegebenes Ereignis nehmen wird. Plancks Prinzip besagt, daß von allen möglichen Wegen immer derjenige eingeschlagen wird, der den geringsten Energieaufwand verursacht. Dieses allgemeine Prinzip kommt in der Effizienz des Gehirns einzigartig zum Ausdruck.

Alle Wesen erhalten sich dadurch am Leben, daß sie in der Nahrungskette organische Materie konsumieren; letztlich läßt sich dieser Prozeß bis zur Umwandlung von Sonnenenergie durch die Photosynthese der Pflanzen zurückverfolgen. Die Energiekosten jedes Umwandlungsprozesses in der Nahrungskette sind enorm, und auch in diesem Kontext ist die außergewöhnliche Effizienz des menschlichen Gehirns bemerkenswert. Ist der Körper beeinträchtigt, etwa durch Infektionen, Verletzungen, Verbrennungen oder nach einer Operation, wird er hypermetabolisch, das heißt, der Stoffwechsel wird stark gesteigert und mehr Stickstoff und andere wichtige Nährstoffe werden verbraucht. Ist einzig und allein das Gehirn betroffen, steigert sich der Stoffwechsel des Körpers bezeichnenderweise proportional in viel größerem Ausmaß, und der übrige Körper wird notfalls ausgehungert, um das Gehirn vor Schaden zu bewahren.

Jedoch hat dieser ineffiziente Hypermetabolismus auch seinen mentalen Preis. Je größer der Hypermetabolismus des Körpers, desto weniger effizient wird der zerebrale Energieverbrauch, was erhebliche kognitive Beeinträchtigungen zur Folge hat. Wenn sich die kognitiven Prozesse wieder normalisieren, kehrt auch der zerebrale Energieverbrauch zu seiner gewohnten Effizienz zurück. Wichtig ist, daß die Energieeffizienz sich daraus ergibt, wie das limbische Gehirn organisiert ist, was wiederum die analytischen Prozesse des Kortex beeinflußt. Indem das emotionale Gehirn Wert und Bedeutung beimißt, also das herausfiltert, was man *qualitativ signifikante Information* nennen könnte, fungiert es wie ein Ventil, das den Fluß der neuralen Information im gesamten Körper reguliert und sowohl die direkt verdrahteten Systeme wie jene der Volumenübertragung integriert.

Abgesehen von diesen ohnehin beeindruckenden Tatsachen gibt es einige weit fortgeschrittene Hypothesen, die aufgrund von Berechnungen der irreversiblen Thermodynamik behaupten, daß alle Lebensformen, besonders aber Gehirne, ihren erheblichen Beitrag dazu leisten, die Entropiezunahme beziehungsweise den Energieverlust im Universum zu reduzieren.[5] Solche weitreichenden

Möglichkeiten legen den Schluß nahe, daß wir unsere Anstrengungen nicht darauf richten sollten, unsere Gefühle besser zu kontrollieren, sondern sie besser verstehen zu lernen und die fundamentale Rolle zu begreifen, die sie in unserem Leben spielen. Aus solchen Gründen fühle ich mich immer mehr zu dem Standpunkt hingezogen, daß unsere Gefühle uns aus der Tyrannei des vorhersagbaren, reptiliengleichen Denkens und Verhaltens befreien.

Ich habe bereits darauf hingewiesen, daß ohne Emotion unser kognitives Verhalten vorhersagbar und phantasielos wäre. Aus dem vorbeiströmenden Informationsfluß können wir qualitativ Herausragendes auswählen, und wir können effizient mit Fragmentarischem umgehen; das ist es, was uns Phantasie und Kreativität verleiht. Die Intuition zum Beispiel ist Ausdruck einer Entscheidung, die auf effizientem Umgang mit Teilinformationen beruht. In dieser Hinsicht sind Menschen einfach brillant, und das ist ein Segen, wenn man bedenkt, daß das menschliche Denken von sich aus weder logisch noch sonderlich klar ist.

Weil die Anatomie der Emotionalität zum Teil auch die Anatomie des Gedächtnisses ist, rührt größere Klarheit aus unserer Fähigkeit her, vergangene Ereignisse zu erinnern und heranzuziehen. Im Gespräch mit uns selbst entwickeln wir unsere Argumente, und sie werden immer deutlicher, während wir mehr Wissen darüber sammeln und speichern, wie unsere Motivationen beschaffen sind, wie wir unsere Entscheidungen treffen und wie wir unsere Handlungen rechtfertigen. Widersprüche und andere scheinbare irrationale Dinge sind ein natürlicher Bestandteil dieses Prozesses. Wir entwickeln Dichotomien, etwa die von Gut und Böse, um unsere Gedanken zu klären. Wahrscheinlich ist es uns unmöglich, irgend etwas ohne solche Polaritäten zu verstehen. Einige von ihnen, etwa positiv und negativ, sind real und haben ein physikalisches Substrat. Andere sind schwer faßbar und nur mit Beharrlichkeit aufzulösen. Wenn wir schließlich eine solche Verbindung ausgelotet haben, nennen wir das *Einsicht.*

Einige Menschen sind mit der Gabe gesegnet, daß sie die Beziehungen zwischen großen Zahlen von Variablen intuitiv erfassen können, ohne sich ihren Weg durch sie »hindurchdenken« zu müssen. Solch ein Mensch war Srinivasa Ramanujan, ein Inder, der mathematische Theoreme entwickelte, die er selbst erfand. Weil ihm die Beweise so vollkommen klar waren, schrieb er lediglich die

Theoreme nieder. Der britische Mathematiker G.H. Hardy erklärte einmal, Ramanujans Formeln müßten richtig sein, weil kein Schwindler die nötige Phantasie besäße, so etwas zu erfinden. Obwohl nur wenige von uns über solch eine Intuition verfügen, haben wir dennoch alle Anteil an dieser einzigartigen Weise kreativen menschlichen Denkens, das uns ein Durcheinander von Variablen ordnen und sie zu unserer Freude irgendwie Bedeutung annehmen läßt. Wenn wir in einem neuen Kontext mit einem vollkommen neuen Problem konfrontiert sind, kommen wir dennoch irgendwie auf eine kreative Lösung. Im ganz normalen menschlichen Leben tauchen ständig solche Situationen auf, etwa wenn man Kinder großzieht oder versucht, die Aufmerksamkeit eines anderen auf sich zu lenken. Myriaden täglicher Probleme lösen wir, wenn wir unser Verhältnis zu dieser Welt und zu den anderen Menschen klären. Für eine logische Maschine, die Regeln zur Bewältigung solcher Probleme folgt, wäre dies schwierig, wie detailliert die Regeln auch immer wären. Wenn sich Emotionen in Form von Regeln definieren ließen, dann könnten wir sie vielleicht in eine solche Maschine hineinstecken und sie damit so intelligent machen, wie sich die KI-Enthusiasten das erhoffen. Emotionen aber lassen sich nicht in formalen Ausdrücken niederschreiben; man kann sie nur verstehen, indem man nach Menschenart sein Leben lebt und sie spürt.

Kreativ ein originäres Werk zu erschaffen, erfolgt aus einem Gefühlsantrieb heraus, und je stärker der Antrieb, desto besser das Werk. Jeder Schaffensprozeß scheint in entscheidender Weise emotional getönt zu sein. Unsere Emotionalität macht nicht nur unsere Gehirne so effizient, sie gibt uns auch das intuitive Gespür dafür, was richtig ist und was zusammenpaßt. Natürlich ist dies, die Unterscheidung zwischen dem Schönen und dem Häßlichen, die Quelle unserer ästhetischen Kraft; ohne diese Gabe blieben uns die höheren Bereiche kreativen Denkens – etwa Literatur, Architektur oder Mathematik – verschlossen.

Als ich die Überlappung von Emotion und Gedächtnis betonte, wollte ich damit herausstellen, daß es sich beim Gedächtnis nicht einfach um eine Art fixierter Tabelle handelt, in der man etwas nachschaut. Auch das Gedächtnis ist ein *kreativer Prozeß*, in dessen Verlauf sich die elektrischen Felder des Gehirns verändern. Bei jedem einzelnen Akt des Erinnerns und Wiedererkennens erzeugen die sensorischen Bereiche des Kortex ein ganz bestimmtes Muster, das niemals genau einem anderen gleicht. Sie liegen dicht genug beieinander, um die Illusion zu erzeugen, daß wir das Ereignis schon einmal erlebt haben und verstehen, obwohl dies niemals genau stimmt. Jedesmal, wenn wir uns an ein Ereignis erinnern, wird es von den Umständen dieses Erinnerns gefärbt. Wenn wir uns dann wieder daran erinnern, trägt es gewissermaßen neues Gepäck mit sich, und so weiter. So ist alles Erkennen und Erinnern jedesmal ein frischer, kreativer Prozeß, der gar nichts mit dem Wiederfinden eines unveränderlichen Objekts in einem Speicher zu tun hat.

Darüber hinaus nimmt man Personen, Objekte und Ereignisse nicht in ihrer Gesamtheit wahr, sondern nur jene Aspekte von ihnen, die von einem Beobachter erfahren und behandelt werden, worden sind oder behandelt werden könnten. Als Beispiel für die fragmentarische Qualität der Wahrnehmung mag ein Alltagsobjekt wie etwa ein Plastikbecher dienen. Jeder weiß, daß man daraus trinkt. An alles andere aber verschwenden wir kaum einen Gedanken – zum Beispiel seine Dehnfestigkeit, seine Transluzenz, seinen Wärmekoeffizienten, seine chemische Zusammensetzung oder seine Bodenprägung. Solch eine Beschreibung des Bechers würde ein ganzes physikalisches Universum ergeben. Dessen ungeachtet wissen wir alle vorher, *was man damit macht.* Diese etwas beschränkte Art von Wissen ist typisch für Menschen; sie beobachten und handeln. Alles, was wir über sämtliche Dinge außerhalb von uns selbst wissen, resultiert aus dem, was das Gehirn aus den rohen sensorischen Fragmenten macht, die das limbische System zunächst aktiv als wichtige Informationsbrocken aussortiert.

Wahrnehmung und Gedächtnis auf diese Weise zu betrachten, paßt schlecht zu den Idealvorstellungen der Philosophen, denn es verweist darauf, *wo die Grenzen unserer Erkenntnis liegen und was wir wirklich wissen,* nämlich: Das bewußte Wissen beschränkt sich auf die möglichen Interaktionen, die wir mit den Dingen und Ereignissen haben können. Bewußtes Wissen gründet sich auf direkte, handfeste Wahrnehmung.

Einfacher gesagt: Künstler und Schriftsteller nehmen die Welt in ganz bestimmter Weise wahr. Es ist dieselbe Welt, die auch andere Menschen sehen, aber sie sehen sie anders. Zeitgenossen bezeichnen Künstler oft als verrückt, weil sie die Dinge nicht so wahrzunehmen scheinen, wie die Mehrheit es tut. Doch es kommt entscheidend darauf an, sich klarzumachen, daß die sensorischen Pfade, die ins Gehirn führen, ihre ganz eigenen Bedingungen schaffen, unter denen Bilder und Wissen entstehen. Giganten der Kunst wußten und wissen nur zu gut, daß ihre Visionen nicht von der Mehrheit geteilt werden. Selbst wenn sie wegen ihrer Visionen verfolgt oder vertrieben werden, beharren sie auf ihnen. Das ist alles, was sie tun können, weil ihre Visionen ihre Realität sind; und für viele von uns werden sie in der Folge, wenn wir sie wahrgenommen haben, zu unserer Realität.

3. Bewußtsein ist eine Art Emotion

Was ist Bewußtsein? Mustert man die Beiträge der Philosophie des Geistes oder die Ergebnisse biologischer Bewußtseinsforschung, wird klar, daß Bewußtsein am häufigsten mit dem rationalen Verstand identifiziert wird. Ich möchte eine radikale Alternative vorschlagen: daß Bewußtsein eine Art Emotion ist.

Bewußtsein ist fest mit emotionalem Antrieb und zielgerichtetem Verhalten verbunden. Uns interessiert nicht allein, ob ein Wesen im Wachzustand ist und eine Selbstwahrnehmung hat (typische Definitionen von Bewußtsein), sondern ob dieses Wesen zu zweckbestimmtem Handeln fähig ist. Natürliche wie künstliche Hirnschädigungen lassen klar erkennen, daß der Kortex für ein triebhaftes, teleologisches Verhalten nicht nötig ist. Affen, denen der Kortex chirurgisch entfernt wurde, kann man von ihren normalen Käfiggenossen kaum unterscheiden, was sicherlich den landläufigen Vorstellungen grundlegend widerspricht. Tiere, denen nicht nur der Kortex, sondern auch noch wichtige motorische Strukturen unterhalb desselben entfernt wurden, zeigen immer noch ein zweckgerichtetes Verhalten, solange ihr limbisches System intakt bleibt.

Obwohl dies unseren gängigen Vorstellungen zuwiderläuft, ist es nicht überraschend, denn das limbische System umfaßt Hirngewebe, das für die Ausbildung eines Gedächtnisses von zentraler Bedeutung ist, und zielgerichtetes Verhalten bedarf der Kontinuität in der Zeit. Nur unmittelbar irgendwie auf einen gegebenen Reiz zu reagieren, reicht nicht aus. Man braucht eine Art Verzeichnis, eben das Gedächtnis, das das Verhalten von innen steuert. Der Hippocampus des limbischen Systems ist in idealer Weise dafür geeignet, das Gedächtnis mit dem motorischen Output verschiedener anderer Teile des Gehirns zu koppeln und so ein zweckmäßiges, zielgerichtetes Verhalten zu ermöglichen.

Ich behaupte nicht, daß der Hippocampus der Sitz des Bewußtseins ist. Er ist es genausowenig wie der Kortex. Vielleicht sollten wir unsere Versuche einstellen, mit dem Finger auf das Gedächtnis zeigen zu wollen. *Vielleicht ist Bewußtsein kein Ding an sich, sondern eine Beziehung zwischen einem Selbst und der externen Welt.*

Genau wie die Schwerkraft eine Beziehung zwischen Massen darstellt, verweisen Ausdrücke wie »Geist« oder »Bewußtsein« vielleicht auf Beziehungen zwischen einem Organismus und seiner Umwelt. Und es gibt guten Grund, sich diese Beziehung als einen emotionalen Zustand vorzustellen: den ruhigen, aber unbeschreibbaren Zustand, in dem wir uns die meiste Zeit befinden. Mit anderen Worten, Bewußtsein ist eine Art Emotion. Und zwar aus folgendem Grund.

Jeder Ingenieur weiß, daß es kein Maximum und Minimum geben kann, ohne daß etwas dazwischen wäre. Dennoch sprechen wir von Emotionen typischerweise mit Ausdrücken wie positiv oder negativ, niemals neutral. Zustände dazwischen scheinen wir immer zu übersehen. Dabei sind wir *konstant* in einem emotionalen Zustand, der je nach den Umständen zwischen positiv und negativ oszilliert. Ist er dauerhaft negativ, erleiden wir eine klinische Depression; ist er dauerhaft positiv, sprechen wir von einer Manie oder einem Delirium. Die meiste Zeit aber sind wir weder in dem einen noch in dem anderen extremen Gefühlszustand, sondern in jenem Zwischenstadium, das nun einmal durch relative Ruhe charakterisiert ist.

Wie eine ständig wirkende Kraft beeinflussen unsere Emotionen einfach alles. Ein bemerkenswertes Beispiel dafür liefert die Epilepsie. Epileptiker haben immer Angst vor einem neuen Anfall und versuchen, alle Aufregung zu vermeiden, weil sie wissen, daß emotionaler Streß Anfälle auslösen kann. Und trotz großer Willensanstrengung haben die Patienten immer wieder Anfälle, weil diesen ein medizinisches Problem zugrunde liegt und der Wille allein so viel nicht ausrichten kann. Daß es ihnen nicht gelingt, sämtliche Anfälle zu vermeiden, führt zu Selbstvorwürfen, Frustration, Depression, Rückzug, noch mehr Frustration und bald zu neuen Anfällen. Dann ist man auf der Verliererstraße, weil der zugrundeliegende emotionale Zustand sich konstant auf das gesamte Nervensystem auswirkt.

An einigen Forschungszentren gibt es Abteilungen, die sich auf Epilepsie spezialisiert haben, und hier hat man diesen Zusammenhang klar erkannt. Patienten mit dreißig bis vierzig Anfällen pro Tag kommen auf diese Stationen, die sich völlig der Erforschung der Epilepsie verschrieben haben. Sämtliche Medikamente werden abgesetzt, und die Patienten kommen in einen Raum, in dem sie sich aller Wahrscheinlichkeit nicht verletzen können. Mit ständiger Video-Überwachung und EEGs werden Daten gesammelt, die erkennen lassen, um welche Art Anfall es sich genau handelt. Bemerkenswerterweise verschwinden die Anfälle oft für Wochen, einfach weil sich die Patienten an einem Ort befinden, von dem sie glauben, daß es ihnen dort bessergehen wird. Sich in der Hand vertrauenswürdiger Heilkundiger zu wissen, reduziert den Streß in einem Maße, daß der Zustand der Patienten sich eine Zeitlang bessert, allein weil sie daran glauben. Natürlich beseitigt diese vorübergehende Veränderung in ihrer Umgebung nicht das zugrundeliegende medizinische Problem, aber es zeigt sich hieran deutlich, von welch gewaltigem Einfluß die Emotionen sind.

Der Gedanke, daß Bewußtsein eine Art Emotion ist, wurde erst kürzlich von Ayub Ommaya entwickelt, einem Ingenieur, Philosophen und früheren Chefarzt der Neurochirurgie am NIH. Daß der emotionale Kern des Gehirns das gesamte übrige Nervensystem steuert, folgerte er aus erheblichen Widersprüchen in den existierenden Theorien, die Bewußtsein mit Verstand gleichsetzen. Weiter oben habe ich schon die expliziten anatomischen und physiologischen Gründe dargelegt, warum es so lange gedauert hat, bis wir erkannt haben, daß das limbische System – das Zwischenglied in der Gehirnevolution – den Kortex stärker beeinflußt als der Kortex das limbische System.

Ommaya vertritt die These, daß unser Gefühlsleben in jedem Augenblick unseren Zustand überwacht und so kontinuierlich verzeichnet, was vor sich geht. Die emotionale Organisation des Gehirns nennt er »eine grundlegende Strategie der Evolution, dank derer eine verbesserte Energieeffizienz den Erfolg in einer ökologischen Nische sicherstellte. Diese evolutionäre Strategie beobachtet man zum ersten Mal bei den späten Reptilien, geradezu dramatisch verläuft die Entwicklung dann bei den Vögeln, den Säugetieren und vor allem den Menschen. Die Mechanismen dieser Strategie befinden sich in der Anatomie und Physiologie des limbischen Systems mit seinem hohen Maß reziproker Verbindungen innerhalb seiner selbst und zu allen anderen Ebenen des Gehirns.«[6]

Diese Formulierung bringt vieles von dem zum Ausdruck, was wir im ersten Teil geklärt haben, und betont noch einmal deutlich, daß das Gehirn seine geistige Arbeit zu geringstmöglichen Energiekosten verrichtet. Zu seiner heutigen Gestalt entwickelte sich das

Gehirn im Einklang mit Plancks Prinzip des geringsten Widerstands, und viele unserer höheren mentalen Funktionen sind eine Folge dieser Übereinstimmung. Im ersten Teil kamen wir zu dem Ergebnis, daß die Ausbildung einer Synästhesie vom limbischen System abhängt und an sich die Basis abstrakterer kreuzmodaler Assoziationen wie etwa Sprache darstellt. Anders ausgedrückt, wir kamen zu dem Schluß, daß Sprache die Folge fundamentalerer kreuzmodaler Assoziationen wie etwa Synästhesie ist. Universeller betrachtet, kann man Bewußtsein, Sprache und die anderen höheren mentalen Funktionen als *Konsequenzen unserer Fähigkeit, Gefühle auszudrücken,* ansehen. Emotionalität ist das Fundament des Geistes wie des Bewußtseins.

4. Die Grenzen künstlicher Intelligenz

Einst merkten Verteidiger menschlicher Werte kritisch an, daß die Maschinen der künstlichen Intelligenz (KI) niemals in der Lage sein werden, Lust, Verlangen oder Hoffnung zu empfinden; eben mit solchen Qualitäten unseres Seins umschreiben wir, worin sich Menschen von Maschinen unterscheiden. KI-Verfechter hingegen behaupteten, daß Denken aus nichts als ein paar formalen Regeln bestehe; alles andere sei zwar nettes Beiwerk, aber an sich überflüssig. Üblicherweise lautete ihr Gegenargument an die Adresse der Geisteswissenschaftler, sie mögen doch beweisen, warum Emotionen für das Denken unerläßlich seien. Doch ihr Schuß ging nach hinten los; die Konstrukteure der sogenannten neuronalen Netze haben kürzlich entdeckt, daß die Leistung einer Maschine erheblich gesteigert werden kann, wenn man ihr so etwas wie Gefühl eingibt.

KI-Praktiker haben immer die Trennung von Geist und Gehirn für gegeben betrachtet und geglaubt, Geist sei ein abstraktes Programm, das man auf jeder beliebigen Maschine installieren könne, auf der es laufen kann. Den Geist zu »verstehen« hielten sie nur für ein *technisches* Problem, das darin bestehe, ihn auf eine Reihe formaler logischer Aussagen zu reduzieren; die Bandbreite menschlicher Erfahrung, so glaubten sie, sei in der Tat derartig reduzierbar. Die Behauptung, daß die Psychologie des Menschen nicht von seiner Biologie zu trennen sei, ist dem KI-Lager verhaßt; diese Haltung erinnert an die »Gelehrten« des Vatikans, die sich weigerten, auch nur durch Galileos Fernrohr hindurchzusehen. KI-Verfechter scheuen die Unbequemlichkeit, auch noch Biologie pauken zu müssen, und schon gar nicht wollen sie hören, warum die menschliche Logik vielleicht nicht von der Emotion zu trennen ist.

Den Geist als Software zu betrachten – als abstraktes, körperloses Wissen –, finden besonders solche Menschen attraktiv, die theoretisch präzise denken, denn es befreit sie von der Notwendigkeit, sich mit den biologischen Komplexitäten des Nervengewebes zu beschäftigen. Es gibt jedoch zwei gute Gründe, einen mechanischen und einen moralischen, warum wir der Behauptung, auf diese Weise könne unser Denken getreulich modelliert werden, mit Skepsis begegnen sollten.

Auf der mechanischen Seite hat die Unterscheidung zwischen Software und Hardware ihre Bedeutung so gut wie verloren. Die Konstrukteure der neuronalen Netze haben mathematische Strukturen geschaffen, die entweder als Programm auf einem Computer laufen oder, falls erforderlich, direkt den Chips eingebaut werden können. Schon rechnen sie dies im Geist hoch und meinen, »das Programm zu definieren und es auf einer Maschine laufen zu lassen, ist so gut wie ein und dasselbe«. Angesichts unseres Versagens, weit einfachere biologische Organe nachzubauen, erscheint dieses Zutrauen übertrieben. 1970 haben zum Beispiel Ingenieure der Pennsylvania State University voll Enthusiasmus verkündet, daß in kurzer Zeit ein implantierbares, künstliches Herz entwickelt werden könne und bis 1975 für chirurgische Routineeingriffe zur Verfügung stehe. Nach zwanzig Jahren Entwicklungsarbeit und Milliarden von Dollar ist dieses Ziel noch immer nicht erreicht. Andere künstliche Hilfsmittel, etwa als Ersatz für Gelenke oder die Nieren, sind gleichermaßen bei weitem nicht so ausgefeilt wie die biologischen Organe, die sie ersetzen sollen. Und dennoch hat Herbert Simon, vielleicht der einflußreichste Wissenschaftler der ersten KI-Generation, schon 1958 versichert: »Heute gibt es auf der Welt Maschinen, die denken, die lernen und die etwas erschaffen. Mehr noch, ihre Fähigkeit, solche Dinge zu tun, wird sich rasch steigern, bis in absehbarer Zukunft die Bandbreite der Probleme, mit denen sie umgehen können, genausogroß sein wird wie jene, die der menschliche Geist bewältigt.«[7]

Fast vierzig Jahre sind seit dieser schwärmerischen Erklärung vergangen, und die KI hat immer noch keine allgemein gültigen Prinzipien des Denkens herausgefunden. Zugegeben, die sogenannten Expertensysteme bewältigen *höchst spezifische Aufgaben* wie etwa medizinische Diagnostik oder Finanzanalysen mit beeindruckendem Erfolg. Eine Maschine, die wir intelligent nennen könnten, müßte aber *allgemeine* Situationen bewältigen können. Die abgespeckte, emotionslose, umfassende Intelligenz – auf dieses Sahnestückchen der KI warten wir immer noch vergebens. Einen Taschenrechner, der ein paar Zahlen korrekt addieren kann, aber sonst nichts, würden wir wohl kaum als Formalisierung der Arithmetik bezeichnen. Genausowenig können wir die erfolgreiche Nachbildung einiger spezifischer rationaler Leistungen wohl kaum als Formalisierung unseres allgemeinen Denkens betrachten.

Die Konstrukteure der neuronalen Netze haben sich davon jedoch nicht irritieren lassen, als sie ein paar festverdrahtete Schalt-kreise des menschlichen Gehirns im Modell nachbauten. (Bis die KI-Szene sich der Volumenübertragung zuwendet, wird es noch ein Weilchen dauern.) Sie verweisen auf das Gehirn als lebenden Beweis dafür, daß eine Hardware aus analog operierenden Schaltkreisen Steuerungsaufgaben übernehmen kann. Und in der Tat haben sie neuronale Netze gebaut, die mit Erfolg gefährliche chemische Produktionsprozesse steuern, Lager verwalten und andere Aufgaben in der Industrie übernehmen. Solche Erfolge unter höchst spezifischen Bedingungen haben sie nur noch sicherer gemacht, daß die Nachbildung des gesamten Spektrums menschlichen Denkens nicht mehr lang auf sich warten lassen könne. Schon 1960 hat Herbert Simon damit geprahlt, »daß es nicht mehr allzu lange dauern wird, bis die Fähigkeiten des Gehirns, Information zu handhaben und Probleme zu lösen, nachgebildet werden können; es würde mich überraschen, wenn dies nicht innerhalb des nächsten Jahrzehnts gelingen sollte.«[8]

Zwar funktionieren, wie gesagt, die existierenden neuronalen Netze unter eingeschränkten Bedingungen recht gut; die eigentliche Überraschung aber besteht in der Entdeckung, daß man ihre Leistung noch steigern kann, wenn man ihnen so etwas wie Gefühl eingibt. Schauen wir uns die drei Teile an, aus denen ein der Prozeßsteuerung dienendes neuronales Netz besteht: 1. einem Modell (etwa eines Fließbandes oder eines anderen Bereichs, den das Netz verwalten soll), 2. einem Handlungssystem (zum Beispiel für Löten, Flaschen in Schachteln stecken und so weiter) und 3. einer adaptiven Bewertung.

Bei der adaptiven Bewertung wird das Ergebnis jedes einzelnen Arbeitsschrittes anhand des Modells überprüft, und mittels Rückkopplung wird dem Handlungssystem gesagt, ob es das Richtige getan hat oder nicht. Solch eine Ja-Nein-Bewertung anhand eines einzigen, meßbaren Ergebnisses funktioniert bei simplen, monotonen Verrichtungen wie etwa Fließbandarbeit gut. Aber sie versagt bei Aufgaben mit zahllosen Variablen, wie sie alltäglich von Menschen bewältigt werden. Wenn man an Dutzenden von Knöpfen dreht und die Bewertung nur erkennen läßt, ob man seine Sache gut oder schlecht macht, woher soll man dann wissen, welcher Knopf die bewertete Handlung ausgelöst hat?

Es hat sich herausgestellt, daß es nur ein grundlegendes Prinzip gibt, nach dem man ein Bewertungsverfahren für eine große Anzahl Variablen konstruieren kann. Paul Werbos von der National Science Foundation führt den dahinterstehenden Grundgedanken auf Freuds Modell zurück, wie Neuronen biologisch interagieren.[9] Freud hatte sich vorgestellt, daß eine Konzentration psychischer Energien, genannt »Kathexis«, alle unsere Handlungen antreibt. Genau diese Rolle übernimmt das Bewertungsverfahren im neuronalen Netz, wenn es die fortlaufenden Handlungen auswertet. Freud behauptete, daß jedes Objekt emotional aufgeladen sei, und wenn A B verursacht, dann müsse eine entsprechende und proportionale emotionale Ladung auch von B auf A zurückübertragen werden. Dies brachte Werbos auf die Idee der Rückübertragung, die ein wesentliches Merkmal aller modernen Netze ist.

Werbos sagt, jede Komponente seines Netzes entspräche einem Teil des menschlichen Gehirns. Hirnstamm und Kleinhirn betrachtet er als die Handlungskomponente, die für den motorischen Output sorgt; unser objektives Modell der Welt um uns herum findet sich im zerebralen Kortex; die Bewertung schließlich findet im limbischen System statt. Limbisches Gehirn und Kortex erbringen dabei verschiedene Leistungen. Das limbische System *bewertet*, was man tut, und erzeugt die emotionale Aufladung, von der Freud sprach. Der Kortex hält Repräsentationen der Realität bereit. Das Gedächtnis dient dazu, sowohl das Modell wie das Bewertungsverfahren zu kontrollieren.

Abgesehen davon, daß ein eingebautes Modell von Emotionalität die Leistung der Netze verbessert, ist es auch überraschend, wie sehr der optimale technische Entwurf eines ausgefeilten Steuerungsverfahrens der menschlichen Biologie entspricht. Die Ingenieure behaupten, daß ein effizientes Bewertungsverfahren mit einer sehr hohen Wiederholungsfrequenz arbeiten müsse. Das limbische System arbeitet mit einer internen Frequenz von vierhundert Hertz; gesteuert aber wird es von einer wesentlich langsameren äußeren Uhr von fünf Hertz, dem Maß des Theta-Rhythmus. Mit anderen Worten, ein Hochgeschwindigkeitsrechner ist in eine langsame Uhr eingebettet.

Auch der Kortex arbeitet mit einer Hochgeschwindigkeits-Modulation, wird aber von einer langsamen Uhr von zehn Hertz gesteuert, der Frequenz des Alpha-Rhythmus. Dieses Verhältnis von zwei zu eins fordern auch die Ingenieure bei ihrem adaptiven Bewertungsverfahren. Informationen werden auf solche Weise empfangen, gespeichert und wieder ausgewertet, daß der Zyklus des Bewertungsverfahrens doppelt so lang ist wie der des Modells. Ein solches Verhältnis von zwei zu eins gibt es auch zwischen der Auswertung des limbischen Systems und der Revision des Modells im Kortex: Der Zustand der Welt wird an den Kortex übermittelt, und eine Fünftelsekunde später erfolgt die Auswertung; doch die Elemente *innerhalb* des limbischen Systems schwingen dabei ungestüm vierhundert Mal pro Sekunde, um all die Zwischenschritte auszuführen, die es braucht, um die Bewertung zu ermitteln. Gut möglich, daß solche Parallelen zwischen der tatsächlichen menschlichen Biologie und effizient konstruierten Netzen weiter die Hoffnung der KI-Anhänger nähren, daß wirklich intelligente Maschinen so gut wie vor der Tür stehen.

Auch die besten Geräte müssen von Zeit zu Zeit angepaßt oder, wie die Ingenieure das ausdrücken, justiert werden. Justiert man die Parameter eines Systems in eine bestimmte Richtung, wird es bestimmte Aufgaben besser, andere schlechter bewältigen. Es wird immer noch ein funktionierendes Netz darstellen, aber je nach den gewählten Parametern ein anderes Netz sein. Auch Menschen haben veränderliche Parameter, was weniger technisch ausgedrückt bedeuten soll, daß wir von Natur aus in unterschiedlicher Weise kognitive Dissonanzen tolerieren, so daß wir zum Beispiel entweder einem emotionalen oder einem kognitiven Ereignis mehr Aufmerksamkeit schenken. Der eine ekelt sich vielleicht vor Schmutz, Unordnung aber stört ihn nicht; dem andern sind vielleicht Krümel auf dem Fußboden egal, aber es stört ihn, wenn überall Papiere und Kleidungsstücke verstreut sind.

Noch viel interessantere menschliche Justierungen zeigen sich, wenn man den Zusammenhang zwischen Immunkrankheiten und Lernfähigkeit oder zwischen Immunkrankheiten, mathematischer Begabung und Linkshändigkeit bei Männern betrachtet. Die obersten fünf Prozent der verdienten amerikanischen Gelehrten sind zum Beispiel überwiegend männliche Linkshänder mit Immunkrankheiten.

KI-Anhänger würden behaupten, daß solche Zusammenhänge bloß ein technisches Problem seien, und erklären, daß wir »nur« noch nicht wissen, wie wir solche Abweichungen in formaler Sprache ausdrücken, und sie deswegen noch nicht »verstehen« können. Die Gemeinde der KI hat anscheinend noch nicht begriffen, daß die Geisteswissenschaft nicht mehr beweisen muß, warum Emotionen eine notwendige Voraussetzung für Intelligenz sind – es steht fest. Jetzt scheint es an ihr zu sein, zunächst einmal Emotionen nachzubauen, bevor sie eine intelligente Maschine in Angriff nehmen kann, die allgemeines Denkvermögen besitzt.

5.   Verschiedene Arten des Wissens

Im vorangegangenen Aufsatz haben wir gesehen, daß die KI-Versuche, den Geist vom physischen Gehirn zu entkörperlichen, an technische Grenzen stoßen. Das moralische Argument, warum dies unmöglich ist, folgt aus der Tatsache, daß wir sowohl einen Körper wie einen Geist haben, die beide zu verschiedenen Weisen des menschlichen Wissens in der Lage sind. Beide sind bestimmt von der Rolle, die die Emotion in jenem subjektiven mentalen Zustand spielt, den wir Bewußtsein nennen.

Mir ist klar, daß die Naturwissenschaft der Menschheit viel gebracht hat und daß sie zum großen Teil für den heutigen Zustand der Welt verantwortlich ist, im guten wie im schlechten Sinn. Freigebig verteilt die Wissenschaft ihre Gaben, aber sie macht auch abhängig und kann zerstören. Weil die Menschen übertriebene Erwartungen an Techniken haben, die sie nur oberflächlich verstehen, ist die Wissenschaft an die Stelle anderer Möglichkeiten getreten, wie sich Individuen mit ihren eigenen bescheidenen Mitteln ein Urteil bilden konnten. Bevor die moderne Wissenschaft das verführerische Vertrauen auf objektive Gewißheiten verbreitete, das heute unser Denken prägt, hat die Menschheit Ewigkeiten lang sich von anderen Arten des Wissens leiten lassen, von moralischen, ästhetischen und juridischen Werten, die die Beziehungen zu den Mitmenschen und zur Natur vorgaben.

Heute jedoch ist, wie der MIT-Professor und Computerwissenschaftler Joseph Weizenbaum überlegt, »die Naturwissenschaft zur einzig legitimen Form der Erkenntnis innerhalb der allgemeinen Gelehrsamkeit geworden«. Alternative Werte wurden beiseite geschoben. Da man der wissenschaftlichen Methode absolute Richtigkeit zuschreibt, hat sie »praktisch alle anderen Formen der Erkenntnis ihrer Legitimitätsbasis beraubt. Früher hat man die Geisteswissenschaft, vor allem die Literatur, als Quellen der geistigen Nahrung und Erkenntnis angesehen, während sie heute fast nur noch unter dem Aspekt ihres Unterhaltungswerts wahrgenommen werden.«[10] Heutzutage insistieren die Menschen darauf, daß Wissen »wissenschaftlich erwiesen« sein muß. Mit solch einer Einstellung ist man nicht in der Lage, unvereinbare Wertvorstellungen zuzulassen und miteinander zu versöhnen, und dieser Fehler liegt nur zu offensichtlich den Konflikten zugrunde, die heute die Bewohnerschaft dieses Planeten zerreißen.

Die bezeichnende Folge moderner Wissenschaft ist vielleicht unsere Verdrängung unmittelbarer Erfahrung, die mit dem Auftauchen der Uhr begann. Die Regelzyklen der Natur wurden durch eine abstrakte Kette von Momenten ersetzt, deren Verstreichen von einem Mechanismus aus Zahnrädern, Zeigern und Zahlen repräsentiert wurde. Seither ist alles, was existiert, mit zunehmender Bandbreite und Geschwindigkeit durch repräsentative Zahlen ersetzt worden. Was wir wissen können, wurde auf das reduziert, was gemessen und berechnet werden kann. Der Historiker Lewis Mumford glaubte, daß die Entkoppelung der Zeit von der Natur und den menschlichen Ereignissen mithalf, »den Glauben an eine unabhängige Welt mathematisch meßbarer Abfolgen zu schaffen: die besondere Welt der Wissenschaft.«[11]

Die Uhr scheint die einzige Ausnahme von der Regel zu sein, daß Maschinen immer nur Prothesen sind. Wir betrachten heute Werkzeuge als Verlängerungen unseres eigenen Körpers und unserer eigenen Sinne, seien es Zahnbürsten, Schreibmaschinen oder die Raumsonden, mit denen wir die äußeren Planeten erforschen. Jeder hat schon die Erfahrung gemacht, daß »die Sache«, die der Zahnarzt machte, in kurzer Zeit sich in »mein Zahn« verwandelte. In gleicher Weise empfinden wir auch Werkzeuge bald als einen Teil von uns selbst. Ist es da eine Überraschung, daß der Computer, der einige unserer intellektuellen Fähigkeiten oberflächlich nachahmt, die Betrachtung des Individuums als eine Maschine auf eine ganz neue Ebene der Möglichkeiten hebt? Als prothesenhafte Erweiterung des menschlichen Geists kündigt der Computer die Unsterblichkeit an. Wenn KI-begeisterte Egomanen künstliche Intelligenz als gottgleiche Schöpfung von Leben nach ihrem eigenen Bild betrachten, ist dann der wahre KI-Anhänger nicht der Frankenstein unserer Zeit?[12]

Als *homo sapiens*, der Weise, zu *homo faber*, dem Handwerker, wurde, begannen wir die Grenzen zu überschreiten, die die Natur unseren Körpern auferlegt hatte. Werkzeuge transformierten die natürliche Welt und unsere Wahrnehmung der Realität. Obwohl die Fähigkeiten des Einzelnen durch Werkzeuge erweitert wurden, lebten die frühen Menschen immer noch in Übereinstimmung mit der

Natur. Erst seit der naturwissenschaftlichen Revolution, und vor allem der industriellen, haben wir die Natur vollständig unterworfen und unsere Fähigkeit ausgebildet, alles Leben auf der Erde zu zerstören. Wenn man sagt, daß Computer »bloß ein Werkzeug« seien, meint man damit, sie seien nicht wichtig, weil Werkzeuge an sich nicht in fundamentaler Weise wichtig sind. Dies ist eine weitverbreitete, aber falsche Einschätzung, weil Werkzeuge als Prothesen unvermeidlicherweise sowohl unsere eigene Identität wie auch unsere Wahrnehmung der Natur transformieren – und damit auch unser psychisches Begreifen der Realität.

Die Allgegenwart der Computer-Metaphorik hat jedes Problem in ein technisches verwandelt, für das man die analytische Methode für angemessen hält. Die Zahlenfresserei hat uns zu Objekten reduziert. Die Entschlüsselung des genetischen Codes und die gegenwärtigen Anstrengungen des Human Genome Projects, unsere DNS-Sequenzen in internationalen Datenbanken methodisch zu katalogisieren, verfestigen die Wahrnehmung des Individuums als Objekt weiter. »Durchbrüche« bei der Bekämpfung erblicher Krankheiten schließen ein, daß Menschen je nach den gewünschten Anforderungen verändert oder gar geplant werden können. Am schlimmsten aber ist bei all diesen Errungenschaften, daß wir vorzeitig aufhören, Ideen zu entwickeln; stillschweigend wird vorausgesetzt, daß alles, was wir wissen müssen, wissenschaftlich gewußt werden kann. Die Katalogisierung der Gene ist eine beeindruckende Leistung, aber wir sind mehr als nur unsere DNS. *Allzu oft wird eine wissenschaftliche Abstraktion der Realität binnen kurzem für die ganze Realität gehalten.* Ausgerüstet mit nur einer Art Wissen, laufen wir auf Grund.

Am Beispiel der logischen Formalismen zeigt sich, wo die Grenzen objektiven Wissens liegen. In der KI wird argumentiert, daß man nichts richtig »versteht«, solange man es nicht in eine Reihe formallogischer Aussagen zerlegen kann; darunter versteht man einen Satz von Regeln, die in präziser und unzweideutiger Sprache festlegen, was von einem Schritt zum nächsten zu tun ist. Solche logischen Formalismen sind jedoch schrecklich unergiebige Wissensinstrumente. Jede Erfahrung besteht aus mehr als nur der Summe ihrer Teile. Ein Kochrezept ergibt noch keine Mahlzeit, und eine Straßenkarte macht noch keine Reise. Wir können etwas voll und ganz verstehen und dennoch unfähig sein, unser Verständnis zu formalisieren; besonders schwierig kann das beim »Wie« eines Verfahrens werden. Es gehört viel mehr dazu, zum Beispiel beim Pokerspiel zu gewinnen, als nur die Regeln zu kennen; und auch zum gekonnten Klavierspiel reicht es nicht aus, nur alle Töne richtig zu treffen.

Mit Ausnahme einer kleinen Menge formaler Probleme, wie sie meistens Physiker und Mathematiker beschäftigen, richtet sich die Gesamtheit menschlicher Intelligenz auf Situationen, die aus einzigartigen biologischen und emotionalen Bedürfnissen resultieren. Maschinen werden niemals die Tiefe unseres Wissens ausloten können, weil sie oft uns selbst nicht zur Gänze zugänglich ist. Deshalb sind wir so häufig mit uns selbst im unreinen, und deshalb führen unsere Versuche, eine Lösung zu »durchdenken«, oft zu unbefriedigenden Ergebnissen. Was wir wollen, was wir fühlen und was wir wissen sind völlig verschiedene Dinge. Die Voraussetzungen unseres Menschseins entziehen sich den machtvollen Versuchen der Wissenschaft, alles in eine Gleichung zu packen.

Menschen sprechen nicht in formalen, sondern in natürlichen Sprachen, wirklichen Sprachen wie Ungarisch oder Deutsch. Sicherlich mangelt es natürlichen Sprachen an der Präzision und Absolutheit der formalen Logik, trotzdem haben sie aber der Menschheit bislang gute Dienste geleistet, und Maschinen ist es noch nicht gelungen, sie nachzuahmen. Sprachwissenschaftler berichten, daß die Prinzipien des sprachlichen Verstehens nicht formalisiert werden können. Das Wissen um die wirkliche Welt erlangen wir mit all unseren Sinnen und mit unserem ganzen Körper, mit dem wir uns in dieser Welt bewegen. Unser Wissen von der Welt steht immer in einem Kontext – zum Beispiel, was wir mit Objekten tun, welche Verhältnisse von Objekten zueinander statthaft sind –, und es gibt noch eine Unmenge weiterer Faktoren, deren Zahl exponentielle Größenordnungen erreicht. Wie sollten Computer mit solch einem nichtsprachlichen Wissen umgehen können? Bei der Bildverarbeitung muß zum Beispiel die Maschine »verstehen«, was die abgetasteten Lichtenergien bedeuten. Wirkliches Verstehen geht aber über das Erkennen von Mustern oder sogar ganzer Objekte im Kontext hinaus, es ist ein holistisches Verstehen. Jede Kultur hat einen Satz ungeschriebener Regeln, die festlegen, was richtig ist und wie man was macht. Man lernt sie, indem man in dieser Kultur aufwächst. Sogar Menschen, die als Erwachsene jahrelang in einer fremden Kultur gelebt haben, sind oft nicht in der Lage, ihre Nuancen zwischenmenschlicher Beziehungen zu bewältigen.

Wir verfügen über eine ganze Reihe zusätzlicher Arten des Wissens, und sie sind schwer zu beschreiben. Es gibt ein Wissen, das keine Maschine je »verstehen« wird, weil man damit Zielvorstellungen verfolgt, mit denen eine Maschine nichts anfangen kann. Wieviel Logik und Programmierkunst auch aufgewendet würden, sie könnten niemals einfangen, was es heißt, einen Körper zu haben und in einer Kultur zu leben. Die Vorstellung, daß eine Maschine mein Denken übernimmt, ist für mich inakzeptabel, denn die Grundlage, auf der eine Maschine all ihre Entscheidungen trifft, ist notwendigerweise nicht menschlich.

6.   In Metaphern denken

Die Stimmigkeit von Metaphern und die Überzeugungen, die aus ihnen resultieren, entstammen nicht der Logik oder dem rationalen Denken. Sie wurzeln in konkreter Erfahrung, denn diese ist es, die den Metaphern ihre Bedeutung gibt.[13] Linguisten, Philosophen und Objektivisten lachen vielleicht über diese Behauptung, weil man unter einer Metapher traditionell ein abstraktes rhetorisches oder poetisches Ausdrucksmittel versteht. Ich werde aber darlegen, daß die Sprache wie die Handlungen unseres Alltags von metaphorischen Begriffen durchdrungen sind, die sich auf körperliche Wahrnehmung gründen.[14]

Ich glaube, daß Metaphern von empirischer und instinkthafter Qualität sind; sie stellen eine irrationale Übertragung von Konnotationen von einer Sache auf die andere dar. Das emotionale, irrationale Selbst ist jenseits unseres Wissens weise, und diese Weisheit erkennen wir daran, wie eine Metapher physisch unsere Beziehungen zur Welt einfängt. Metaphern sind ein Mittel, das Ähnliche im Ungleichen zu erkennen, und ganz entschieden kein Mittel der rationalen Analyse.

Unser Denken und Handeln wird von einem System mentaler Konzepte bestimmt. Normalerweise sind wir uns dieses Systems nicht bewußt; wir richten unser Denken und Handeln anhand bestimmter Linien aus. Unsere Begriffe strukturieren, was wir wahrnehmen und wie wir uns gegenüber anderen Menschen verhalten, und so bestimmen sie in zentraler Weise unsere Alltagsrealität. Wenn unser Begriffssystem sich auf Metaphorik gründet, dann muß auch unser Denken, Wahrnehmen und Tun von metaphorischer Qualität sein.

Die Ansicht, daß Metaphern bloß sprachlicher Ausdruck seien, perpetuiert die Meinung, daß die Welt an sich etwas leidenschaftslos Objektives sei und mit den Vorstellungen, die wir uns von ihr machen, nichts zu tun habe. Unsere Vorstellungen werden jedoch nicht durch fixierte Eigenschaften definiert, sondern dadurch, wie wir mit den Objekten der Welt interagieren. Anders gesagt, Verstehen erwächst aus der gesamten Bandbreite unserer Erfahrungen.

Ein Objektivist wird behaupten, er begreife eine Sache anhand ihrer inhärenten Eigenschaften, also einer körperlosen Idee, ähnlich dem aristotelischen Gemeinsinn. Anhand des subjektivsten Beispiels, an das ich denken kann, nämlich der Liebe, will ich zeigen, daß das falsch ist. Wörterbuchautoren definieren Liebe, indem sie auf Leidenschaft, sexuelle Anziehungskraft und ähnliches verweisen. Ein metaphorisches Verständnis sieht Liebe als Reise, Geisteskrankheit oder Kampf – Empfindungen, die man hat, wenn man die unmittelbare Erfahrung macht. Sehen wir uns einmal ein paar Beispiele an.[15]

Liebe ist eine Reise: »Schau, *soweit* ist es mit uns *gekommen*, daß wir jetzt *getrennte Wege gehen*. Es war ein *langer, steiniger Weg*, und diese Beziehung wird *nicht weitergehen*. Sie ist in eine *Sackgasse* geraten.«

Liebe ist eine Geisteskrankheit: »Ich bin *verrückt* nach dir und *irrsinnig* eifersüchtig. Du machst mich so *wild*, daß ich den *Verstand verliere*.«

Liebe ist ein Kampf: »Sie wird von Verehrern *belagert*, die sie rastlos *verfolgen*; doch sie *flüchtet* vor deren Avancen und *wehrt* die Verehrer *ab*. Die *Taktiken,* mit denen die Verehrer sie *erobern* wollen, sind unglaublich.«

Versucht man Liebe objektiv zu definieren, zeigt sich, daß der Begriff beinahe zur Gänze metaphorisch ist. Eine Metapher wird oft so erklärt, daß man die eine Sache in den Begriffen einer anderen erfährt, wie das zitierte metaphorische Verständnis von Liebe illustriert. Metaphorisches Verstehen ist die Fähigkeit, Ähnlichkeiten zwischen offensichtlich ungleichen Objekten wahrzunehmen. Aristoteles sagte, die Metapher sei das beste Mittel, etwas Frisches, Neues zu erfassen.[16]

Am leichtesten sind solche Metaphern zu verstehen, die sich auf einfache räumliche Ausrichtungen wie etwa *oben* und *unten* gründen. Während unserer physischen Aktivitäten wie Stehen, Schlafen, Klettern oder Autofahren verändern wir die räumliche Ausrichtung unseres Körpers ständig. Sie ist ein wesentlicher Bestandteil unserer Körperhaftigkeit, also spielt sie auch in unserem Begriffssystem eine zentrale Rolle. Das heißt, die Struktur unserer räumlichen Begriffe geht aus unserer unmittelbaren körperlichen Wahrnehmung hervor.

Bewußtes ist oben, Unbewußtes unten: »Wach *auf.* Ich bin schon *auf-gestanden*. Ich habe mich schon früh *erhoben*. Ich *kippte um* und *sank* in einen *tiefen* Schlaf. Der Patient mußte sich einer Anästhesie *unterziehen, fiel* ins Koma, und sein *Ableben* war unvermeidlich.«

Kontrolle ist oben, kontrolliert werden ist unten: »Er steht *an der Spitze* seiner Organisation. Er hat das *oberste* Kommando, und sein *hoher* Rang zeigt sich daran, daß so viele Leute *unter* ihm dienen. Mit seinem Einfluß ging es *bergab*, bis man ihn *stürzte* und er so *tief fiel*, wie man nur kann: ans *unterste* Ende der Gesellschaft.«

Gut ist oben, schlecht ist unten: »Dank der *hohen* Qualität unserer Arbeit war dies ein *Spitzenjahr,* und wir sind auf dem *Gipfel* unserer Leistungsfähigkeit. Alle Anzeichen wiesen *aufwärts*, als der Markt *einbrach* und die Kurse *in den Keller sanken*. Seitdem sind wir auf *Talfahrt*.«

Rational ist oben, emotional unten: »In meinem bedauernswerten Zustand *raffte* ich mich *auf* und hatte ein *hochgeistiges* Gespräch mit meinem Therapeuten, einem *höchst intelligenten* und *überlegten* Menschen. Mir *sank* das Herz in die Hose. Ich war *tief* verzweifelt und unfähig, meine Gefühle zu *überwinden*.«

Die physische Basis für diese Metaphern ist darin zu sehen, daß die meisten Säugetiere liegen, wenn sie schlafen, und aufrecht stehen, wenn sie wach sind. Wohlbefinden, Kontrolle und alles, was gut ist, wird als *oben* charakterisiert. Da wir unsere physische Umwelt, Tiere und manchmal auch andere Menschen unter Kontrolle haben, impliziert diese *Kontrolle von oben*, daß auch der *Mensch oben* ist und damit seine *Rationalität*.

Unvermeidlicherweise färbt die jeweilige Kultur auf die mentalen Begriffe ab. Im Zeitalter der Aufklärung betrachteten die Denker den Menschen aufgrund seiner höchstentwickelten Verstandeskraft als »erhabenes Wesen«. Die Vorstellung, daß der Vernunft der oberste Rang gebührt, war teils vielleicht darauf zurückzuführen, daß man versuchte, uns von unkultivierten Barbaren und dem peinlichen Erbe der »niederen« Tiere zu unterscheiden. So spiegeln Metaphern, die die *Rationalität oben* und die *Emotionalität unten* ansiedeln, sowohl physische wie kulturelle Tendenzen.

Räumliche Orientierungen wie oben/unten, vorne/hinten und in der Mitte/am Rand sind in unseren Begriffssystemen am häufigsten anzutreffen; aufgrund der vielfältigen Weisen aber, wie wir mit der

Welt interagieren, gibt es noch viel mehr. Verstand und Gefühl unterscheiden wir zum Beispiel im Sinne von innen/außen, und im allgemeinen charakterisieren wir Rationalität als oben, licht, aktiv, während die Emotionen unten, in der Tiefe verborgen und dunkel sind – passive, irrationale Leidenschaften, die wir kaum kontrollieren können. Intellektuelle Gehirnfunktionen bezeichnet man als die »höheren«, während Gefühle und Gewohnheitsverhalten »niedere« sind.

Von den Anthropologen wissen wir, daß die Hauptorientierungen oben/unten, innen/außen, in der Mitte/am Rand und aktiv/passiv in allen Kulturen zu finden sind. Welche Begrifflichkeit dabei aber am meisten geschätzt wird, ist verschieden. Einige Kulturen preisen die Ausgewogenheit, während wir uns eher anhand der Extreme *oben* und *unten* zu orientieren scheinen.

Wir sehen, daß die metaphorische Begriffsbildung einer Auslese von Leckerbissen aus unserer Wahrnehmung gleicht; wir behandeln dann diese Stücke wie verselbständigte Entitäten, die wir umarrangieren können. Durch unser Verhalten im Raum kommen wir auf räumliche Metaphern. Anhand anderer Wahrnehmungen entwickeln wir Metaphern, die wir »ontologisch« nennen können und mit denen wir Ereignisse, Aktionen, Emotionen und Ideen als in sich geschlossene Objekte behandeln. Die Ausbildung ontologischer Metaphern erfolgt in Abhängigkeit von der jeweiligen Kultur. Wir können »der Geist ist eine Entität« weiterentwickeln zu »der Geist ist eine Maschine« oder zu »der Geist ist ein zerbrechlich' Ding«, wie im folgenden zu sehen ist.

Der Geist ist eine Maschine: »Wir *spulen* unsere Gedanken *ab*. Verschiedene Gedanken *kreisen* in seinem Kopf. Man konnte sehen, wie bei ihm *die Klappe fiel*.«

Die zweite Ausarbeitung zeigt völlig andere Ergebnisse:

Der Geist ist ein zerbrechlich' Ding: »Sein Selbstbewußtsein war *angeknackst*. Er *zerbrach* unter dem Druck. Alle seine Hoffnungen waren *zerschlagen*.«

Metaphern heben einige Facetten eines Objekts hervor, andere verstecken sie. Die Maschinen-Metapher beschreibt den Geist, als hätte er eine Kraftquelle, als könne man von ihm eine bestimmte Effizienz erwarten, als hätte er eine maximale Produktionskapazität und als könne man ihn an- beziehungsweise abschalten; verborgen bleiben dabei die Unberechenbarkeit des Denkens, die Fähigkeit des Geistes, mit fragmentarischer Information umzugehen, und andere Merkmale, die aus seiner subjektiven Qualität resultieren.

Wenn wir von einer Metapher zu einer anderen umschalten, ändern wir die Art und Weise, wie wir etwas begreifen, und damit ändern wir unsere Realität. Worte können die Realität nicht verändern, aber indem wir unsere Vorstellungen wechseln, verändern wir unsere Wahrnehmungen und unser auf ihnen beruhendes Handeln. Ontologische Metaphern sind so allgegenwärtig, daß sie uns wie natürliche und selbstverständliche Beschreibungen mentaler Vorgänge erscheinen. Niemals machen wir uns klar, daß sie Metaphern sind. Man erwäge einmal, welche Wahrnehmungsweisen den folgenden Metaphern implizit sind.

Verstehen heißt sehen, Ideen sind Licht: »Ich *sehe ein*, was du sagst. Es war eine *brillante* Rede, und in der Diskussion wurde manches *geklärt*. Deine *Ansicht* ergibt ein völlig neues *Bild*. Ihr Vorschlag ist etwas *undurchschaubar*, Ihre Argumente sind *unscharf*, aber Ihre Absicht ist allzu *durchsichtig*.«

Emotion ist physischer Kontakt: »Das Urteil *warf ihn um*. Ich war von seiner Großzügigkeit *erschlagen*. Seine Spende *hinterließ starken Eindruck*. Ihre Freundlichkeit *prägte* die ganze Mannschaft. Sie war von *anrührender* Hingabe.«

Man sieht, wie die verschiedenen Metaphern ein und demselben Begriff einen unterschiedlichen Anstrich geben. Ob ein Begriff uns intuitiv anspricht, hängt davon ab, wie gut die für ihn verwendeten Metaphern sich unserer tatsächlichen Erfahrung einfügen. Die Widersprüche zwischen Metaphern, die auf *tatsächliche Differenzen zwischen ihren physischen Entsprechungen* zurückgehen, tragen sicherlich als ein Faktor zur Irrationalität des menschlichen Geistes bei.[17]

Beispielsweise sind »das *liegt in der Luft*« und »die Sache ist *auf den Punkt gebracht*« nicht im Widerspruch zu »ich *begreife* die Bedeutung«. Wenn man etwas be-greifen kann, kann man es untersuchen und verstehen, und Dinge lassen sich leichter greifen, wenn sie unten sind und nicht in der Luft schweben. Also sind *unbekannt ist oben* und *bekannt ist unten* kohärent mit *Verstehen ist Begreifen*.

255

Jedoch steht *unbekannt ist oben* im Widerspruch zu den räumlich ausgerichteten Metaphern *gut ist oben* oder *Bewußtes ist oben* (zum Beispiel: »Ich bin *auf* die Idee gekommen«).

Der Logik nach müßte *bewußt* mit *bekannt* gepaart sein und *unbewußt* mit *unbekannt*. Aber unsere Erfahrung sträubt sich dagegen. Wir halten Unbekanntes nicht für gut, und darüber hinaus ist die physische Erfahrung, die zu *unbekannt ist oben* führt, völlig verschieden von derjenigen, auf der die beiden inkongruenten Metaphern basieren. Dies zeigt, daß unsere Fähigkeit, mit uns selbst im unreinen zu sein oder gleichzeitig widersprüchlichen Überzeugungen anzuhängen, einmal mehr nicht auf dem Verstand, sondern auf der physischen Erfahrung basiert.

7. Das Gefühl hat seine eigene Logik

Platon sagte, wir seien Gefangene unserer Gefühle, und deswegen sollten wir uns fest an das »heilige und goldene Leitzeug der Vernunft« klammern, damit wir nicht verlorengehen. Euripides erklärte, Torheit sei das Resultat, wenn die Leidenschaften mit dem Verstand in Konflikt geraten.

Aristoteles hingegen argumentierte, die Gefühle folgten einer eigenen Logik und müßten aus sich selbst heraus verstanden werden. Er erklärte, sie seien nicht einfach freigesetzte tierische Triebe, sondern ein komplexer Anteil unseres Denkens.

Die zeitgenössische Philosophie und die interessierte Öffentlichkeit sind hinsichtlich der Einschätzung von Gefühlen in interessanter Weise gespalten. Die Philosophen stimmen überein, daß Emotionen komplexe Befindlichkeiten sind, die mit Bewertung, Bedeutung, Beurteilung, Verlangen und Verhalten zu tun haben. Das heißt, ihrem Wesen nach sind Emotionen zum Teil rational.[18] Die Öffentlichkeit tendiert eher zu Platons Dichotomie, daß Gefühl und Verstand in einen bedrohlichen Konflikt geraten können.

In ihrem Buch ›Die Torheit der Regierenden‹ hat die Historikerin Barbara Tuchman zum Beispiel argumentiert, daß von Troia bis Vietnam die politischen oder militärischen Führer Strategien verfolgt hätten, die im Gegensatz zu ihren eigenen Interessen standen, selbst als die negativen Auswirkungen offensichtlich geworden waren. Ihre Entscheidungen gründeten sie auf kurzsichtige Einschätzungen, die emotional eingefärbt waren und von der Geschichtsschreibung als Torheiten eingestuft wurden, grobe Fehleinschätzungen, deren Folgen schon zu ihrer Zeit von einer Minderheit vorausgesehen worden waren. Gefühle, nicht staatsmännische Vernunft, hätten die Geschicke der Staaten gesteuert, argumentiert Barbara Tuchman; und indem sie behauptet, daß »die Ablehnung der Vernunft das wichtigste Merkmal der Torheit« sei, illustriert sie einmal mehr, wie weit verbreitet der populäre Glaube an die Platonsche Dichotomie ist.

Nach Platon ist der Gegensatz zwischen Verstand und Gefühl sehr groß, nach Aristoteles schon wesentlich schwächer. Ayub

Ommaya hat diesen Gegensatz elegant zum Verschwinden gebracht, indem er die These vom Bewußtsein als einer Art Emotion aufstellte. Gefühl und Verstand bedingen sich wechselseitig, weil ihre Anatomie in gegenseitiger Abhängigkeit steht, doch ihre jeweiligen Aspekte können jeweils für sich begriffen werden. Logisches Denken vermittelt uns das Gefühl, daß »wir« die Dinge im Griff haben. Die Logik des Gefühls entzieht sich jedoch unserer Kontrolle. Deshalb wenden wir unsere Energien besser dafür auf, ihre Konsequenzen zu verstehen, statt sie dadurch verändern zu wollen, daß wir sie der Vernunft unterwerfen.

Vernunft und Bewußtsein habe ich mit der Spitze eines Eisbergs verglichen. Daß wir uns unserer Gedanken bewußt sind, scheint sich gleichzeitig mit jenen Bereichen des Gehirns entwickelt zu haben, die der symbolistischen Vorläufer der Sprache fähig sind. Sprache ist jedoch bei weitem nicht das einzige Mittel, sich auszudrücken. Das Gehirn kann Hände und Körper dazu bringen, daß sie Klavier spielen, malen, schauspielern, tanzen oder in anderer Weise kreativ agieren. Diese nicht-linguistischen motorischen Hervorbringungen drücken eine hochentwickelte Selbst-Bewußtheit aus, die viel mit jener ästhetischen Kapazität zu tun hat, die, wie ich dargelegt habe, auf der Emotionalität und nicht auf den Verstandeskräften beruht. Mir geht es einfach darum: Wenn uns »ein Licht aufgeht«, stellen wir zunächst ein Gefühl des Erkennens und der Kohärenz fest, dem dann erst die bewußte Erkenntnis folgt: »Das ist es.«

Daß die bewußte Wahrnehmung einer Einblicke gewährenden Erkenntnis dem Erkennen an sich nachgeordnet ist, zeigt sich aufs deutlichste beim neurologischen Krankheitsbild der Prosopagnosie, dem »Nichterkennen von Gesichtern«. Solche Patienten sind nicht mehr in der Lage, die Details eines bestimmten Gesichts aus der allgemeinen Klasse der Gesichter herauszufiltern und sie im Gedächtnis mit der Erinnerung an eine bestimmte Person zu verknüpfen. Dies ist sogar dann der Fall, wenn jene Person der Ehepartner oder die Ehepartnerin ist oder sonst jemand, den der Patient viele Jahre lang kannte. Man kann jedoch zeigen, daß eine andere Facette des Geistes jener Patienten durchaus die Person erkennt, zu der das Gesicht gehört. Anhand von Hautwiderstandsmessungen läßt sich die Reaktion des Sympathikussystems feststellen, das mit emotionalen Strukturen zusammenhängt, die für das

Gedächtnis, und damit für die Erinnerung an Gesichter, von entscheidender Bedeutung sind.

Wenn man Patienten mit Prosopagnosie ein Foto von jemandem zeigt, den sie vor ihrer Krankheit gut kannten, geschieht Widersprüchliches. Der kognitive Verstand behauptet, daß er diese Person nicht kennt, während eine deutliche, am Hautwiderstand auszumachende Reaktion verrät, daß auf einer unbewußten Ebene die Person in Wirklichkeit erkannt wurde. Mit anderen Worten: das Erkennen an sich kann von seiner bewußten Wahrnehmung abgekoppelt werden. Daß die Logik des Gefühls sich vom Verstand löst, läßt sich am deutlichsten erkennen, wenn es um Kreativität und Spiritualität geht. Wenn wir zum Beispiel einer vagen Idee nachgehen und bloß einem Gefühl folgen, das uns auf ein unartikuliertes Ziel zusteuert, sagen wir oft: »Mal sehen, was dabei herauskommt«, oder: »Ich werd' es wissen, wenn ich damit fertig bin.« Der subjektive Anteil unseres emotionalen Gehirns ist im Einklang mit einer tiefen Quelle der Weisheit, und er ist in Prozesse verstrickt, zu denen der kognitive Geist keinen Zugang hat. Erst wenn die Logik des Gefühls Ordnung geschaffen hat, wird ihre Kohärenz dem kognitiven Geist einsehbar, dem es dann freigestellt ist, eine »Erklärung« für diese Lösung zu finden. Die Schriftstellerin Flannery O'Connor hat es vortrefflich ausgedrückt, als sie schrieb: »Ich schreibe, weil ich nicht weiß, was ich denke, ehe ich gelesen habe, was ich sage.«

Einsicht habe ich dahingehend definiert, daß eine Beziehung zwischen unterschiedlichen Prämissen ausgelotet wird; die Fähigkeit dazu hängt von der emotionalen Organisation unseres Gehirns ab. Eine Lösung, um die wir ringen, muß nicht immer dadurch offensichtlich werden, daß wir Probleme mit dem Geist angehen. Daß dies wahr ist, zeigt sich am Beispiel der Koans, jener Geistesübungen, die Zen-Schülern aufgetragen werden. Bei der Arbeit an einem Koan muß der Schüler sich bemühen, das Rätsel zu lösen beziehungsweise ihm standzuhalten, ohne darüber nachzudenken. Je mehr man einen Koan mit dem Intellekt angeht, desto unmöglicher wird es, eine Lösung zu finden. Hier ein berühmtes Beispiel:

> Zwei Hände zusammen machen ein
> Geräusch. Wie ist
> der Klang des Einhand-Klatschens?

Wenn man glaubt, ein solches Geräusch könne es nicht geben, ist man auf der falschen Fährte. Für Außenstehende ist ein Zen-Koan absoluter Unsinn, für Zen-Schüler jedoch ein Weg der Erleuchtung.

Dinge wie Koans zwingen uns, unser analytisches Denken zu überwinden, und lassen uns es um so mehr schätzen, daß das Kognitive und das Emotionale nur zwei Aspekte ein und desselben Geistes sind. Eine einzige Entität mit vielen Facetten – wie ein Juwel stelle ich mir den Geist vor. Der Gedanke, daß wir mehr als nur einen Geist haben, war das erstemal von A.L. Wigan 1844 geäußert worden. In seinem Buch ›The Duality of Mind‹ beschreibt er die Autopsie eines Patienten, den er gut gekannt hatte: Eine Gehirnhälfte fehlte bei ihm völlig![19] Wigan erkannte, daß eine Hemisphäre allein ausreicht, um eine Person zu sein. Er meinte, daß das Gehirn nicht ein einziges Organ mit zwei Hälften sei, sondern ein eng miteinander verbundenes Organpaar, gerade wie die Nieren oder die Lungen paarige Organe sind. Wenn eine Hemisphäre ausreiche, um Geist zu haben, so schlußfolgerte Wigan, dann müßten die üblichen zwei Hälften unvermeidlicherweise einen zweifachen Geist zur Folge haben; und wie gut die beiden Partner auch immer aufeinander abgestimmt sein mochten, es mußte Zeiten geben, in denen es zu Diskrepanzen kam. Wigans Feststellung verwies auf eine physische Basis für jenen inneren Konflikt, der für uns Menschen so charakteristisch ist.

Wigans großartige Spekulation fand zu seiner Zeit kaum Beachtung. Als über hundert Jahre später Patienten operativ der Hirnbalken durchtrennt wurde, zeigte sich in dramatischer Weise, daß unsere beiden Gehirnhemisphären tatsächlich unterschiedlich organisiert sind, unterschiedlichen Gehalt haben und sogar unterschiedlichen Zielen dienen. Weitere neuropsychologische Forschungen haben ergeben, daß wir sogar multiple Denkweisen haben, nicht nur zwei, und daß die meisten von ihnen sich auf Ebenen abspielen, die uns nicht zugänglich sind. Im Unterschied zur Perzeption (von lateinisch *percipere* = wahrnehmen) spricht man bei diesen unbewußten Vorgängen von Subzeption oder unterschwelliger Wahrnehmung. Blindsehen, Prosopagnosie sowie die Fähigkeit, unter Anästhesie zu lernen, sind die bekanntesten Beispiele dafür.[20]

Daß wir einen multiplen Geist haben, erhellt vielleicht auch das Phänomen der Projektion, jener menschlichen Tendenz, unsere

Gefühle, Sehnsüchte und Ängste anderen zuzuweisen. In diesem Fall könnte die Empfindung der Gewißheit, das Gefühl der Präsenz oder ein anderer gesteigerter Bewußtseinszustand bloß ein selten beobachteter Aspekt unseres eigenen Selbst sein, den wir auf unsere Umgebung projizieren. Einerseits mag man es als enttäuschend empfinden, daß eine tiefschürfende Einsicht, eine hellseherische Vision oder eine göttliche Offenbarung alles in allem »bloß wir selbst« gewesen sind. Andererseits bedeutet Projektion in bezug auf Kreativität, daß die Muse in jedem von uns ruht und keine externe Agentin ist, die nur wenige Auserwählte besucht.

Wie die Hirnbalken-Operationen die Dichotomie zwischen linker und rechter Gehirnhälfte belegten, wird die Multiplex-Anatomie wahrscheinlich unwiderlegbar beweisen, daß wir einen multiplen Geist besitzen. Dann wird die neue Herausforderung darin bestehen, unseren multiplen Geist als Einheit zu betrachten und nicht als Ansammlung von Bruchstücken, die sich gegenseitig bekriegen. Viele Menschen betrachten beispielsweise Künstler und Wissenschaftler als völlig entgegengesetzte, fremdartige Wesen, als bräuchte nur der eine Vorstellungskraft und der andere nicht oder als würden Faktenwissen und Gefühl sich gegenseitig ausschließen. Diese Ansicht ist weit verbreitet, obwohl zahlreiche Gegenbeispiele vor allem aus der Renaissance zeigen, daß der Wissenschaftler, der Dichter, der Maler, der Gelehrte und der Philosoph sehr gut Seite an Seite ohne Probleme in demselben Kopf hausen können. Ich sehe es lieber so, daß die Wissenschaft sich damit beschäftigt, wie die Himmel, die Erde und wir selbst gebaut sind, während die Kunst das fertige Produkt zum Gegenstand hat.

In gewisser Weise stellen die multiplen Facetten des menschlichen Geistes das Äquivalent zum Dualitätsprinzip der Physik dar, welches besagt, daß das Licht zugleich eine Welle und ein Teilchen ist; jedes Experiment, das eine dieser Eigenschaften demonstrieren soll, macht es unmöglich, gleichzeitig die andere zu beobachten. Genau dasselbe erreichen unsere begrifflichen Metaphern, die in der Logik der Erfahrung wurzeln: Indem sie einen Aspekt eines Objekts betonen, verbergen sie die anderen. In Analogie zum Dualitätsprinzip ist unser Geist zugleich analytisch und intuitiv, holistisch und sequentiell, appositionell und propositional. Obwohl wir zwischen diesen mentalen Facetten hin und her jagen, können wir niemals mehr als eine dieser Ebenen zur gleichen Zeit besetzt halten, und es ist auch nur die sprachliche Facette, die dem Verstand und dem Bewußtsein im vollen Umfang zugänglich ist. Doch wenn wir uns von der Logik des Gefühls leiten lassen, sehen wir, daß all diese Facetten Ausdruck einer einzigen Person sind.

8.   Die Erfahrung der anderen

Ich schreibe gern. Seit ich ein Teenager war, habe ich mich dieser Tätigkeit gewidmet. Seit noch längerer Zeit jedoch höre ich zu, weil ich glaube, daß es nichts Interessanteres gibt, als an den Erfahrungen anderer teilzuhaben. Das Geschichtenerzählen nimmt in der menschlichen Kultur eine zentrale Stellung ein und belegt einmal mehr, wie wichtig die unmittelbare Erfahrung ist, und zwar nicht nur für den, der sie macht, sondern auch für die anderen, denen sie mitgeteilt wird. Geschichten sind alles, was von einigen der größten Zivilisationen blieb. Sogar das Kino, gerade hundert Jahre alt, ist eine visuelle Umsetzung einer viel älteren oralen Tradition.

Geschichtenerzählen ist lebensnotwendig, auch wenn wir es gern als bloße Unterhaltung trivialisieren. Wenn Menschen unter psychischem Streß stehen oder Antworten auf universelle Fragen suchen, kann eine Geschichte, die sie an den Erfahrungen anderer teilhaben läßt, die Rettung sein. Wir brauchen Geschichten als Beistand, als Rückversicherung, daß wir nicht mit unseren Problemen allein dastehen und daß schon andere zuvor unseren Weg gegangen sind. Geschichten transportieren wertvolle Erfahrungen und treiben uns zum Handeln an, sie beschwichtigen unsere Ängste oder erfüllen andere psychische Funktionen.

Wir sehnen uns danach, an den Erfahrungen anderer Menschen teilzuhaben. Um unseren psychischen Ängsten zu begegnen, brauchen wir Geschichten, keine logischen Pläne oder rationalen Erklärungen oder Waschzettel voller Fakten. Unter mancherlei Umständen können wir unsere psychischen Bedürfnisse nur dadurch befriedigen, daß wir von den Erfahrungen anderer hören, die bereits das gleiche durchgemacht haben. Daß Geschichten in jeder Kultur von so zentraler Bedeutung sind und in so erstaunlicher Weise psychische Funktionen erfüllen, zeigt, wie wichtig es für uns ist, *die subjektiven Erfahrungen anderer qualitativ nachzuvollziehen*. In ihrer ganzen langen Geschichte ist es für die Menschen von entscheidender Bedeutung gewesen, das Wesenhafte der Dinge zu ergründen.

Da ich ins Schreiben verliebt bin, interessiere ich mich natürlich auch für jene umsichtig gelenkten Höhenflüge der Phantasie, die wir der Dichtkunst verdanken. Gute Literatur nimmt den Geist des Lesers völlig gefangen und löst ihn aus der realen Umgebung, in der er sein Buch liest. Am meisten beeindruckt mich an Literatur, daß sie so sehr die menschliche Irrationalität betont und daß das Erstaunliche und das Irrationale literarisch überall und immer akzeptiert werden.

Gute Geschichten ergehen sich in menschlichen Extremen; ihre Figuren und Situationen sind immer schlechter als schlecht oder besser als gut. Literatur erzählt nicht, was geschehen ist, sondern was plausibel ist, selbst wenn es unmöglich erscheint. Tierfabeln und Science-fiction-Romane sind Beispiele hierfür. Man denke an Gregor Samsa, der sich in Kafkas Novelle ›Die Verwandlung‹ in einen Käfer verwandelt. Kein Leser legt das Buch nach dem ersten Absatz aus der Hand und sagt: »Das ist lächerlich.« Die Plausibilität der Darstellung verleiht der Geschichte Glaubwürdigkeit. Ganz offensichtlich interessiert sich niemand für Geschichten über durchschnittliche Leute oder gewöhnliche Ereignisse. Zu lügen ist jedoch nicht gestattet; schon Aristoteles hat betont, daß alle Dichtung wahr sein müsse, egal wie unwahrscheinlich die Geschichte ist. Diese Anforderung verpflichtet den Dichter auf eine hohe Moralität; wichtiger aber noch erscheint mir, daß gut gemachte Literatur zur Entdeckung universeller Wahrheiten führt, was der Leser als befriedigende emotionale Erkenntnis wahrnimmt. Vermutlich kann der Poet mehr Wahrheiten entdecken als der Historiker.

Befriedigende Kunst ist das Produkt tiefgründigen Wissens und Verständnisses seitens des Künstlers. Natürlich bedarf Kunst auch des Intellekts und der gekonnten Technik. Die Funktion des Künstlers aber ist es, die sichtbare Oberfläche der Welt zu durchdringen und das Mysterium dahinter zu erhellen. Jenes Mysterium ist die Summe universeller Wahrheiten, auf die die *conditio humana* sich gründet. Gelingt dem Künstler sein Werk, wird das, was er ausdrückte, im Einklang stehen mit dem inneren Erleben des Lesers, Betrachters oder Zuhörers, dem das widerfährt, was ich eine intuitive Erkenntnis genannt habe. Letztlich stellt die Kunst keine intellektuelle Errungenschaft dar, sondern eine emotionale, bei der der Intellekt nur dazu dient, eine menschliche Wahrheit zu artikulieren, nicht, sie zu erklären.

9. Die Tiefe unseres Erlebens

Unübersehbar dreht sich in der populären Kultur alles um die Liebe, um die Erfüllung von Sehnsüchten, um die Suche nach Glück. Ganz im Gegensatz dazu vernachlässigen intellektuelle und akademische Schriften die wichtige Frage, ob das Verlangen des Herzens gestillt wird, oder sie nehmen es erst gar nicht zur Kenntnis. Seriöse wissenschaftliche Literatur über die Liebe ist bezeichnenderweise nicht existent, während populäre Vergnügungen wie Filme, Videos, Groschenromane und Kalenderpoesie sich oft ausschließlich auf sie konzentrieren. Das wechselvolle Auf und Ab einer Liebesgeschichte stellt vielleicht das Grundmuster dar, das in den Millionen von jährlichen psychotherapeutischen Sitzungen zum Ausdruck kommt. Diese Beispiele zeigen, wie unterschiedlich wir mit unseren Gefühlen und mit unserem Denken umgehen.

Mental spalten wir unsere Existenz in einen objektiven und einen subjektiven Anteil, wobei der eine sich mit den Erfordernissen der äußeren Welt befaßt, der andere sich um innere Belange kümmert, die für einen selbst wichtig sind. Wir versuchen unsere Welt dadurch zu begreifen, daß wir Dichotomien schaffen und in Kategorien denken. Unglücklicherweise sind die Realität und die Worte, mit denen wir sie beschreiben, nicht dasselbe; oft bemerken wir nicht, welch lastende Bürde diese intellektuellen Kategorien darstellen und wie sie uns an bedeutsamen Erfahrungen hindern.

Da wir bei unseren Entscheidungen eher von unseren Gefühlen als von unserer Logik gelenkt werden, ist es kein Zufall, daß die populäre Kultur, und nicht die Wissenschaft, unseren Sehnsüchten den Puls fühlt. Die Populärkultur floriert, denn sie feiert die subjektiven Bedürfnisse der menschlichen Psyche; sie spricht uns direkt an und bringt tief in unserm Inneren etwas zum Schwingen. Wir erfassen es ohne jede weitere Erklärung. Ein Film, ein Mythos, ein Roman oder ein Gemälde, die erklärt werden müssen, taugen nicht als Symbol.

Emotionale Affirmationen bringen gerade deshalb eine Saite in uns zum Schwingen, weil sie direkt zum Herzen und nicht zum Gehirn sprechen. Aus diesem Grund sind vielleicht auch Filmemacher, Künstler, Schriftsteller und sogar parapsychologische Medien in unserer Kultur so populär. Sie sind die Kulturheroen der individuellen emotionalen Bedürfnisse. Sie gewähren, ja, feiern sogar jenen Bereich des Subjektiven, der von der Gesellschaft als schwach, zu feminin oder unrealistisch abgelehnt wird. Sie bekräftigen, daß die Erfüllung unserer Sehnsüchte und das Verlangen nach innerem Ausdruck nicht nur von großer Bedeutung, sondern geradezu lebensnotwendig sind.

Ein weitverbreitetes Mißtrauen gegenüber unseren irrationalen Intuitionen und Gefühlen kommt in Redewendungen wie etwa »Entschuldigung, das habe ich nicht bedacht« zum Ausdruck. Niemals habe ich jemanden sagen hören: »Entschuldigung, das habe ich nicht gefühlt.« Wir neigen dazu, uns mit Rationalem, Äußerlichem und Objektivem zu identifizieren. Besonders deutlich wird das in der Seelenheilkunde, deren wichtigste Tätigkeit Psycho*analyse* genannt wird. Wie seltsam ist es, daß wir uns so stark mit dem rationalen Geist identifizieren, wo wir doch so tiefgreifend durch unsere emotionale Psyche im Leben stehen. Als Reaktion auf diese merkwürdige Gespaltenheit schlage ich vor, daß es erfolgversprechender scheint, die Psyche zu *evozieren,* statt sie zu *analysieren.*

Das könnte uns von der Oberfläche der äußerlichen Belange und Erklärungen wegführen, so daß wir die Tiefe unseres Erlebens begreifen würden. Es scheint offensichtlich, daß man sich selbst besser verstehen sollte, als man je einen anderen Menschen verstehen könnte. Aber wenn man tatsächlich versucht, das eigene Tun, Fühlen und Denken auszuloten, führt dieses Unterfangen über einen selbst hinaus. Das nennt man Transzendenz.

Unaussprechbar, noetisch, transzendent: diese Worte verweisen auf etwas hinter der Oberfläche – hinter dem, was Immanuel Kant »alles, was im Raume oder der Zeit angeschaut wird« nannte. William James sagte über das *Unaussprechbare,* »daß über seinen Inhalt in Worten kein angemessener Bericht gegeben werden kann. Daraus folgt, daß seine Qualität direkt erfahren werden muß; [es] kann anderen nicht mitgeteilt oder auf sie übertragen werden.« Mit *Noesis* bezeichnet man eine geistige Wahrnehmung, die sich einem direkt mitteilt, eine Art Erleuchtung, die von innerer Gewißheit begleitet ist. *Transzendenz* bedeutet wörtlich »Überschreiten« und bezieht sich auf das, was jenseits der Grenzen der Erfahrung, des Bewußtseins oder des Diesseits liegt. All diese Begriffe betonen die Existenz eines inneren Wissens und einer Dimension, die wir nicht in Worte fassen können. Alle drei Sichtweisen lassen erkennen, daß ihnen ein Hunger nach Verstehen zugrunde liegt.

Objektiv sucht man nach einem Verständnis der äußeren Welt mit ihren Dingen und Beziehungen; subjektiv sucht man nach einem inneren Wissen, das das Leben lebenswert macht. Reine Objektivisten glauben an eine Welt voll von Objekten, denen Eigenschaften innewohnen, über die man Aussagen machen kann, die entweder absolut wahr oder absolut falsch sind. Der reine Objektivist fühlt sich in seiner Überzeugung sicher, daß die Wissenschaft ihm Methoden bietet, mit denen man subjektive Klippen wie Irrtümer und Vorurteile vermeiden kann, die den menschlichen Geist im objektiven Sinn unzuverlässig machen. Der reine Subjektivist wird andererseits alles Unpersönliche und Abstrakte zurückweisen und sich vielleicht der Romantik zuwenden, die ursprünglich als Gegenbewegung zum Aufstieg des technisch-wissenschaftlichen Denkens entstand. Von der Hinwendung zur Natur und zur Kunst erhofften sich die Romantiker, sie könnten so ihre Humanität wiedererlangen, die ihnen im beginnenden Industriezeitalter verlorengegangen war.[21]

Sowohl der wissenschaftliche Objektivist als auch der romantische Subjektivist betrachten das Individuum als autonom, und beide versuchen die existentielle Entfremdung und Trennung des Individuums von der Natur zu überwinden. Der Wissenschaftler will sich der Natur wieder anschließen, indem er sie erobert; der Romantiker tauscht sich mit ihr aus oder verschmilzt mit ihr. Ein dritter, auf Erfahrung gegründeter Ansatz betont die Interaktion: Wir können nicht in dieser Welt leben, ohne sie zu verändern oder ohne von ihr verändert zu werden. Die Bedeutungen einer Metapher bauen sich zum Beispiel aus physischen Erfahrungen auf, die begrifflich-systematisch strukturieren, wie wir denken und wie wir handeln. Diese Handlungen verändern wiederum die Welt.

Von Menschen, die Künstler und Wissenschaftler zugleich sind, glaubt man oft, daß sie ihr Leben in abgegrenzte Bereiche unterteilt haben; in dem einen agieren sie wissenschaftlich, in dem anderen können sie kreativ sein. Mit anderen Worten, der objektive und der subjektive Ansatz definieren sich selbst in entgegengesetzten Begriffen und scheinen getrennten Bereichen anzugehören. Wie kann der dritte, auf Erfahrung gegründete Ansatz diese Dichotomie überwinden?

Weil Metaphern Verstand und Phantasie miteinander verbinden, sind die Begriffssysteme, auf die sich die Realitätswahrnehmung stützt, zum Teil in der Phantasie verankert. Umgekehrt sind kreative Ideen ihrem Wesen nach zum Teil rational. Die objektive Weltsicht bemerkt nicht, daß das System unserer Begriffe metaphorisch ist, weil es ein phantasievolles Verstehen einer Sache in den Begriffen einer anderen erfordert. Die subjektive Weltsicht bemerkt nicht, daß auch noch unsere phantasievollsten Höhenflüge sich im Rahmen objektiver Erfahrung ereignen, die wir aus unserem Leben in einer physischen Welt und in einer Kultur erlangen. Die Ausbildung von Metaphern, zum Beispiel, ist eine phantasievolle Form rationalen Denkens. Doch der Romantizismus leugnet, daß menschlichem Denken durch irgendeinen Kontext Grenzen gesetzt werden.

Die Erfahrung des Lebens kann nicht hübsch ordentlich in eine rein objektive und eine rein subjektive Schublade gepackt werden. Glücklicherweise verlangt die sich auf Erfahrung gründende Mittelposition nicht nach solcher Absolutheit. Sie bringt eine Wahrheit hervor, die mit unserem Begriffssystem in Beziehung steht, das in Erfahrung wurzelt und ständig von ihr aufgefrischt wird. Weder die objektive noch die subjektive Weltsicht allein kann vollständig ergründen, wie wir die Welt dadurch verstehen, daß wir in ihr leben. Erfahrung ist noetisch.

Wir ringen um ein Gefühl der Einheit, weil das moderne Leben nicht die Bedürfnisse der menschlichen Spiritualität erfüllt. Die romantische Tradition hat sich in den Bereichen der Kunst und der Religion ihre Nische geschaffen, indem sie sich die Subjektivität zu eigen machte. Was aber die realen Machtverhältnisse angeht, so wird das moderne Leben von Technologie, Politik und Ökonomie bestimmt, jenen Oberflächlichkeiten, um die sich der rationale Geist kümmert. Gerade weil diese oberflächlichen Umtriebe so machtvoll sind, haben wir uns angewöhnt, die Tiefe unseres Erlebens zu ignorieren.

Es gehört zu den kuriosen Tatsachen des modernen Lebens, daß es sich an der Oberfläche abspielt und wir die Realität und die Kraft unserer inneren Erfahrungen verleugnen. Wir sind mit »du sollst« und »du mußt« aufgewachsen, mit den gebieterischen Stimmen, die uns sagten, was wir nicht tun können oder dürfen. Und mit einer inneren Stimme schelten wir uns selbst: »Hätte ich doch nur...«, oder: »Hätte ich doch nicht...«. Bereitwillig verleugnen wir unsere tiefsten Sehnsüchte, um so zu leben, wie es uns die Gesellschaft vorschreibt.

So enden wir oft damit, daß wir das Leben unserer Eltern leben oder nach jenen Dingen streben, die andere für so wichtig halten, etwa Geld, gesellschaftliche Stellung und sogenannte Macht. Erfolg, zum Beispiel, ist so eine Kategorie, die wir unserer Erfahrung auferlegen. Das Abstraktum Erfolg behandeln wir wie eine reale Sache und sagen, wir hätten Erfolg, wenn wir die äußeren Bedingungen erlangt haben, die ihn definieren. Doch zwischen dem externen, kategorialen Erfolg und dem, der unsere inneren Bedürfnisse befriedigt, besteht ein enormer Unterschied. Wenn wir dem Diktat unserer inneren Bedürfnisse folgen, wird sich immer ein höheres Maß an Befriedigung einstellen. Den Diktaten der Gesellschaft zu folgen, auch wenn sie zu einer Art verordnetem Glück führen (dem, das die Gesellschaft für gut hält), heißt ein unauthentisches Leben zu führen. In erstaunlichster Weise sind wir darauf trainiert, unsere Gefühle beiseite oder ihre Befriedigung auf die lange Bank zu schieben, und genauso unsere Träume, unsere Sehnsüchte und all unsere anderen subjektiven Bedürfnisse.

Der erste Schritt zum Durchbruch ins Transzendente besteht darin, die Vorstellung aufzugeben, man müsse sich zwischen der objektiven und der subjektiven Weltsicht entscheiden. Viele Aspekte menschlicher Erfahrung können nicht von objektiven Fakten vermittelt werden, und es gibt aus der Subjektivität auch keinerlei Entkommen. Neben der separaten, objektiven Weltsicht, die sich auf Äußerlichkeiten stützt, und der subjektiven, die sich auf das innere Erleben gründet, gibt es eine dritte Wahl, die in der Erfahrung wurzelt, durch welche wir ein noetisches Verständnis erlangen. Das macht die Tiefe unseres Erlebens aus.

10. Vernunft ist der Papierkram des Geistes

Von den vielen Facetten unseres multiplen Geistes möchte ich zwei herausgreifen, die kognitive und die emotionale. Der kognitive Geist ist derjenige, der laut zu anderen spricht und leise zu uns selbst in Form innerer Dialoge. Der kognitive Geist braucht immer rationale Gründe; der emotionale fühlt sich zur Erfahrung hingezogen.

Der kognitive Geist ist immer zukunftsorientiert und sorgt sich um Begehren, Besitz und Kontrolle. Wenn wir bekommen, was wir wollen, fühlt sich der kognitive Geist vorübergehend erleichtert – nicht weil er das Objekt hat, was er begehrte, sondern weil das Begehren selbst eine Zeitlang gestillt ist. Das Begehren, und nicht das Objekt, scheint das Anziehende zu sein.

Der kognitive Geist interessiert sich für Analysen und Erklärungen, weil er kontrollieren zu können glaubt, was er versteht. Wenn er seine Gründe hat, meint er, er könne den Umständen seinen Willen aufzwingen, damit sie sich so verändern, daß sie seinen Bedürfnissen entsprechen. Niemals fällt es dem kognitiven Geist ein, seine Bedürfnisse zu verändern, damit sie den Umständen entsprechen – dies aber würde der emotionale Geist tun.

Oftmals weigern wir uns, eine Situation zu akzeptieren, die unserem Begehren zuwiderläuft, weil unser kognitiver Geist sich so sehr mit unserem Begehren identifiziert, daß sie anders sein möge. Immer muß er irgend etwas tun, und niemals kann er akzeptieren, daß etwas bereits getan und einfach da ist. Am schwierigsten ist für den kognitiven Geist zu begreifen, daß es Situationen gibt, in denen es für uns einfach nichts zu tun gibt. Der emotionale Geist läßt andererseits Objekte und Situationen sich so präsentieren, wie sie sind. Schließlich lernen wir, sie zu akzeptieren. Wenn wir uns in widriger Lage befinden, hilft die Selbstanalyse kaum weiter, denn alles, was dabei herauskommt, sind die Schlußfolgerungen des Geistes, die wiederum Gründe dafür sind, den kognitiven Geist unter Druck zu setzen, damit er seinen Willen immer weiter durchsetzt und zu verändern versucht, was nicht zu ändern ist.

Während der kognitive Geist immer damit befaßt ist, etwas zu unternehmen und in die Zukunft zu blicken, liegt das Wesen des emotionalen Geistes darin, sich der Gegenwart zuzuwenden und ruhig, rezeptiv abzuwarten. Wenn wir mit dem Herzen dabei sind, können wir sogar die allerstärksten Gefühle empfinden, ohne den Geist in verwirrende Dramen zu stürzen. Das heißt, wir können unsere Gefühle empfinden, ohne uns in ihnen zu verlieren, ohne uns auf Schlußfolgerungen zu stürzen und ohne uns kraft der vielen möglichen Gründe, die der kognitive Geist aus dem Hut zaubern kann, selbst negativ zu bewerten.

Zugegeben, es ist nicht leicht, in der Gegenwart zu leben, obwohl sie der Ort ist, an dem wir uns ständig aufhalten. Ist es angesichts der Tatsache, daß wir keine andere Wahl haben, nicht faszinierend, wieviel Energie wir dafür verschwenden, zurückzuschauen und die Vergangenheit nachzuleben oder uns eine rosigere Zukunft herbeizusehnen? Die technologische Raserei unserer Gesellschaft versucht, auch uns vor sich her zu jagen; doch wenn wir genug üben, können wir uns selbst in der Gegenwart fester verankern und lernen, die Dinge so zu akzeptieren, wie sie sind. Mit Druck, Zwang und Insistieren erreicht der kognitive Geist für gewöhnlich das Gegenteil dessen, was wir wollen; indem wir akzeptieren, uns öffnen und Geduld haben, sprechen wir eine Einladung aus, daß zu uns kommen möge, was wir wünschen. Der emotionale Geist kann uns lehren, auf Situationen in anderer Weise als der gewohnten zu reagieren. Der zukunftsorientierte Geist glaubt immer, daß die Dinge eines Tages besser werden – wenn wir älter sind, erfahrener, klüger, besser aussehen, finanziell besser gepolstert sind oder zehn Pfund abgenommen haben. Wenn wir die Umstände und uns selbst nicht so akzeptieren können, wie sie sind, verwirren wir uns selbst mit Vorwürfen und Schuldgefühlen. In solch einer negativen Atmosphäre ist inneres Wachstum unmöglich. Der emotionale Geist sagt: »Ich gefalle mir so, wie ich bin.« Dann empfinden wir Freude an dem, was wir gerade tun. Wir akzeptieren die Dinge, wie sie gerade sind. Wenn wir flexibel sind und uns neuen Erfahrungen öffnen, treten wir in ein umfassenderes Leben ein.

Der Unterschied zwischen dem kognitiven und dem emotionalen Geist ist für die Transformation von entscheidender Bedeutung. Wir sind immer im Werden begriffen. Widerstand und Willenskraft aber werden unsere Weiterentwicklung behindern. Wir weigern uns, etwas zu vertrauen, das wir nicht mit unseren eigenen Augen sehen können, also widersetzen wir uns entweder der Veränderung, oder wir versuchen, sie gerade jetzt zu erzwingen. Wir zerreißen den Kokon, um den Schmetterling zu sehen, pulen die Rosenknospe auf, um den Duft der Blüte zu riechen, und ruinieren dabei beide, so daß nichts mehr zu genießen bleibt. Wenn wir vom kognitiven Geist zum Herzen wechseln, zeigt sich, daß solche Anstrengungen irregeleitet sind. Also müssen wir uns darin üben, etwas loslassen zu können, was bedeutet, einfach nichts zu tun. »Tue nichts, und alles wird getan werden.« Die Weisheit dieses Sprichworts liegt darin, daß entgegen allem Anschein die Dinge sich konstant verändern. Wir müssen dem vertrauen, was wir nicht sehen.

Wenn Situationen unserem Verlangen zuwiderlaufen, empfinden wir das möglicherweise so, daß wir den Verstand verlieren, wenn wir nichts dagegen tun – und genau das ist es, was passieren sollte. Unser Körper funktioniert, ohne daß wir irgend etwas tun müssen. Unser Körper weiß, wie er die Nahrung zu verdauen hat, die wir essen, und wie er den Sauerstoff aus der Luft zieht, die wir atmen. Unsere Organe halten die chemischen Gezeiten in unserem Inneren im Gleichgewicht. All das und noch viel mehr wird orchestriert, ohne daß wir über irgendeine Art Steuerung nachdenken müssen. So effektiv kann es sein, wenn man einfach losläßt und Vertrauen hat.

Pascal sagte in seinen ›Pensées‹: »Das Herz hat Gründe, die der Verstand nicht kennt.« Vernunft ist bloß der endlose Papierkram des kognitiven Geistes, der immer weiter hinter seinen Erklärungen herjagt, damit er seine Schlußfolgerungen zur Geltung bringen kann.[22] Wenn wir das Reich des emotionalen Geistes betreten wollen, müssen wir unseren Glauben an den Verstand fahren lassen, wozu auch Überzeugungen gehören wie die, daß wir nicht kreativ sind oder niemand uns liebt, daß wir es niemals zu etwas bringen werden, daß wir nicht uns so geben können, wie wir wirklich sind, oder daß es nur das gibt, was wir als Oberfläche wahrnehmen. Weil wir niemals wissen können, was der nächste Moment bringen wird, könnte sich jederzeit eine Transformation ereignen. Das ist ein sehr ermutigender Gedanke.

Dazu müssen wir nur eines tun: entscheiden, ob wir verschlossen bleiben oder uns öffnen wollen, ob wir unsere Erfahrungen akzeptieren oder zu Tode rationalisieren wollen. Genau das meinte Joseph Campbell, als er sagte, daß wir nicht nach der Bedeutung des Lebens suchen, sondern nach »dem Erlebnis, lebendig zu sein«.

11. Wissenschaft und Spiritualität

Die Worte »wie wir« scheinen alle Diskussionen über andere Gehirne, andere Arten und künstliche Intelligenz zu dominieren. Eingebettet in diese Worte ist die Überzeugung, daß »so wie wir« so gut ist, wie nur irgend etwas sein kann. Wie jedoch unsere Erörterung des anthropischen Prinzips zeigte, haben viele Menschen heute eine Ich-Du-Haltung eingenommen, die andere Kreaturen als verschieden akzeptiert, ohne sie gleich als unterlegen zu bewerten.

Diese Haltung – oder eine gegensätzliche Haltung – ist ein Gradmesser unserer spirituellen Sensibilität. Wenn Wissenschaftler sich selbst als spirituell begreifen, an eine Gottheit glauben oder an eine Macht, größer als sie selbst, dann kommt die Einstellung, etwas sei nicht »wie wir«, eigentlich nicht auf. Menschen, die sich als nicht religiös bezeichnen, führen sich oft in dem Sinn als ihre eigenen Götter auf, daß sie glauben, sie seien im Besitz aller Macht, mit den Mitteln der Technologie welche Welten auch immer erschaffen zu können. Sie glauben, daß sie die Natur voll und ganz dem Menschen untertan machen können. Die Unterscheidung zwischen der spirituellen Persönlichkeit und der nicht-spirituellen, die sich gern »objektiv« nennt, läßt sich darauf reduzieren, welche Art Werte jede anzuerkennen bereit ist.

Klassischerweise ist man selbst das Maß aller Dinge. Das heißt, man beurteilt andere anhand dessen, was man von sich selbst weiß. Sowohl spirituelle wie objektive Menschen halten an Maßstäben fest, die sich ganz allein auf Glauben gründen. Das Vertrauen eines spirituellen Menschen auf eine höhere Macht kann nur mittels des Glaubens akzeptiert werden. Die Überzeugung des Atheisten, daß jenseits der gewöhnlichen Erfahrung nichts anderes existiert, ist nicht beweisbar und folglich auch eine Sache des Glaubens. Das ist der Haken an dieser Haltung: Deswegen kann kein glühender Atheist oder strikter Objektivist von sich behaupten, völlig rational zu sein.

Konsequenterweise müssen der glühende Atheist und der strikte Objektivist, die beide daran glauben, daß alle geistigen Zustände auf physikalische Zustände des Gehirns zurückzuführen sind, so enden wie Roger Sperry oder Jacques Monod, beides Nobelpreisträger und atheistische Wissenschaftler, die ein Wertesystem schaffen wollen, das sich auf Wissenschaft gründet. Ein solches Wertesystem zu kreieren, ist nicht schwierig, ich aber hätte Angst davor.

Alasdair MacIntyre, Moralphilosoph und Autor von ›Whose Truth, Whose Virtue‹, warnte davor, daß diejenigen mit den »objektiven« Standpunkten immer glauben, ihre eigenen Argumente seien die rationalsten, logischsten und überzeugendsten. »Meine Zivilisation, meine Kultur, meine Methode, meine Werte sind besser als deine«, behaupten sie.

Der Behaviorist B.F. Skinner bietet ein Beispiel für den extremen Glauben an die eigene Objektivität: »In jedem Lebensbereich«, sagt er, »von der Weltpolitik bis zur Babypflege, werden wir uns weiterhin ungeschickt verhalten, bis eine wissenschaftliche Analyse die Vorteile einer effizienteren Technologie klärt. Behavioristisch betrachtet, kann der Mensch heute Herr seines eigenen Schicksals sein, weil er weiß, was getan werden muß und wie es zu tun ist.«[23] In Wirklichkeit soll das heißen, B.F. Skinner »weiß, was getan werden muß und wie es zu tun ist«. Wie alle, die an Objektivität glauben, ist er sich sicher, daß er weiß, was für uns alle am besten ist.

Alle Wertschätzung der Objektivität hat einen Haken: Man kann alles objektiv betrachten, aber immer nur vom eigenen subjektiven Standpunkt aus. Man kann sich zum Beispiel nicht subjektiv in eine andere Art als die eigene hineinversetzen. Das heißt, man kann nicht wissen, wie es ist, eine Fledermaus, ein Wal oder irgend etwas anderes als man selbst zu sein.[24] Jede subjektive Erfahrung hängt von einem bestimmten Standpunkt ab. Der Fehler nicht-spiritueller Menschen, die Verstand und Objektivität über alles stellen (als ihre Götter, könnte man sagen), liegt darin, daß sie einen objektiven Standpunkt im Nirgendwo suchen, einen Standpunkt, der mit allem anderen nichts zu tun haben soll. Vielleicht können wir uns einen Standpunkt draußen im Weltall vorstellen, doch je mehr wir darüber nachdenken, desto deutlicher erkennen wir, daß es unmöglich ist, einen Standpunkt im Nirgendwo zu finden, ohne daß man von einem Standpunkt irgendwo ausgeht. Dieses Irgendwo ist man selbst. Man kann sich kaum vorstellen, was der *objektive* Charakter einer Wahrnehmung sein soll. Der Philosoph Thomas Nagel sagt: »Was bliebe schließlich davon, wie es ist, eine Fledermaus zu sein, übrig, wenn man den Standpunkt der Fledermaus wegschaffte?«

Ich hoffe, als entscheidendes Prinzip ist klargeworden: Ohne daß ihr subjektive Erfahrung vorausgeht, auf die man aufbauen kann, ist Objektivität unmöglich. Wenn der subjektive Charakter einer Erfahrung nur von einem bestimmten Standpunkt aus wahrzunehmen ist, dann wird jede Veränderung in Richtung Objektivität (das heißt eine Lösung vom eigenen spezifischen Standpunkt) einen *nur weiter weg* von der Qualität jener Erfahrung bringen.

Wir leben in einer unsicheren Welt, und das Ringen um Sicherheit ist eine Triebfeder sowohl der Wissenschaft wie der Religion. Religion und Mythologie suchten den unvorhersagbaren Mächten der Natur Sinn zu entlocken, während aller Technologie das Streben nach Kontrolle innewohnt. Hier scheinen zwei inkompatible Systeme zu kollidieren, wobei die meisten Leute schon vor langer Zeit auf den Glauben an die Wissenschaft zu bauen begonnen und ihr inneres Wissen inzwischen begraben haben. Es ist ein Fehler, zu glauben, daß man sich entweder für das eine oder für das andere entscheiden muß. Wir müssen mit beiden leben und wir brauchen beide zum Leben. Wir können unsere zur Objektivierung drängenden Impulse nicht einfach ablegen, aber wir müssen lernen, gemäß den inneren Perspektiven zu leben, die wir weder verleugnen noch objektivieren können.

Es ist eine Binsenwahrheit, daß die Wissenschaft uns erklärt, wie das physikalische Universum »wirklich funktioniert«; doch die Verleugnung unmittelbarer Erfahrung liefert ein verzerrtes Abbild desselben. Die Wissenschaft vereinfacht die Realität, indem sie alles unter den Tisch fallen läßt, was nicht in den begrifflichen Rahmen paßt, mit dem sie im Moment arbeitet. Aldous Huxley hat das 1946 hervorragend formuliert:

»Das wissenschaftliche Bild der Welt ist aus dem einfachen Grund angemessen, daß die Wissenschaft sich nur mit bestimmten Aspekten der Erfahrung in bestimmten Kontexten beschäftigt. Die philosophischer orientierten Männer der Wissenschaft verstehen all das ganz klar. Die meisten anderen neigen jedoch dazu, das den wissenschaftlichen Theorien implizite Weltbild als vollständige und erschöpfende Zusammenfassung der Realität anzusehen.«[25]

Das ist der Fehler der objektiven Experten, die »wissen, was getan werden muß und wie es zu tun ist«. Das Faktenwissen um menschliches Verhalten und das Leben ergibt alles andere als ein vollständiges Bild. Objektive Rahmenbedingungen preisen sich selbst als wertfrei an, während sie zugleich auf Expertenwissen beruhende Autorität beanspruchen, was für sich schon ein Werturteil darstellt. Bei allen Diskussionen um wertneutrale, »objektive« Entscheidungen wird niemals zugegeben, daß über die Werte bereits entschieden ist. Wir müssen uns vor Abstraktionen hüten, die behaupten, das ganze Bild zu zeigen: Ihre Sichtweise hat sich von der authentischen Erfahrung gelöst und läßt noch nicht einmal zu, daß nach Werten und Subjektivität gefragt wird.

Die Welt ist von mannigfacher Gestalt, und kein einziger Rahmen kann das gesamte Bild umfassen, weder Wissenschaft noch Kunst, weder Analyse noch Intuition. Wir bedürfen der Harmonie zwischen Wissenschaft und Spirituellem, zwischen Subjektivem und Objektivem. Ironischerweise ist das nicht so sehr ein Problem der Wissenschaft an sich, sondern vielmehr eines des beschränkten öffentlichen Verständnisses von Wissenschaft, das allzu schnell bereit ist, wissenschaftlich produzierte Erkenntnisse als endgültig und absolut zu setzen. Unter idealen Bedingungen ist die Wissenschaft sich ihrer Verpflichtung bewußt, daß sie zugeben muß, was sie noch nicht weiß und, manchmal, was sie niemals wissen kann.

Nicht alle, die sich selbst als Wissenschaftler bezeichnen, opfern auf dem Altar der Objektivität. Es erstreckt sich ein weites Spektrum von Menschen zwischen denen, die alles auf formale Ausdrücke reduzieren wollen, bis hin zu jenen Wissenschaftlern, die die Gesellschaft von geistig Gebildeten, Künstlern und spirituell gesinnten Menschen beibehalten. Einstein sagte einmal: »Je tiefer wir forschen, desto mehr gibt es zu entdecken, und ich glaube, solange es Menschen gibt, wird das so bleiben.« Dies ist zugleich die Botschaft der Religion. Die Technologie hegt ihre Betonung der äußerlichen Werte, während die Spiritualität vom inneren Erleben des Menschen handelt und in der Lage ist, an die Verzückung des Lebendigseins zu rühren.

Wir sind aufgefordert, die Oberfläche zu durchdringen und mit dieser Dimension Kontakt aufzunehmen, die wir zwar nicht völlig verstehen, der wir uns aber öffnen wollen. Unser eigenes subjektives Erleben baut uns die Brücke dazu. Daß es sie gibt, dafür gibt es vielerlei Beweise: die spirituelle Verzückung oder die Erleuchtung (Kenshō) formaler Meditation, Einsichten aufgrund von Tagebuchführen oder anderen nicht-analytischen Übungen, das Ergriffensein von künstlerischen oder ästhetischen Wahrnehmungen, alles Kreative, die Empfindung körperlicher Harmonie beim Sport, beim Tanz und bei anderen kinästhetischen Darbietungen, oder eine Reise durch den eigenen Geist, die nicht der Analyse eines Problems dient, sondern zu einem intuitiven Quantensprung und zu einer kreativen Synthese von Ideen führt.

Normalerweise nennen wir das, was unser gewöhnliches Wissen transzendiert, *Gott*. Das schreckt viele Menschen ab, weil sie entweder bezweifeln, daß die Religion in ihrem Leben eine Rolle spielt, oder weil sie der Religion als Institution mißtrauen. Da »Religion« für viele Menschen so negativ besetzt ist, spreche ich lieber von *Spiritualität*. Einige führen das Wort »Religion« auf den Sanskrit-Ausdruck *re ligio* zurück, der angeblich »zurückverketten« bedeutet, wobei das »zurück« ursprünglich auf jenen Bereich verweist, der jenseits der materiellen und zeitgebundenen Dinge liegt, jenseits der Gegensatzpaare, jenen unaussprechbaren, transzendenten Zustand, der unter vielen Namen bekannt ist (Nirwana, Gnade, Göttlichkeit, Reich der Natur und so weiter).

Die äußere Welt ist eine der Gegensätze. Widersprüche und Dichotomien sind für die Art und Weise, wie wir Menschen nachdenken, unerläßlich. Wenn Menschen davon sprechen, was sie im Inneren bewegt, taucht oft das Wort »Gott« auf. Gott ist eine Vorstellung, ein Name, der sich auf etwas bezieht, das alle anderen Kategorien des Denkens transzendiert. Subjektive Erfahrung impliziert, daß es Tatsachen gibt, die sich unseren Wahrnehmungsmöglichkeiten entziehen. Daß es sie gibt, können wir spüren, ohne in der Lage zu sein, sie zu objektivieren, geschweige denn in vollem Umfang zu verstehen.

Ein Hauptmerkmal des Glaubens ist, daß er uns erlaubt, sowohl die innere Welt des Transzendenten wie die äußere Welt der Gegensätze zu erkennen. Mythologie und Glauben haben ganze Zivilisationen erschaffen und das menschliche Leben jahrtausendelang organisiert; sie haben mit inneren Schwellen des Übergangs zu tun, mit den inneren Potentialen, was Menschen zu erfahren und zu wissen in der Lage sind. Der Glaube beschäftigt sich mit der Empfindung des Lebens, der Geist mit der Bedeutung. Was zum Beispiel ist die Bedeutung einer Blume? Die Frage ist absurd, weil man solche Dinge nur empfinden, nicht analysieren kann.

Wasser ist ein uraltes Symbol des Unbewußten. Die Wellen seines Ozeans brechen sich am Strand unseres Bewußtseins. Wir stehen am Ufer und starren hinaus auf das Wasser, aber alles, was wir erkennen können, ist der Zustand seiner Oberfläche. Die Tiefen des Ozeans können wir vom Ufer her nicht ausloten. Wenn wir ins Wasser hinabtauchen, begeben wir uns in ein anderes Reich, in dem unsere Gedankenprozesse sich von jenen unterscheiden, die wir am Ufer stehend haben. Hier finden sich die Träumereien, aus denen Kreativität erwächst, die unzusammenhängenden Bilder und Gefühle von Traumzuständen, Meditationen, Mystizismen und spiritueller Ruhe. In der Tiefe dieses unbewußten Ozeans empfinden wir Sicherheit, Beherrschung, Gewißheit, tiefes Verständnis, nicht im analytischen Geschwätz unseres kognitiven Geistes. Wenn wir dann auftauchen und wieder am Ufer stehen, ist es schwer zu sagen, wenn nicht unmöglich, was uns in jenem anderen Reich widerfahren ist oder welches Wissen wir gewonnen haben. Doch ganz bestimmt wissen, spüren wir, daß es uns etwas gebracht hat.

Nur ein kleiner Teil des inneren Wissens dringt an die Oberfläche des Bewußtseins. Weiteres geht dadurch verloren, daß wir es einzig und allein mit unserer sprachbegabten Gehirnhälfte ausdrücken können, die, wie wir sahen, uns manchmal aktiv in die Irre führen kann. »Die besten Dinge lassen sich nicht sagen«, hat es Heinrich Zimmer ausgedrückt. Die zweitbesten sind die Dinge, auf die wir nur verweisen können, etwa Gott, Transzendenz und inneres Wissen. Die drittbesten sind die Dinge, über die unsere Sprachhemisphäre tatsächlich spricht.

Meiner Ansicht nach besteht die Aufgabe des Künstlers darin, hinter die Oberfläche unseres gewöhnlichen Lebens in eine transzendente Realität zu blicken; und aus diesem Grund reagiert unser gesamter Körper mit dem »Aha«-Gefühl des Wiedererkennens, wenn wir ein intuitiv gestaltetes Kunstwerk betrachten. Es kommt darin eine ästhetische Gültigkeit zum Ausdruck, die man nicht adäquat in Worte fassen kann. Dieses ästhetische Gefühl des Erkennens hat auch bei jenen spirituellen Menschen zentrale Gültigkeit, die sagen: »Wenn ich in religiöser Verzückung bin, ist das das Schönste, was es geben kann.« In der Gewißheit »das ist es« liegt alle Validität, die sie brauchen. Ich möchte betonen, daß wir dieses Gefühl »das ist es« auch dann haben, wenn uns eine Erleuchtung widerfährt oder wir kreativ tätig sind, wenn die Dinge wie von selbst gehen und unser Handeln ursprünglich aus uns heraus erfolgt und nicht aus äußerem Druck.

Um ein ganzer Mensch zu sein, müssen wir sowohl unsere innere wie unsere äußere Realität erforschen. Wenn wir im Meer unseres Unbewußten schwimmen, machen wir sowohl positive wie negative Erfahrungen. Und wenn wir dann wieder am Ufer unseres Bewußtseins stehen, werden nicht allein Inspirationen herange spült, sondern auch die dunkelsten Wahrheiten über uns selbst.

Anmerkungen

1. Diese typische Haltung amerikanischer Mediziner zeigt sich schon früh während der Ausbildung. Die Studenten wollen spannende Kriseninterventionen erleben und interessieren sich um so weniger für Präventivmedizin. In den USA sind noch immer nur wenige Versicherungsgesellschaften bereit, Präventivmaßnahmen zu finanzieren. Statt ein wenig Geld für Impfungen, regelmäßige Kontrolluntersuchungen von Kleinkindern, Ernährungsberatung, Vorsorgeuntersuchungen und Gesundheitsaufklärung auszugeben, verschleudern wir ein Vermögen für lebensverlängernde Maßnahmen bei Patienten im Endstadium von Krankheiten und für die Behandlung der Folgen von Tabak, Alkohol und Umweltverschmutzung.

2. Cytowic, R.E. Aphasia in Maurice Ravel. In: Bulletin of the Los Angeles Neurological Societies, 41:109-114, 1976.

3. Die Royal Society wurde 1662 in London gegründet und von König Charles II. privilegiert; sie ist damit die älteste und angesehenste wissenschaftliche Gesellschaft Englands. Heute wird das lateinische *nullius in verba* manchmal falsch übersetzt als »in Worten ist nichts« und daraus gefolgert, daß Gerede wohlfeil und Theorien irrelevant seien. Der Genitivsingular *nullius* darf nicht als Nominativ *nullus* gelesen werden. Auch übersehen wir meist (was keinem gebildeten Menschen des siebzehnten Jahrhunderts passiert wäre), daß das Motto eine abgekürzte Anspielung auf ein längeres Zitat aus Horaz' ›Epistulae‹ ist:

Nullius addictus iurare in verba magistri, quo me cumque rapit tempestas, deferor hospes. (»Ich schwöre keine Treue auf die Worte eines Herrn, wohin der Sturm mich trägt, lasse ich mich nieder.«)

Mithin propagiert das Zitat die Freiheit des Denkens und Handelns, nicht die Bedeutungslosigkeit von Worten. Die Gelehrten sollten folglich die dogmatische Philosophie durch empirische Fakten und Experimente ersetzen, die jeder wiederholen und damit sich von ihrer Richtigkeit überzeugen konnte.

4. Vgl. Cytowic, R.E. Synesthesia: A Union of the Senses, 1989,

S. 5-10. Dort wird dargestellt, warum die Medizin bis weit in unser Jahrhundert hinein dem Verhalten so wenig Interesse entgegengebracht hat.

5. Luria, A.R. The Mind of a Mnemonist. New York: Basic Books 1968.

6. Die Geschichte dieser Disziplin findet sich in meinem Lehrbuch The Neurological Half of Neuropsychology: A Primer for Understanding Higher Brain Function. Cambridge, MA: MIT Press.

7. Natürlich gibt es noch andere Gründe für den freimütigen Gebrauch von Technologie; vor allem ist hier die Defensivhaltung der Mediziner zu nennen, mit der sie auf die ständige Bedrohung durch Schadensersatzprozesse im Falle von Kunstfehlern reagieren. Technologische Zurückhaltung zu üben, ist nicht einfach, ökonomisch unerwünscht und möglicherweise professioneller Selbstmord. Legale, soziale und administrative Systeme fördern den Einsatz von immer mehr Technologie. Aber ich wollte nicht von meiner Hauptargumentationslinie auf Nebengleise abweichen.

8. Cytowic, R.E. The Long Ordeal of James Brady. In: New York Times Magazine, 27. Sept. 1981.

9. Mit dem Wort »Gnosis« bezeichnet man oft eine höhere Art von Wissen oder Erkenntnis im esoterischen oder transzendentalen Sinn. Immanuel Kant bezeichnete damit die Erkenntnis jenseits der *a priori* gesetzten Kategorien. In der aristotelischen Philosophie bedeutete es alle Erkenntnis, die über eine einzelne Kategorie hinausgeht. Durch den christlichen Gnostizismus wurde »gnostisch« zum Synonym von »metaphysisch«. Im übertragenen Sinn bezeichnet es alles, was jenseits der Grenzen gewöhnlichen Wissens liegt. Auch der Begriff »noetisch« bezieht sich auf diese Art inneres Wissen.

10. Cytowic, R.E., Wood, F.B. Synesthesia I: A review of theories and their brain basis. In: Brain and Cognition, 1:23-35, 1982. Vgl. auch Cytowic, R.E., Wood, F.B. Synesthesia II: Psychophysical relationsships in the synesthesia of geometrically shaped taste and colored hearing. In: Brain and Cognition, 1:36-49, 1982.

11. Locke, J. An Essay Concerning Humane Understanding. London: Bassett 1690, Nachdruck Oxford: Clarendon Press 1984.

12. Newton, I. Optics, 1730. 4. Nachdruck New York: Dover Publications 1952.

13. Castel, L.B. Clavecin par les yeux, avec l'art de peindre les sons, & toutes sortes de pieces de musique. In: Mercure de France, 1725:2552-2557.

14. Castel, L.B. Nouvelles experiences d'optique & d'acoustique. In: Memoires pour l'Historie des Sciences et des beaux Arts, 1735:1444-1482, 1619-1666, 1807-1839, 2018-2053, 2335-2372, 2642-2768.

15. Darwin, E. The Botanic Garden. Part 2: The Lives of the Plants, With Philosophical Notes. London: J. Johnson 1790. Nachdruck New York: Garland Publishers 1978.

16. Goethe, J.W. von. Zur Farbenlehre. Tübingen: J.G. Cotta 1810.

17. Suarez de Mendoza, F. L'audition colorée. Paris: Octave Donin 1890.

18. Argelander, A. Das Farbenhören und der synästhetische Faktor der Wahrnehmung. Jena: Fischer 1927.

19. Devereaux, G. An unusual audio-motor synesthesia in an adolescent. In: Psychiatric Quarterly 40(3):459-471, 1966.

20. Plummer, H.C. Color music - a new art created with the aid of science. The color organ used in Scriabin's symphony ›Prometheus‹. In: Scientific American 10.4.1915; Sullivan J.W.N. An organ on which color compositions are played. The new art of color music and its mechanism. In: Scientific American 21.2.1914.

21. Kandinsky wandte sich erst im Alter von dreißig Jahren der Malerei zu. Ursprünglich hatte er Rechtswissenschaften studiert, und ihm war sogar eine Professur dafür angeboten worden. Er beherrschte mehrere Sprachen fließend.

22. Theosophie meint im weiteren Sinne die Lehre von dem Göttlichen; Theosophen versuchen, aus dem Wissen religiöser Schriften oder mystischer Traditionen eine profundere Kenntnis und Beherrschung der Natur zu erlangen, als mit den Methoden der artistotelischen oder einer anderen Philosophie allein möglich ist. Im engeren Sinn bezeichnet man als Theosophie die Verschmelzung von Naturphilosophie und Mystik bei Jakob Böhme (1575-1624).

23. Charles Baudelaires Gedicht ›Correspondances‹ ist ein Kerndokument des Symbolismus und stellt Synästhesie als grundlegende poetische Gabe dar. Ich konnte jedoch in seiner Biographie keinerlei Hinweise finden, daß Baudelaire selbst Synästhetiker war.

Das bringt uns auf ein Nebenproblem: Viele Menschen, die den Ausdruck »Synästhesie« schon einmal gehört haben, kennen ihn nur als literarische Trope. Obwohl an sich nicht uninteressant, ist die absichtliche, willensmäßige und intellektuelle Herbeiführung einer poetischen Sinnesverschmelzung etwas ganz anderes als die unfreiwillige Sinneserfahrung, die mein Thema ist. Vielmehr ist sie das genaue Gegenteil von Klangsymbolismen und anderen poetischen Arten von Synästhesie. Spätere Erörterungen im Zusammenhang mit Aristoteles' Gemeinsinn werden diesen Punkt klarstellen.

24. Koestler, A. The Ghost in the Machine. New York: Macmillan 1968, S. 7.

25. DNS-Analysen zeigen sogar, daß Menschen und Schimpansen enger miteinander verwandt sind als Schimpansen und Gorillas. Von der äußeren Erscheinung her käme man allerdings niemals auf diesen Gedanken.

26. Vgl. Cytowic, R.E. Synesthesia: A Union of the Senses. 1989, S. 286-300. Vgl. auch Henderson, S.T. Daylight and Its Spectrum. New York: John Wiley & Sons 1977.

27. Den meisten Menschen fällt es schwer, die Illusion der Farbenkonstanz zu durchschauen. Man kann es selbst ausprobieren: Tragen Sie ein knallrotes Jackett und achten Sie darauf, wie alles um Sie herum einen Hauch von Rot annimmt. Wie verändert sich das Rot, wenn man aus der Sonne in den Schatten geht? Wenn Sie es geschafft haben, diese Realität wahrzunehmen, hängen Sie das Jackett auf und suchen Sie nach weiteren, subtileren Veränderungen. Und dann überlegen Sie einmal, wieviel Menschen ihr ganzes Leben lang nur gucken, aber niemals sehen.

28. Brou, P., Sciascia, T.R., Linden, L., Letvin L. The colors of things. In: Scientific American, 255(3):84-91, 1986.

Kapitel 10-15

1. James, W. The Varieties of Religious Experience, 1901, S. 343. Nachdruck New York: Vintage Books 1990. Deutsche Ausgabe unter dem Titel: Die Vielfalt religiöser Erfahrung. Übersetzt, herausgegeben und mit einem Nachwort versehen von Eilert Herms. Olten und Freiburg i.Br.: Walter 1979, S. 359.

2. Hier habe ich ein wenig gemogelt, weil die Synkinese eher auf

mechanische Ursachen zurückzuführen ist als auf neurale. Die Sehnen der drei letzten Finger haben eine gemeinsame Scheide, und das trägt mit dazu bei, daß sich alle drei Finger bewegen, wenn einer gebeugt wird. Dennoch illustriert es den synkinetischen Effekt ganz gut, besonders wenn man kein Neugeborenes in der Familie hat.

3. Die Wissenschaftler des ausgehenden neunzehnten Jahrhunderts interessierten sich vor allem für die unteren Ebenen der neuralen Integration und nicht so sehr für die oberen. Sir Charles Sherrington, Autor von The Integrative Action of the Nervous System, 1906, erhielt 1932 für solche Forschungen den Nobelpreis.

4. Leser, die sich für das Verfahren und seine Entstehungsgeschichte näher interessieren, seien verwiesen auf Kapitel 6 von Cytowic, R.E. Synesthesia: A Union of the Senses, 1989.

5. Cytowic, R.E. Seashore science. In: New England Journal of Medicine, 294:(12), 18.3.1976; Taste – the unnecessary sense? In: NEJM, 308(9):530, 1983; Alexithymia – or stupitidy? In: NEJM 313:53, 1985; Post-traumatic amenorrhea. In: NEJM 314:715, 1986.

6. Cytowic, R.E., Stump, D.A., Larned, D.C. Somatic, ophtalmic and cognitive sequellae in nonhospitalized patients with concussion. In: Nonfocal Brain Injury: Dementia and Trauma, hg. v. H.A. Whitaker. New York: Springer Verlag 1987.

7. Cytowic, R.E. Nerve Block for Common Pains. New York: Springer Verlag 1990.

8. Vgl. Cytowic, R.E. Synesthesia: A Union of the Senses, 1989, Kap. 8: Synesthesia and Art, S. 238-283.

9. O'Keeffe, G. Katalog der National Gallery of Art. Washington, DC, Ausstellung 1. November – 21. Februar 1987.

10. Von Hornbostel, E.M. Unity of the Senses. In: Psyche 7:83-89, 1926.

11. Vgl. Cytowic, R.E. Synesthesia: A Union of the Senses, 1989, S. 56-60 und S. 232-235; dort werden Beispiele von mehreren Synästhesiefällen in Familien vorgestellt, und die Frage der genetischen Grundlage der Synästhesie wird diskutiert.

12. Nabokov, V. Speak, Memory: An Autobiography Revisited. New York: Dover 1966. Erstveröffentlichung 1951 unter dem Titel: Conclusive Evidence; auf deutsch veröffentlicht unter dem Titel: Sprich, Erinnerung, sprich. Herausgegeben und übersetzt von Dieter E. Zimmer. Reinbek: Rowohlt 1984. Die Synästhesie seiner

Mutter erwähnte Nabokov erstmals in Portrait of My Mother. In: New Yorker, 9. April 1949, S. 33-37.

13. Das Beispiel stammt von Lurias »S«.

14. Marshack, A. Exploring the mind of ice age man. In: National Geographic, 147(1):61-89, 1975.

15. Siegel, R.K. Hallucinations. In: Scientific American, 237(4):132-140, 1977; Siegel, R.K., West L.J. Hallucinations: Behavior, Experience, and Theory. New York: John Wiley & Sons 1975; Horowitz, M.J. The imagery of visual hallucinations. In: Journal of Nervous and Mental Diseases, 138:513-523, 1964; Horowitz, M. J. Hallucinations: an information processing approach. In: Siegel, R.K., West, L.J. Hallucinations: Behaviour, Experience, and Theory. New York: John Wiley & Sons 1975.

16. Klüver, H. Mescal and Mechanisms of Hallucinations. Chicago: University of Chicago Press 1966, S. 22.

17. Kandinsky, V. In: Zur Lehre von den Halluzinationen. In: Archiv für Psychiatrie und Nervenkrankheiten, 11:453-464, 1881.

18. Siegel & Jarvik. Drug induced hallucinations in animal and man. In: Siegel & West, 1975, S. 81-161.

19. Adler, N. The Underground Stream. New Lifestyles and the Antinomian Personality. New York: Harper & Row 1972.

Kapitel 16-21

1. Belege dafür finden sich in Cytowic, R.E. Synesthesia: A Union of the Senses, 1989, S. 92-93.

2. Achtundachtzig Prozent der von mir untersuchten Patienten zeigten Gedächtnisleistungen, die weit über dem Durchschnitt lagen.

3. Gengerelli, J.A. Eidetic imagery in two subjetcs after 46 years. In: Journal of General Psychology 95:219-225, 1976; Pollen, D.A., Trachtenberg, M.C. Alpha rhythm and eye movements in eidetic imagery. In: Nature 237:109-112, 1972; Stromeyer, D.V., Psotka J. The detailed texture of eidetic images. In: Nature 225:346-349, 1970.

4. Scoville, W.B., Milner, B. Loss of recent memory after bilateral hippocampal lesions. In: Journal of Neurology, Neurosurgery, and Psychiatry, 20:11-21, 1957; Corkin, S. Lasting consequences of bila-

teral medical temporal lobectomy: Clinical course and experimental findings in HM. In: Seminars in Neurology, 4:249-259, 1984.

5. Luria, S. 24, 25.

6. Brust, J.C.M., Behrens, M.M. Release hallucinations as the major symptom of posterior cerebral artery occlusion, a report of two cases. In: Annals of Neurology, 2:432-436, 1977.

7. Jacobs, L., Karpick, A. Bozian, D., et. al. Auditory-visual synesthesia: Sound induced photisms. In: Archives of Neurology, 38:211-216, 1981.

8. Miller, T.C., Crosby, T.W. Musical hallucinations in a deaf elderly patient. In: Annals of Neurology, 5:301-302, 1979.

9. Coleman, W.S. Hallucinations in the sane associated with local organic disease of the sensory organs, etc. In: British Medical Journal, 1:1015-1017, 1894.

Die Reduktion des sensorischen Inputs macht die Zielzelle in der wartenden Synapse entweder gegenüber ihrem eigenen Feuern oder gegenüber zufälligen Botschaften auf anderen Wegen überempfindlich. Bei sensorisch deprivierten Neuronen erklärt diese Überempfindlichkeit, warum im krankhaft blinden, tauben oder gefühllosen Bereich Halluzinationen wahrgenommen werden. Das reicht aber nicht als Erklärung dafür aus, warum es bei Menschen mit keinerlei pathologischem Gehirnbefund zu Synästhesie kommt.

10. Vike, J., Jabbari, B., Maitland, C.G. Auditory-visual synesthesia. Report of a case with intact visual pathways. In: Archives of Neurology, 41:680-681, 1984. Dieser Patient ist aus fünferlei Gründen von außerordentlichem Interesse. Mit ausgefeilten Untersuchungsmethoden fand man heraus, daß 1. er normal sah, 2. normal hörte, 3. daß Veränderungen von Frequenz und Lautstärke des Klangstimulus Bewegung und Intensität der wahrgenommenen Photismen beeinflußten (was bewies, daß die Synästhesie an den Stimulus gekoppelt ist), 4. daß er die Photismen nur mit dem linken Auge sah und auch nur dann, wenn der Klangstimulus seinem linken Ohr präsentiert wurde, 5. daß keine Synästhesie mehr induziert werden konnte, nachdem sein Tumor entfernt worden war.

11. Gowers, W.R. Epilepsy and Other Chronic Convulsive Diseases. London 1901.

12. Hausser-Hauw, C., Bancaud, J. Gustatory hallucinations in epileptic seizures: Electrophysiological, clinical and anatomical correlates. In: Brain, 110:339-359, 1987.

13. Penfield, W., Perot, P. The brain's record of auditory and visual experience. In: Brain, 86:595-696, S. 635, 1963.

14. Seine Neurotransmitter manipuliert zu bekommen, klingt zweifellos für viele Leser schrecklich. Aber sie verändern sich ohnehin andauernd. Nach dem Essen zum Beispiel kommt es mit zu den größten Veränderungen, und eine ganz gewöhnliche Tasse Kaffee kann das Mischungsverhältnis verschiedener Gehirnchemikalien erheblich beeinflussen.

15. Genauer gesagt, ist eine leichte und diffuse Zunahme der Stirnlappen-Aktivität oft zu beobachten. Vor Jahren betrachtete man diese noch als normal. Heute wissen wir, daß sie künstlich von der Versuchsanordnung hervorgerufen wird. Zum »hyperfrontalen Ruhefluß« kommt es dadurch, daß die Versuchspersonen sich hellwach, erregt und neugierig mit der ihnen unbekannten Prozedur konfrontiert sehen.

16. Das Verfahren des Xenon-133-Inhalationstests und die mathematische Analyse der daraus resultierenden Datenmengen sind in Wirklichkeit noch viel komplizierter, als ich es dargestellt habe. Es gibt eine ganze Reihe von Gleichungen, um die verschiedenen Faktoren auseinanderzuhalten, und man braucht zahllose Parameter, um die »Reinheit« der Daten zu gewährleisten und mögliche »Verunreinigungen« zu finden. Verwendet man nur das allgemein gebräuchliche Dutzend von Parametern für die sechzehn Sonden unseres Systems, erhält man 192 verschiedene Rechenwerte, wirklich eine ganze Menge. Weil Michaels Werte uns so ungewöhnlich erschienen, haben David Stump und ich sie äußerst akribisch geprüft und gegengeprüft, bis wir überzeugt waren, daß die Daten die tatsächlichen Stoffwechselveränderungen in Michaels Gehirn akkurat widerspiegelten.

17. Die Abnahme in Michaels rechter Gehirnhemisphäre war nur eine passive Reaktion auf die allgemeinen Durchblutungsveränderungen, und sie spielt in unserem Zusammenhang keine Rolle.

18. Diese Forschungen sind ausgezeichnet zusammengefaßt in MacLean, P. The Triune Brain in Evolution: Role in Paleocerebral Functions. New York: Plenum 1990, vor allem S. 228-244.

19. Die Entdeckung der Volumenübertragung scheint auch alle konnektionistischen Gehirntheorien zu widerlegen, das heißt jene, die auf Einzelkomponenten beruhen, die durch Schaltkreise miteinander verknüpft sind. Die Konnektionisten versuchen, die aus

der Volumenübertragung zu ziehenden Schlußfolgerungen zu widerlegen, was wieder einmal zeigt, wie ein einziger Befund möglicherweise ein ganzes Theoriengebäude zu Fall bringt. Eine allgemein verständliche Zusammenfassung findet sich in Agnati, L.F., Bjelke, B., Fuxe, K. Volume transmission in the brain. In: American Scientist, 80(4):362-373, 1992.

20. Vgl. zum Beispiel die Arbeiten des Anatomen Este Armstrong: Enlarged limbic structures in the human brain: the anterior thalamus and medial mammalary body. In: Brain Research 394-397, 1986; The limbic system and culture: an allometric analysis of the neocortex and limbic nuclei. In: Human Nature, 1990. Brains, bodies and metabolism. In: Brain Evolution and Behavior, 36:166-176.

Die Anatomie zeigt uns, daß jede größere Abteilung des Nervensystems eine physische Struktur hat, die mit der Emotionalität in Verbindung steht. Der Neocortex hat die Präfrontallappen, der Mesocortex den Gyrus cinguli, der Archicortex den Hippocampusbereich, die Basalganglien den Mandelkörper; das Diencephalon hat den dorsalen Thalamus und Hypothalamus, das Mittelgehirn die zentrale graue Masse, Pons und Medulla haben Nuclei der integrierten autonomen Relais, und das Rückenmark hat die Nuclei der Columna-Zellen. Solch eine beeindruckende Liste zeigt, daß das Nervensystem eindeutig einen zentralen *emotionalen Kern* hat. Wie kann man Emotion vernachlässigen, wenn so viel Hirngewebe ihr gewidmet ist?

21. Dieser Befund wird von Berichten unterstützt, wonach ein Mangel an zerebralem Sauerstoff halluzinogene Bilder produzieren kann. Vgl. Cytowic, R.E. Synesthesia: A Union of the Senses, 1989, S. 129.

22. Nieuwenhuys, R., Voogd J., van Huijzen, C. The Human Central Nervous System, A Synopsis and Atlas. New York: Springer Verlag, 3. Aufl. 1988. Deutsche Ausgabe: Das Zentralnervensystem des Menschen. Berlin, Heidelberg, New York: Springer Verlag 1980. Bis hierhin hatten manche Leser wahrscheinlich schon vergessen, daß es das limbische System gewesen war, was mich als Student so in Wut brachte, daß ich meine Notizen vom Balkon warf.

23. Vielfache Belege dafür finden sich in Cytowic, R.E. Synesthesia: A Union of the Senses, 1989, S. 174.

24. Kornhüber, H.H. Cerebral cortex, cerebellum and basal

ganglia: A introduction to their motor function. In: F.O. Schmitt, F.G. Worden (Hg.) The Neurosciences Third Study Program. Cambridge, MA: MIT Press 1974, S. 267-280. Kornhüber, H.H., Deecke, L. Hirnpotentialänderungen bei Willkürbewegungen und passiven Bewegungen des Menschen: Bereitschaftspotential und reafferente Potentiale. In: Pflügers Archiv für die gesamte Physiologie, 284:1-17, 1965.

25. Cytowic, R.E. Synesthesia: A Union of the Senses, 1989, S. 313.

26. Libet, B. Subjective and neuronal time factors in conscious sensory experience, studied in man, and their implications for the mind-brain relationship. In: The Search for Absolute Values in a Changing World, Vol. II. Proceedings of the Sixth International Conference on the Unity of the Sciences (San Francisco, 25.-27. November 1978). International Cultural Foundation Press 1978, S. 971-973.

27. Edwin Diller Starbuck war ein amerikanischer Psychologe und Autor des Klassikers The Psychology of Religion, 1889. Auf dieses Buch und Starbucks weitere Manuskriptsammlung bezieht sich durchgehend William James in The Varieties of Religious Experience, 1901.

28. Jiyu-Kennett, P.T.N.H. Zen is Eternal Life. Shasta Abbey Press 1987. Vgl. auch Jiyu-Kennett, P.T.N.H. How to Grow a Lotus Blossom. Shasta Abbey Press 1977.

29. Diese Worte stammen aus dem Fukanzazengi, den Zazen-Regeln für die Abendübungen.

30. Die Rolle der Uhr im Wandel der Zivilisation ist natürlich ein Lieblingsthema des Historikers Lewis Mumford. Vgl. World Technics and Civilization. New York: Harcourt Brace & World 1963.

31. Jeffress, L.A. (Hg.) Cerebral Mechanisms in Behavior: The Hixon Symposium. New York: John Wiley 1951.

32. Vgl. zum Beispiel Bogen, J.E. Some educational aspects of hemispheric specialization. In: UCLA Educator, 17:24-32, 1975. Nachdruck in Wihrock, M.C. (Hg.) The Human Brain. Englewood Cliffs, NJ: Prentice Hall 1977.

Zweiter Teil

1. Cherniak, C. Minimal Rationality. Cambride, MA: MIT Press 1986.

2. Vgl. zum Beispiel Edelman, G.M. The Remembered Present: A Biological Theory of Consciousness. New York: Basic Books 1989; Edelman, G.M. Bright Air, Brilliant Fire: On the Matter of the Mind, A Nobel Laureate's Revolutionary Vision of How the Mind Originates in the Brain. New York: Basic Books 1992.

3. Interessanterweise ist das starke anthropische Prinzip ein wesentlicher Bestandteil der Quantenmechanik, die bis heute die beste physikalische Theorie zur Erklärung des fundamentalen Funktionierens des Universums ist.

In seinem Buch The Emperor's New Mind (deutsch: Computerdenken: Des Kaisers neue Kleider, Heidelberg: Spektrum Verlag 1991) kommt Roger Penrose beispielsweise zu dem Schluß, daß das Bewußtsein nicht auf Rechenprozessen basiert, sondern sich auf der Ebene der Quantenindeterminiertheit abspielt. Dies irritiert das Lager der künstlichen Intelligenz, das darauf wettet, daß der Geist eine Art mathematisches Programm ist.

Es gibt jedoch auch Materialisten, die den Dualismus aufgegeben haben, einen dritten Standpunkt einnehmen und argumentieren, daß das einzigartige Ding, genannt Geist, nicht von seiner physischen Struktur getrennt werden kann. In diesem Fall muß man den Geist als emergente Eigenschaft des physischen Gehirns oder seiner Chemie auffassen. Penrose löst dieses Problem, indem er den Geist auf die Quantenebene verlagert und verspricht, wenn wir erst einmal die Quantenmechanik verstünden, würden wir plötzlich auch den Geist verstehen. So etwas nennt man einen »promissorischen« Materialismus, denn er behauptet, recht zu haben, kann den notwendigen Beweis aber nur für später versprechen. Die Analyse von Penrose ist eines der zahlreichen Beispiele, wie tiefschürfend heute Leute aus den verschiedensten Bereichen über das Bewußtsein nachdenken.

4. Dieser alte Begriff der mittelalterlichen Philosophen bedeutet wörtlich »fünfte Essenz« und bezeichnete einst jene Substanz, aus der alle himmlischen Körper zusammengesetzt sein sollten und die angeblich latent in allen Dingen vorhanden war. Sie zu extrahieren oder zu destillieren oder sie mit anderen Methoden zu gewinnen

war eines der großen Ziele der Alchimie. Heute bezeichnet man damit den Wesenskern einer Sache.

5. Dyson, F. Energy in the universe. In: Energy and Power. San Francisco: W.H. Freeman 1971. Vgl. auch Ommaya, A.K. Neurobiology of emotion and the evolution of the mind. In: Journal of the American Academy of Psychoanalysis, 1993.

6. Ommaya, A.K. Redebeitrag zu einem von ihm organisierten Symposium mit dem Titel ›Consciousness and Computers‹ an der Smithsonian Institution, August 1991. Vgl. auch ders. Neurobiology of emotion and the evolution of mind. In: Journal of the American Academy of Psychoanalysis, 1993.

7. Simon, H.A., Newell, A. Heuristic problem solving: The next advance in operations research. In: Operations Research 6:8, Jan.-Feb. 1958.

8. Simon, H.A. The Shape of Automation. 1960. Nachdruck in: Perspectives on the Computer Revolution. Hg. v. Pylyshyn, Z.W. Englewood Cliffs, NJ: Prentice Hall 1970.

9. Werbos, P.J. The cytoskeleton: Why it may be crucial to human learning and neurocontrol. In: Nanobiology 1(1):75-95, 1992; Neural networks and the human mind: New mathematics fits humanistic insight. In: IEEE Proceedings of the 1992 Conference on Systems, Man, and Cybernetics.

10. Weizenbaum, J. Computer Power and Human Reason: From Judgement to Calculation. New York: W.H. Freeman 1976, S. 14-16. Deutsche Ausgabe: Die Macht der Computer und die Ohnmacht der Vernunft. Übersetzt von Udo Rennert. Frankfurt am Main: Suhrkamp 1977, 1989, S. 32.

11. Mumford, L. Technics and Civilization. New York: Harcourt Brace Jovanovich 1963, S. 15.

12. Shelley, M.W. Frankenstein. London: Penguin Books 1985. Deutsche Ausgaben u.a.: Frankenstein. Aus dem Englischen übertragen von Ursula von Wiese. Zürich: Manesse 1983; Frankenstein. Aus dem Englischen von Friedrich Polakovics. München: Hanser 1970, 1993.

Keine Verfilmung wird Mary Shelleys Novelle von 1818 wirklich gerecht, weil in keiner das Monster sprechen darf. Im Buch hat es viele faszinierende Dinge zu sagen, über seinen Erzeuger und über die Welt, in der es sich vorfindet. Shelley schrieb ›Frankenstein‹ teils als Reaktion auf die Umstände, die das neue Zeitalter der kapitalistischen Produktionsweise mit sich brachte. In der Gestalt ihres Wissenschaftlers untersuchte Shelley auch die Idee eines prometheischen Erzeugers und Erschaffers von Menschen. Im Vorwort zur englischen Ausgabe von 1985 schreibt Maurice Hindle (S. 25-26): »Ist es nicht das moderne Gefühl, von Kräften manipuliert zu werden, die größer sind als man selbst (und die dennoch menschengemacht sind) – Großforschung, Technologie, die Staatsmaschinerie, internationale Unternehmensreiche, Massenmedien und so weiter –, das den heutigen Laien in die gleiche Lage wie Frankensteins Kreatur geraten läßt, die aus Teilen toter Menschen zusammengesetzt wurde und dann einen ›Seinsfunken‹ eingeleitet bekam, ohne daß sie irgend etwas hinsichtlich der Form oder des Zwecks ihrer eigenen Schöpfung hätte sagen können?«

13. In: Synesthesia: A Union of the Senses, 1989, S. 178-183 diskutiere ich das semantische Differential als Standardtechnik zur Messung semantischer Bedeutung und zeige, daß diese Technik aus synästhetischen Forschungen resultierte.

14. Indem man auf Metaphern zurückgreift, kann man herausfinden, wie Begriffe fundiert, strukturiert, aufeinander bezogen und definiert sind. Im besonderen stütze ich mich auf: Leary, D.E. (Hg.) Metaphors in the History of Psychology. New York: Cambridge University Press 1990; Lakoff, G., Johnson, M. Metaphors We Live By. Chicago: University of Chicago Press 1980, und Lakoff, G., Turner, M. More than Cool Reason: A Field Guide of Poetic Metaphor. Chicago: University of Chicago Press 1989.

15. Viele dieser Beispiele sind Lakoff und Johnson entnommen (siehe Anmerkung oben).

16. Aristoteles, Rhetorik, um 330 v. Chr. Leary (1990) führt dazu aus, »seltsame Worte« seien »unverständlich« und »alltägliche Worte« seien »allgemein verständlich«. Zwischen diesen beiden Extremen der Sondersprache und des Klischees finden wir die Metapher, die unterhaltsam und lehrreich zugleich ist. Der Dichter Wallace Stevens meinte wohl etwas Ähnliches, als er sagte: »Die Wirklichkeit ist ein Klischee, aus dem wir uns mit Hilfe der Metapher retten.« Stephens, W. Adagia. In: Opus Posthumous. Hg. v. Morse, S.F. New York: Vintage 1982, S. 179.

17. Unsere angeborene Fähigkeit, fundamentale Muster zu unterscheiden – wie bei Formkonstanten und Metaphern –, hat ihre Kehrseite: Zufälligen Phänomenen schreiben wir Ordnung zu; wir

spitzen Geschichten auf den zentralen Punkt zu und lassen dabei notwendige Voraussetzungen weg; wir erinnern uns nur an positive Beispiele und vergessen die unpassenden negativen; all dies sind Beispiele dafür, wie das menschliche Denken schiefliegen kann, für kognitives Fehlverhalten. Die Struktur unseres Gehirns an sich und seine Begriffe verzerren häufig, was wir für real halten. Vgl. Gilovich, T. How We Know What Isn't So: The Fallibility of Human Reason in Everyday Life. New York: Macmillan 1991.

18. Vgl. zum Beispiel de Sousa, R. The Rationality of Emotions. Cambridge, MA: MIT Press 1983.

19. Ich schulde Dr. Joseph Bogen Dank dafür, daß er mir Wigans Werk zur Kenntnis gebracht hat.

20. Vgl. zum Beispiel Weiskrantz, J. Blindsight: A Case Study and Implications. Oxford: Oxford University Press 1986; Jelicic, M., Bonke, B., et. al. Implicit memory for words presented during anaesthesia. In: European Journal of Cognitive Psychology 4:71-80, 1992.

21. Vgl. auch meine Bemerkungen über Frankenstein im 5. Kapitel des zweiten Teils sowie in der Anmerkung oben.

22. Der Satz stammt von dem Philosophen Philip Golabuk: Recovering From a Broken Heart. New York: Harper & Row 1989.

23. Skinner, B.F. About Behaviorism. New York: Alfred Knopf 1974. Deutsche Ausgabe: Was ist Behaviorismus? Reinbek: Rowohlt 1978.

24. Hier beziehe ich mich auf einen berühmten Aufsatz über dieses Problem: Thomas Nagel. What is it like to be a bat? In: Philosophical Review, Vol. 83, 1974. Nachdruck in: Block, N. (Hg.) Readings in Philosophy and Psychologie, Vol. 1. Cambridge, MA: Harvard University Press 1980. Deutsche Ausgabe: Wie ist es, eine Fledermaus zu sein? In: Hofstadter, D.R., Dennet, D.C. (Hg.) Einsicht ins Ich. Aus dem Amerikanischen übersetzt von Ulrich Enderwitz. Stuttgart: Klett-Cotta 1986, S. 375-388. Vgl. auch Nagels The View From Nowhere. New York: Oxford University Press 1986.

25. Huxley, A. Science, Liberty, and Peace. New York: Harper and Brothers 1946. Deutsche Ausgabe: Wissenschaft, Freiheit und Frieden. Zürich: Steinberg 1947.

Weiterführende Literatur

Im folgenden führe ich, nach den Hauptthemen geordnet, die Literatur an, auf die ich mich hauptsächlich gestützt habe und die dem interessierten Leser zu Vertiefung dienen kann. Detaillierte Quellenangaben finden sich in den Anmerkungen.

Synästhesie

Cytowic, R.E. Synesthesia. A Union of the Senses. New York: Springer Verlag 1989. Das erste englischsprachige Buch zum Thema, zugleich das erste, das Synästhesie sowohl vom neurologischen wie vom psychologischen Standpunkt aus behandelt.

Luria, A.R. The Mind of a Mnemonist. New York: Basic Books 1968. Luria spricht über einen Gedächtniskünstler, dessen Gabe von seiner Synästhesie verstärkt wurde.

Messiaen, O. Technique de mon Language Musicale. Paris: Alphonse Leduc 1956. Der französische Komponist beschreibt die Erfindung seiner berühmten »limitierten Transposition«, mittels derer er die Farben seiner Musik darstellt. In fast jeder Biographie über ihn wird erwähnt, daß Messiaen Synästhetiker war. Vgl. auch Kapitel 8 in Cytowic, R.E. Synesthesia. A Union of the Senses, 1989.

Nabokov, V. Speak, Memory: An Autobiography Revisited. New York: Dover 1966. Deutsche Ausgabe: Sprich, Erinnerung, sprich. Herausgegeben und übersetzt von Dieter E. Zimmer. Reinbek: Rowohlt 1984. Hier berichtet der Schriftsteller von seinem Farbenhören, einer Gabe, die seine Mutter ebenfalls hatte.

Cherniak, C. 1986. Minimal Rationality. Cambridge, MA: MIT Press 1986. Dieser sehr bekannte Text erschüttert den Mythos, daß der Mensch ein »rationales Tier« sei, und bezweifelt die zentrale Rolle, die der Rationalität oft von Philosophie, Psychologie, Kognitionswissenschaft und sogar Ökonomie zugewiesen wird.

De Sousa, R. The Rationality of Emotion. Cambridge, MA: MIT Press 1987. Hier wird gezeigt, daß Emotionen zum Teil rational sind, und es wird die weitverbreitete Überzeugung geprüft, daß Vernunft und Gefühl natürliche Antagonisten seien.

Tuchman, B. The March of Folly: From Troy to Vietnam. New York: Ballantine Books 1984. Deutsche Ausgabe: Die Torheit der Regierenden. Von Troja bis Vietnam. Aus dem Amerikanischen von Reinhard Kaiser. Frankfurt am Main: S. Fischer 1984. In Barbara Tuchmans Buch kommt die weitverbreitete, aber falsche Ansicht zum Ausdruck, daß Vernunft und Gefühl antagonistisch seien; die Autorin versichert, daß der Hauptgrund der Torheit in der Zurückweisung der Vernunft liege. Ich bin da anderer Ansicht: Wenn die Menschen, von denen sie berichtet, gewußt hätten, daß ihre Entscheidungen zuallererst und ganz fundamental emotionale Entscheidungen waren, hätten sie sich nicht selbst in die Irre geleitet und ihre Torheiten begangen.

Darwin, C. The Expression of the Emotions in Man and Animals 1872. Nachdruck Chicago: University of Chicago Press 1965. Deutsche Ausgabe: Der Ausdruck der Gemüthsbewegungen bei dem Menschen und den Thieren. Gesammelte Werke Bd. 7. 3. Aufl. Stuttgart 1877. Darwins Klassiker wirkt immer noch frisch. Er zeigt, daß alle Wesen ein bestimmtes Maß von Gefühl zum Ausdruck bringen, und meint, daß das, was uns von den Tieren unterscheidet, nicht unsere besser entwickelten Verstandeskräfte seien, sondern unsere besser entwickelte Fähigkeit, Gefühle zum Ausdruck zu bringen.

Objektivität und Subjektivität

Gardner, J. The Art of Fiction. New York: Bantam 1983. Ein Schriftsteller führt vor, wie man mit dem Handwerk des Schreibens eine zweite Realität schaffen kann, die unsere Aufmerksamkeit voll und ganz fesselt.

Leary, D.E. Metaphors in the History of Psychology. New York: Cambridge University Press 1990. Leary erklärt, warum wir zu Metaphern greifen, um psychologische Zustände wie Bewußtsein, Kognition, Emotion, Motivation und Lernen zu beschreiben.

Nagel, T. The View From Nowhere. New York: Oxford University Press 1986. Wie können wir unsere eigene Erfahrung transzendieren und die Welt von einem objektiven Standpunkt aus betrachten, der »eigentlich nirgendwo« ist? Nagel warnt vor einem Übermaß an Objektivierung.

Weizenbaum, J. Computer Power and Human Reason. New York: W.H. Freeman 1976. Deutsche Ausgabe: Die Macht der Computer und die Ohnmacht der Vernunft. Übersetzt von Udo Rennert. Frankfurt am Main: Suhrkamp 1977, 1989. Der Computerwissenschaftler des MIT führt technische und moralische Gründe an, warum künstliche Intelligenz nicht gebaut werden kann.

Inneres Wissen und Spiritualität

Barrow, J.D., Tipler, F.J. (Hg.) The Anthropic Cosmological Principle. New York: Oxford University Press 1986. Diese Theorie behauptet, daß die fundamentale Struktur des Universums dadurch bestimmt wird, daß es von intelligenten Beobachtern bevölkert ist.

Bettelheim, B. The Uses of Enchantment. New York: Knopf 1977. Deutsche Ausgabe: Kinder brauchen Märchen. Stuttgart: Deutsche Verlags-Anstalt 1979. Bettelheim zeigt überzeugend, daß Märchen für die emotionale Entwicklung von Kindern aller Altersstufen sowie für ihre Bildung und Erziehung von unersetzlicher Bedeutung sind.

Campbell, J. So gut wie alle Werke diese berühmten Mythologen sind zur Lektüre zu empfehlen, zum Beispiel: An Open Life. New York: Larson Publications 1988; Myths to Live By. New York: Bantam 1973; The Inner Reaches of Outer Space: Metaphors as Myth and as Religion. New York: Harper & Row 1986.

James, W. The Varieties of Religious Experience 1901. Nachdruck New York: Vintage Books 1990. Deutsche Ausgabe: Die Vielfalt religiöser Erfahrung. Olten und Freiburg i. Br.: Walter 1979.

Jiyu-Kennett, P.T.N.H. Serene Reflection Meditation. Mt. Shasta, CA: Shasta Abbey Press 1989.

Abbildungsverzeichnis

Tabellen

Register

Naturgeschehen
Naturerkenntnis
Naturwissenschaft

Schämen sollen sich die Menschen, die sich
gedankenlos der Wissenschaft und Technik
bedienen und nicht mehr davon geistig erfaßt
haben als die Kuh von der Botanik der
Pflanzen, die sie mit Wohlbehagen frißt.

Albert Einstein

Timothy Ferris:
**Das intelligente
Universum**
dtv 30479

Karl Grammer:
Signale der Liebe
Die biologischen
Gesetze der Partner-
schaft
dtv 30498

Philip Johnson
Laird:
**Der Computer im
Kopf**
dtv 30499

Was ist Zeit?
Zeit und Verant-
wortung in Wissen-
schaft, Technik und
Religion
Hrsg. von Kurt Weis
dtv 30525

Jeanne Ruber:
**Was Frauen und
Männer so
im Kopf haben**
dtv 30524 (März)

Paul Davies /
John Gribbin:
**Auf dem Weg zur
Weltformel**
Superstrings, Chaos,
Komplexität
Über den neuesten
Stand der Physik
dtv 30506

What´s What?
Naturwissenschaft-
liche Plaudereien
Herausgegeben von
Don Glass
dtv 30511 (Dez.)

Jean Guitton/Grichka
u. Igor Bogdanov:
**Gott und die
Wissenschaft**
Auf dem Weg zum
Meta-Realismus
dtv 30516
(Januar)

Darwin lesen
Eine Auswahl aus
seinem Werk
Herausgegeben von
Mark Ridley
dtv 30519
(Februar)

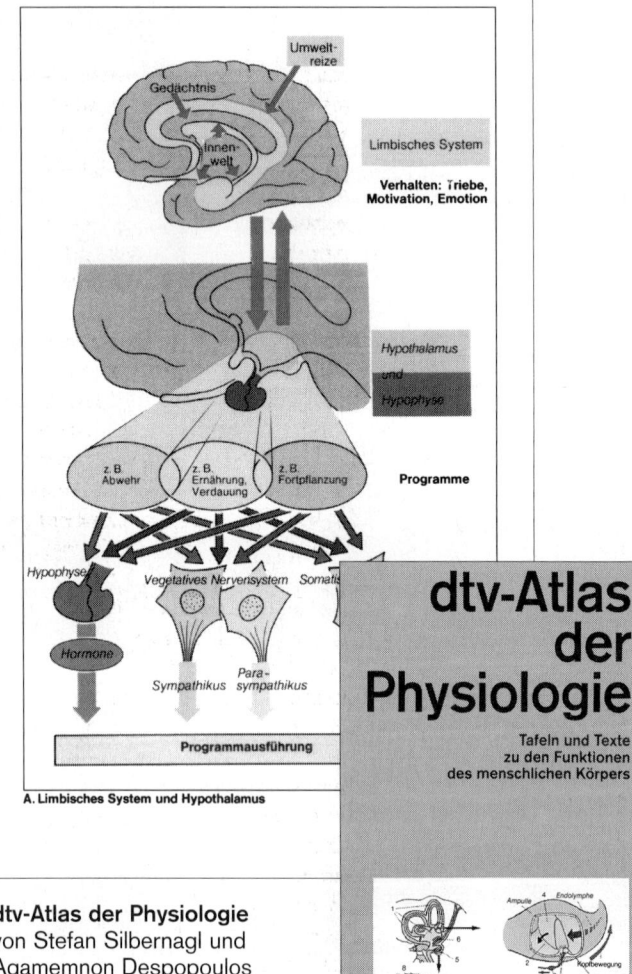

A. Limbisches System und Hypothalamus

dtv-Atlas der Physiologie
von Stefan Silbernagl und
Agamemnon Despopoulos
Tafeln und Texte
zu den Funktionen des
menschlichen Körpers
dtv/Thieme 3182